Visual FoxPro 程序设计教程

（第二版）

杨兴凯　马靖善　李　瑞　编著

電子工業出版社
Publishing House of Electronics Industry
北京 • BEIJING

内 容 简 介

本书以 Visual FoxPro 6.0 为蓝本，比较全面地介绍了数据库技术与程序设计方法以及如何用 Visual FoxPro 开发一个管理信息系统。本书以两条线索为核心，一是 Visual FoxPro 的知识体系结构，二是将学生成绩管理的案例贯穿于整个教材中。本书的内容包括数据库基本概念、Visual FoxPro 6.0 基础知识、数据库和表的创建及操作、查询和视图的应用、程序设计基础、面向对象程序设计、报表和菜单设计、应用程序的开发过程。书中还配有丰富的例题、习题、课程实验，并附加全国计算机等级考试二级 VFP 考试大纲、试题和参考答案。本书符合高等院校最新计算机教学大纲，同时也符合全国计算机等级考试二级 Visual FoxPro 考试大纲。

本书可以作为普通高等院校大学计算机基础课教材，也可以作为高等院校本、专科的计算机应用、电子商务、信息管理专业及相关专业的数据库应用课程的教材，还可以作为全国计算机等级考试（二级 Visual FoxPro）的辅导教材。本书配有课件、大纲和教案等电子教学资源。

未经许可，不得以任何方式复制或抄袭本书之部分或全部内容。
版权所有，侵权必究。

图书在版编目（CIP）数据

Visual FoxPro 程序设计教程 / 杨兴凯，马靖善，李瑞编著. —2 版. —北京：电子工业出版社，2010.5
ISBN 978-7-121-10746-7

Ⅰ. ①V… Ⅱ. ①杨… ②马… ③李… Ⅲ. ①关系数据库－数据库管理系统，Visual FoxPro－程序设计－高等学校－教材 Ⅳ. ①TP311.138

中国版本图书馆 CIP 数据核字（2010）第 072375 号

策划编辑：赵 平
责任编辑：周宏敏
印 刷：北京市海淀区四季青印刷厂
装 订：涿州市桃园装订有限公司
出版发行：电子工业出版社
北京市海淀区万寿路 173 信箱 邮编 100036
开 本：787×1 092 1/16 印张：18.75 字数：480 千字
印 次：2010 年 5 月第 1 次印刷
印 数：4 000 册 定价：32.00 元

凡所购买电子工业出版社图书有缺损问题，请向购买书店调换。若书店售缺，请与本社发行部联系，联系及邮购电话：（010）88254888。

质量投诉请发邮件至 zlts@phei.com.cn，盗版侵权举报请发邮件至 dbqq@phei.com.cn。

服务热线：（010）88258888。

前　　言

数据库技术是计算机领域的一个重要分支，从产生到现在，经过若干年应用，数据库理论基础逐步得到了发展和充实，数据库产品越来越多。Visual FoxPro 是最为实用的数据库管理系统和中小型数据库应用系统的开发工具之一，它为数据库结构和应用程序开发而设计，是功能强大的面向对象软件。

按教育部计算机基础课白皮书的要求，Visual FoxPro 数据库课程作为大学计算机基础课的后继课程。本书定位于高等学校计算机基础课教材，适用于各高校本、专科生。

本书以 Visual FoxPro 6.0 为蓝本，比较全面地介绍了数据库技术与程序设计方法以及如何用 Visual FoxPro 开发一个管理信息系统。本书的内容包括数据库基本概念、Visual FoxPro 6.0 基础知识、数据库和表的创建及操作、查询和视图的应用、程序设计基础、面向对象程序设计、报表和菜单设计、应用程序的开发过程，并附加全国计算机等级考试二级 VFP 考试大纲及 2009 年 9 月份考试题和参考答案。本书根据高等院校最新计算机教学大纲及作者积累的多年教学经验编写，突出如下几个特点：

1．本书内容组织以两条线索为核心，一是 Visual FoxPro 的知识体系结构，二是将学生成绩管理的案例贯穿于整个教材中，构建基于案例教学的教材。

2．书中强调可视化的编程技术和面向对象程序设计方法，将结构化程序设计和面向对象程序设计结合起来，使学生掌握面向对象的数据库开发技术。

3．本书编写由浅入深，循序渐进，注意前后衔接。书中的范例选择经过深思熟虑，所有例题及程序都在 Visual FoxPro 中验证通过。

4．本书将 Visual FoxPro 理论知识与上机实践相结合，配有丰富的例题、习题和课程实验，既方便学生学习，又有利于教师教学。

5．本书涵盖 Visual FoxPro 全国计算机等级考试大纲，作为高校计算机基础课的教材，同时也是计算机等级考试的参考书。

6．本书内容精炼，同时配有教学课件、大纲和教案等电子教学资源。

全书由杨兴凯整体策划并担任主编。全书共 10 章，具体分工如下：第 1 章、第 2 章、第 3 章、第 5 章、第 6 章和第 10 章由杨兴凯编写；第 4 章由李瑞编写；第 7 章、第 8 章、第 9 章和附录由马靖善编写。马靖善副教授审阅了全书，并对本书提出了很多宝贵的意见。刘宏，李玲玲和刘冬莉帮助整理和校对了全书。

本书可以作为普通高等院校大学计算机基础课教材，也可以作为高等院校本、专科的计算机应用、电子商务、信息管理专业及相关专业的数据库应用课程的教材，还可以作为全国计算机等级考试（二级 Visual FoxPro）的辅导教材。本书对 Visual FoxPro 数据库应用开发工作的技术人员也具有重要的参考价值。

本书的课件、教案和课程实验等电子教学资源，可以从电子工业出版社的网站 http://www.phei.com.cn/ 下载，也可以从作者的主页：http://www.xingkai.net.cn/techResource.html 下载。其他关于本书的资料也将在网站上陆续推出。

尽管全体参编人付出了艰苦的努力，但由于学识有限，时间紧迫，书中难免出现遗漏和不足之处，希望广大读者指正与交流，并与作者联系（xkyang@vip.sina.com）。

杨兴凯

2010 年 6 月

目　　录

第1章 Visual FoxPro 系统概述

数据库技术是计算机领域的一个重要分支。从 20 世纪 60 年代中期产生到现在经过了 40 多年的时间，数据库理论基础逐步得到了发展和充实，数据库产品越来越多。Visual FoxPro 是最为实用的数据库管理系统和中、小型数据库应用系统的开发工具之一，它为数据库结构和应用程序开发而设计，是功能强大的面向对象软件。无论是组织信息、运行查询和创建集成的关系型数据库系统，还是为最终用户编写的功能全面的数据管理应用程序，Visual FoxPro 都可以提供所有必需的工具。

本章首先介绍了数据库的基础知识及 Visual FoxPro 的操作环境，然后介绍一个 Visual FoxPro 应用系统实例，后续各章的内容将围绕这个实例展开。

1.1 数据库系统概述

数据库系统是以数据为中心的计算机系统，主要应用于大量数据的管理，如商场、银行、企事业单位的数据管理等。

1.1.1 数据库系统基本概念

1．数据

数据是数据库存储的基本对象。按通常的理解，数据只表现为数字形式，这是一种传统和狭义的理解。广义的理解是：数字只是数据的一种表现形式，在计算机中可表示的种类很多，文字、图形、图像、声音等都可以数字化，所以都是数据。

2．信息

信息是现实世界中的各种事物、事物的特征及其联系等在人脑中的反映，是经过处理、加工、提炼并用于决策制定或其他应用活动的数据。对信息可以从两方面来理解，一方面信息是数据的内涵；另一方面是经过处理的数据。

数据和信息是两个既有联系又有区别的概念，数据是信息的载体，信息是数据的内涵。同一信息可以有不同的数据表现形式，而同一数据也可以有不同的信息解释。

3．数据处理

由于客观世界的事物都是普遍联系的，因此从已有的数据出发，根据事物之间的联系，经过一定的处理步骤，就可以产生新的数据。这些新的数据又可以表示新的信息，通常用于决策的依据，这种从已知原始的或杂乱无章的数据中推导出对人们有用的数据或信息的过程称为数据处理。

4．数据管理

数据管理是指数据的收集、整理、组织、存储、查询和传送等各种操作，是数据处理的基本环节，是任何数据处理任务的共性部分。数据库技术就是一种数据管理技术。

1.1.2 数据管理技术的发展

随着计算机技术的发展，在计算机硬件、软件发展的基础上，数据管理技术的发展经历了人工管理阶段、文件管理阶段和数据库管理阶段。

1．人工管理阶段（20 世纪 50 年代中期以前）

计算机在发展的初期主要应用于科学计算，这一阶段计算机的软、硬件的发展也处于初级阶段，计算机的硬件只有磁带、卡片、纸带，没有磁盘等直接存取的存储设备；软件方面没有操作系统实现对计算机数据的统一管理和调度，数据是由程序员自行设计后交给应用程序进行管理。

人工管理阶段的特点是：应用程序和所处理的数据之间的关系是一一对应的，而且数据之间没有联系，缺少共享性。

2．文件管理阶段（20 世纪 50 年代后期至 60 年代中期）

随着软、硬件技术的发展，计算机不仅用于科学计算，还用于信息管理。这时硬件方面已有了磁盘、磁鼓等直接存取存储设备。软件方面出现了高级语言和操作系统。数据处理有批处理方式，也有联机实时处理方式。

文件管理阶段的特点是：应用程序和处理的数据之间的关系是多对多关系，即一个应用程序可以操作多个数据文件中的数据、一个数据文件可以被多个应用程序操作；数据文件、应用程序由操作系统统一管理，数据对应用程序具有一定程度的共享性。但是，在文件系统阶段，数据文件之间没有任何联系，使得数据的共享性、一致性、冗余度受到一定的限制。

3．数据库管理阶段（20 世纪 60 年代末以后）

这一阶段，计算机用于管理的规模越来越大，数据量急剧增加，对数据管理技术提出了更高要求。此时开始提出计算机网络系统和分布式系统的概念，出现了大容量的磁盘，以文件系统为数据管理手段已不再胜任多用户、多应用共享数据的需求，一个新的数据管理技术——数据库管理系统（DBMS）应运而生，它标志着数据管理技术的飞跃。

用数据库系统来管理数据比文件系统具有明显的优点，从文件系统到数据库系统，标志着数据管理技术的飞跃。与人工管理和文件系统相比，数据库系统的特点主要体现在以下几个方面。

① 数据结构化。数据库系统实现整体数据的结构化是数据库的主要特征之一，也是数据库系统和文件系统的本质区别。

② 数据的共享性高，冗余度低，易扩充。数据库系统从系统整体角度看待和描述数据，数据不再面向某个应用而是面向整个系统，因此数据可以被多个用户、多个应用共享使用，而且容易增加新的应用，易于扩充，可以适应各种用户的要求。

③ 数据独立性高。数据与程序的独立把数据的定义从程序中分离出来，加上数据的存取又由 DBMS 负责，从而简化了应用程序的编制，大大减少了应用程序的维护和修改。

④ 数据由 DBMS 统一管理和控制。

1.1.3 数据库系统组成

数据库系统（DataBase System，DBS）实际是基于数据库的计算机应用系统，主要包括软件、硬件和从事数据库系统管理的人员。数据库系统的组成如图 1-1 所示，其中数据库管理系统是数据库系统的核心。

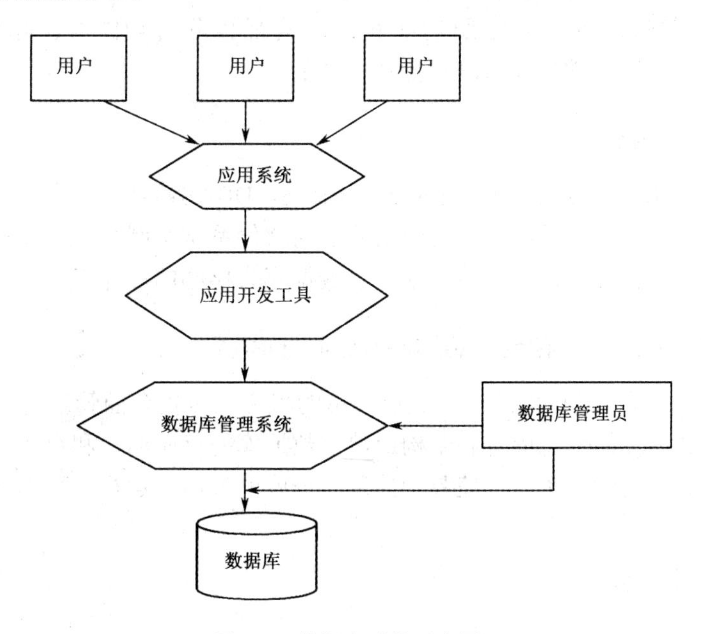

图 1-1　数据库系统示意图

1. 数据库（DataBase，DB）

数据库就是按一定结构存储相关数据的仓库。人们从现实世界出发，抽象出有用的数据，对这些数据进行分析、整理、组织，按照数据库技术的要求存储在计算机系统中，称为数据库。数据库应满足数据独立性、数据安全性、数据冗余度小、数据共享等特征。

2．数据库管理系统（DataBase Management System，DBMS）

DBMS 是位于用户与操作系统之间的一层数据管理软件，它属于系统软件，为用户或应用程序提供访问数据库的方法，包括数据库的建立、查询、更新及各种数据控制。DBMS 是数据库系统的核心。DBMS 的主要功能包括以下几点。

① 定义功能。DBMS 提供数据定义语言（Data Definition Language，DDL），用户通过它可以方便地对数据库中的数据对象进行定义。例如，在关系数据库中对数据库、基本表、视图和索引等进行定义。

② 数据操作功能。DBMS 向用户提供数据操纵语言（Data Manipulation Language，DML），实现对数据库中数据的操作。基本的数据操作分为两类（4 种）：对数据库中数据的检索（查询）和更新（插入、删除和修改）。

③ 数据库的运行管理。DBMS 提供数据控制语言（Data Control Language，DCL）是 DBMS 的核心部分，也是 DBMS 对数据库的保护功能。它包括并发控制、安全性检查、完整性约束条件的检查和执行、数据库的内部维护等。所有数据库的操作都要在这些控制程序的统一管理、统一控制下进行，以保证数据库的安全性、完整性、多用户对数据的并发使用及发生故障后的系统恢复。

④ 数据库的建立和维护功能。它包括数据库初始数据的输入、转换功能，数据库的转储、恢复功能，数据库的重新组织功能和性能监视、分析功能等。这些功能通常是由 DBMS 的许多实用程序由数据库管理员操作实现的。

3．数据库应用系统

数据库应用系统（DataBase Application System，DBAS）是指系统开发人员在数据库管理系统环境下开发出来的、面向某一类应用的应用软件系统。例如，人事管理系统、学生成绩管理系统、图书馆管理系统等，这些都是以数据库为核心的计算机应用系统。

4．数据库管理员（DataBase Administrator，DBA）

DBA 是数据资源管理机构的一组成员。总的来说，负责全面管理和控制数据库。具体职责包括：决定数据库的信息内容和结构；决定数据库的存储结构和存取策略；定义数据的安全性要求和完整性的约束条件；监督和控制数据库的使用和运行；数据库的改进和重组。

1.1.4 数据库体系结构

模式是数据库中全体数据的逻辑结构和特征的描述，它仅仅涉及类型的描述，而不涉及具体的数值。例如，学生模式（学号、姓名、出生日期、性别）描述的只是学生数据所具有的形式，而不是具体一个学生的数据。在数据库系统中数据的模式是稳定的，反映的是数据的结构及其联系。在数据库体系结构中，采用三级模式结构并提供两级映像功能。

1. 三级模式结构

数据库体系的三级模式结构是指数据库由外模式、概念模式和内模式三级模式构成。

① 概念模式：概念模式也称模式，是数据库中全部数据整体逻辑结构的描述，是所有用户的公共数据模型。它是数据库体系结构的中间层，不涉及数据的物理存储细节和硬件环境，也与具体的应用程序及所使用的应用开发工具、高级程序设计语言无关。

② 外模式：外模式也称子模式或用户模式，是用户和数据库的接口，是用户用到的那部分数据的描述。

③ 内模式：内模式也称为物理模式或存储模式，是数据的物理结构和存储结构的描述，定义所有的内部记录类型、索引和文件的组织方式，以及数据控制方面的细节。

在数据库体系的三级模式结构中，数据按外模式的描述提供给用户；按内模式的描述存储在磁盘中，而概念模型提供了连接两级模式的相对稳定的中间层，并使得外模式、内模式任何一级的改变不受另一级的牵制。

2. 两级映像功能与数据的独立性

DBMS 在三级模式结构之间提供了两个层次的映像，使用户能逻辑地、抽象地处理数据，而不必关心数据在计算机中具体的表示方式和存储方式。

（1）外模式/概念模式映像

概念模式描述的是数据的全局逻辑结构，外模式描述的是数据的局部逻辑结构。对应于同一个概念模式可以有任意多个外模式，而每个外模式都有一个外模式/概念模式映像，它定义外模式与概念模式之间的对应关系。概念模式发生改变时，如增加属性、记录时，只需对外模式/概念模式的映像做相应的改变，外模式可以保持不变，从而使应用程序保持不变，保证数据的逻辑独立性。

（2）概念模式/内模式映像

概念模式/内模式映像存在于概念模式和内模式之间，用于定义概念模式与内模式之间的对应关系，当数据库的存储结构改变时，只需改变该映像的定义，而无须改变概念模式，保证数据的物理独立性。

1.1.5 数据模型

客观世界的事物是相互联系的。在计算机中，客观世界的事物以数据的形式表示。数据模型是描述客观事物及客观事物联系的一种方法。

1. 基本概念

（1）实体

实体是客观世界中存在的并且可以相互区分的事物。实体可以是人也可以是物；可以是具体事物，例如，学生王丽、教师张弘等；也可以是抽象的事件，例如，一次考试等。实体还可以指事物与事物之间的联系，如学生选课等。

（2）属性

属性是实体或联系所具有的性质。通常一个实体由若干个属性来描述。例如，学生实体可以描述为：学生（学号、姓名、性别、出生日期、专业、简历），学号、姓名等都是实体的属性，每个属性可以取不同的值。属性值的变化范围称为属性值的域。如性别属性域为（男，女）。由此可见，属性是个变量，由型和值组成，型指出属性值的类型，属性值是变量所取的值，而域是变量的取值范围。

属性值所组成的集合表示一个具体的实体，例如，（060101，李红，男，11/2/86，计算机，特长：长跑）。相应的这些属性的集合表征了一种实体的类型，称为实体型。例如，上面的学号、姓名、性别、出生日期、专业、简历表征学生实体的实体型。同类型的实体的集合称为实体集。

在 Visual FoxPro 中，用“表”来表示同一类实体，即实体集，用“记录”来表示一个具体的实体，用“字段”来表示实体的属性。字段的集合组成记录，记录的集合组成一个表。相应的实体型代表了表的结构。

（3）联系

客观世界中的事物彼此间往往是有联系的。例如，教师与课程间存在“教”的联系，而学生与课程间则存在“学”的联系。联系可分为三类：一对一联系（1∶1）、一对多联系（1∶n）和多对多联系（m∶n）。可以用图形表示两个实体型之间的这三类联系，如图 1-2 所示。

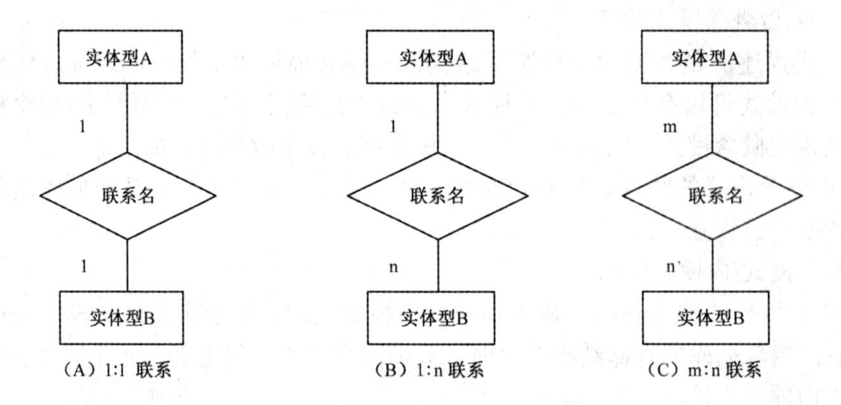

图 1-2　两个实体型之间的三类联系

2. 数据模型分类

为了反映事物本身及事物之间的各种联系，数据库中的数据必须有一定的结构，这种结构用数据模型来表示。数据模型是数据库管理系统用来表示实体及实体联系的一种方法。

数据库管理系统所支持的数据模型分为 4 种：层次模型、网状模型、关系模型和面向对象模型。面向对象模型是面向对象技术与数据库技术相结合的产物，完全面向对象的数据库管理系统目前并未成熟，因此这里介绍传统的数据模型：层次模型、网状模型及关系模型。

（1）层次数据模型

层次模型是数据库系统中最早出现的数据模型，这种模型用树形结构表示实体及实体间联系。层次数据模型的特征如下：

① 有且仅有一个结点没有父结点，这个结点即为根结点。

② 其他结点有且仅有一个父结点。

图 1-3 是一个学校实体的层次模型。

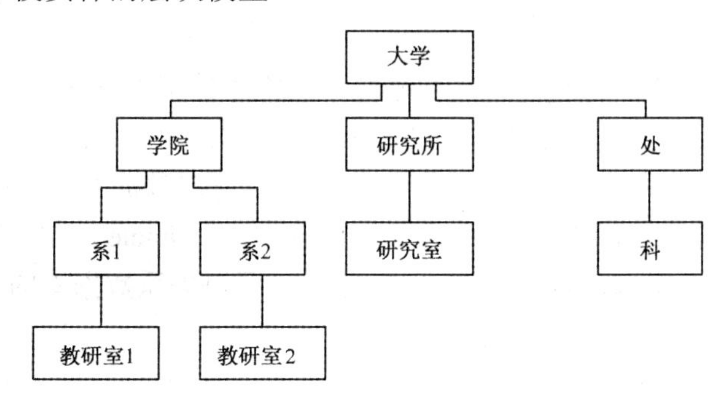

图 1-3 层次结构示意图

（2）网状数据模型

用网状结构表示实体及实体之间联系的模型称为网状模型。网状模型的特征如下：

① 允许结点有多于一个的父结点。

② 可以有一个以上的结点没有父结点。

图 1-4 是学生选课的网状模型。

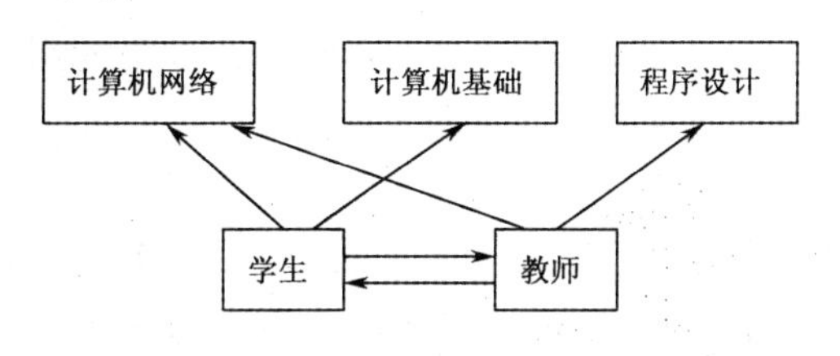

图 1-4 网状结构示意图

3. 关系模型

用二维表结构来表示实体及实体之间联系的模型称为关系模型。关系模型是以关系数学理论为基础的。在关系模型中用二维表表示实体及实体之间的联系，从数学的观点上看，关系是集合，其元素是元组（记录）。

表 1-1 是一个实际的关系。对应的关系模式描述为：学生（学号，姓名，性别，出生日期，专业，简历）。

表 1-1 一个实际的关系

学 号	姓 名	性 别	出 生 日 期	专 业	简 历
200501001	王小岩	男	10/12/87	计算机	
200501002	赵军	男	03/16/88	计算机	
200402001	张新	女	07/10/88	数学	
200403001	李华	女	09/20/87	中文	
200403002	陈丽萍	女	11/15/87	中文	

1.2 关系数据库

关系模型是通过人们日常生活中司空见惯的二维表的形式来表示实体及实体间的联系的，非常直观，同时又由于其理论严格、使用方便等特点，所以被人们广泛地接受和使用。支持关系模型的 DBMS 称为关系数据库管理系统。目前在微机上广泛使用的关系数据库管理系统有 Windows 下的 Visual FoxPro 系列、SQL Server、Oracle 和 DB/2 等，许多可视化语言（如 Visual Basic、Visual C++和 Java 等）也都提供了对关系数据库的支持。

1.2.1 关系模型

1. 关系模型基本概念

（1）关系

一个关系的逻辑结构就是一张二维表。这种用二维表的形式表示实体及实体间联系的数据模型称为关系模型。

（2）元组

在一个二维表（一个具体关系）中，水平方向的行称为元组，每一行是一个元组。元组对应存储文件中的一个具体记录。例如，学生关系中包括多条记录（或多个元组）。

（3）属性

二维表中垂直方向的列称为属性，每一列有一个属性名，与前面讲的实体属性相同，在 Visual FoxPro 中表示为字段名。例如，学生关系中的姓名属性。

（4）域

域是属性的取值范围，即不同元组对同一属性的取值所限定的范围。例如，性别只能是男或女。

（5）关键字

关键字是属性或属性的组合，其值能够唯一地标识一个元组。在 Visual FoxPro 中，可以起到唯一标识一个元组作用的关键字称为候选关键字，从候选关键字中选择一组作为主关键字。例如，学生关系中的学号。如果姓名有重名的，姓名就不能作为主关键字。

（6）外部关键字

如果表中的一个字段不是本表的主关键字或候选关键字，而是另外一个表的主关键字或候选关键字，这个字段（属性）就称为外部关键字。例如，成绩关系（学号，课程号，成绩），其中主关键字为（学号，课程号），相对于学生关系，学号就是外部关键字。

2. 关系的性质

关系可以看做是二维表，但并不是所有的二维表都是关系。关系具有以下性质：

① 关系必须规范化。属性不能再分割。

② 在同一关系中不能出现相同的属性名。

③ 关系中不允许有完全相同的元组。

④ 在同一关系中元组的次序无关紧要，即任意交换两行的位置并不影响数据的实际含义。

⑤ 在同一关系中列的次序无关紧要，即任意交换两列的位置也不影响数据的实际含义。

1.2.2 关系运算

关系是由元组组成的集合，可以通过对关系的运算来检索满足条件的数据。关系的基本运算分两类：一类是传统的集合运算，另一类是专门的关系运算。

1. 传统的集合运算

传统的集合运算是二元运算。所谓二元运算是指操作的对象为两个。要求参与运算的两个关系具有相同的结构。

设 R1、R2 为两个教师关系，如表 1-2、表 1-3 所示。

表 1-2 关系 R1

教 师 号	姓 名	性 别	职 称
01001	李强	男	讲师
01002	刘军	男	副教授
02002	孙明月	女	教授

表 1-3 关系 R2

教 师 号	姓 名	性 别	职 称
01001	李强	男	讲师
02001	赵艳	女	副教授
02002	孙明月	女	教授

（1）并

两个相同结构关系的并是由属于这两个关系的所有元组共同组成的集合。R1 与 R2 并运算的结果如表 1-4 所示。

表 1-4 R1∪R2 运算结果

教 师 号	姓 名	性 别	职 称
01001	李强	男	讲师
01002	刘军	男	副教授
02002	孙明月	女	教授
02001	赵艳	女	副教授

（2）交

两个具有相同结构的关系 R 和 S，它们的交是由既属于 R 又属于 S 的元组组成的集合。交运算的结果由 R 和 S 共同拥有的元组组成。R1 与 R2 交运算的结果如表 1-5 所示。

表 1-5 R1∩R2 运算结果

教师号	姓名	性别	职称
01001	李强	男	讲师
02002	孙明月	女	教授

（3）差

设有两个相同结构的关系 R 和 S，R 差 S 的结果是由属于 R 但不属于 S 的元组组成的集合，即差的运算结果是从 R 中去掉 S 中相同的元组。R1 与 R2 差运算的结果如表 1-6 所示。

表 1-6 R1–R2 运算结果

教师号	姓名	性别	职称
01002	刘军	男	副教授

2．专门的关系运算

（1）选择

从关系中找出满足给定条件的元组的操作称为选择。选择的条件是逻辑表达式，使得逻辑表达式的值为真的元组将被选取，其包含的属性不变。例如，在关系 R1 中查找满足职称是“副教授”的教师，运算结果如表 1-7 所示。

表 1-7 选择结果

教师号	姓名	性别	职称
01002	刘军	男	副教授

在 Visual FoxPro 中，选择运算是从表中选取若干个记录的操作，可以通过命令中的 FOR 子句、WHERE 子句或设置数据筛选实现选择运算。

（2）投影

从关系模式中指定若干个属性组成新的关系称为投影。投影是从列的角度进行的运算，相当于对关系进行垂直分解。经过投影运算可以得到一个新关系，其关系模式所包含的属性个数往往比原关系少，或者属性的排列顺序不同。例如，在关系 R1 中查看教师的职称，运算结果如表 1-8 所示。

表 1-8 投影结果

姓名	职称
李强	讲师
刘军	副教授
孙明月	教授

在 Visual FoxPro 中，投影运算是在表中选取若干个字段的操作，通过命令中的 FIELDS 子句、SELECT 子句或设置允许访问的字段实现投影运算。

（3）联接

联接是关系的横向结合。联接运算将两个关系模式连接成一个更大的关系模式，生成的新关系中包含满足联接条件的元组。

在 Visual FoxPro 中，联接运算是通过 JOIN 命令或 SELECT-SQL 来实现的。

1.2.3　关系的完整性

关系模型的完整性规则是对关系的某种约束条件。关系模型中可以有三类完整性约束：实体完整性、参照完整性和用户定义的完整性。其中，实体完整性和参照完整性是关系模型必须满足的完整性约束条件，称为关系的两个不变性，由关系系统自动支持。

1. 实体完整性

实体完整性规则要求记录关键字的字段不能为空，不同记录的关键字的字段值也不能相同，否则不能区分现实世界存在的实体。例如，学号属性不能取空值且不能有重复值。

2. 参照完整性

如果属性集 K 是关系模型 R1 的关键字，K 也是关系模型 R2 的属性，那么在关系 R2 中 K 为外部键，在 R2 的关系中 K 的取值只允许有两种情况，或者为空值，或者等于 R1 关系中某个关键字（K）的值。

例如，在学生关系和成绩关系中，在成绩关系中出现的学号必须在学生关系中存在，否则就违背了参照完整性规则。

3. 用户定义完整性

用户定义完整性是针对某一具体数据的约束条件，由应用环境决定。例如，在成绩关系中，把成绩限制在 0 分到 100 分之间（实际上这是学生的实际成绩范围），以满足实际数据的需要，这就是用户定义完整性规则，在进行数据操作时由系统负责检验数据的合理性。

关系完整性的设置将在第 3 章介绍。

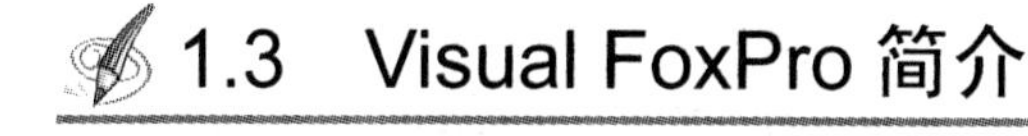

1.3　Visual FoxPro 简介

1.3.1　Visual FoxPro 的发展

1986 年，由 Dave Fulton 教授领导的 Fox Software 公司在 dBASE 的基础上推出了它的升级版 FoxBASE 数据库管理系统。FoxBASE 沿用 dBASE 的语言语法和文件格式，但它克服了 dBASE 存在不能处理数组及数据的处理速度慢等缺陷。Fox Software 公司以后又推出了 FoxPro 1.0 和 2.0 版本，采用了窗口、菜单、对话框等界面。

1992 年 Microsoft 公司收购了 Fox Software 公司，把 FoxPro 纳入微软的产品系列之中，并于 1993 年初和 1994 年初陆续推出了 FoxPro 2.5 和 FoxPro 2.6 等大约 20 个软件产品及其相关产品，包括 DOS、Windows、Mac 和 UNIX 等 4 个平台的软件产品。

1995 年微软公司推出了 Visual FoxPro 3.0 版，它是一个可运行于 Windows 3.x、Windows 95 和 Windows NT 环境的数据库开发系统。与 FoxPro 2.5、FoxPro 2.6 相比，它是一个革命性的软件产品，引进了可视化编程和面向对象的概念。

1997 年，微软公司推出了 Visual FoxPro 5.0。

1998 年，微软公司发布了可视化编程语言集成包 Visual Studio 6.0，Visual FoxPro 6.0 就是其中的一个成员。

2000 年，微软公司推出了 Visual Studio.NET，并将 Visual FoxPro 纳入其中。后来，微软公司对其 Visual Studio.NET 战略进行了调整，将 Visual FoxPro 7.0 从其 Visual Studio.NET 中独立出来，形成一个仍基于.NET 构架的独立的软件产品。

Visual FoxPro 6.0 是微软公司推出的 Visual FoxPro 系列版本，也是本书所要讲解的内容，为叙述方便，本书将 Visual FoxPro 6.0 简称为 VFP。

1.3.2 VFP 的特点

1．采用面向对象的程序设计技术

在 VFP 程序设计中，把人机对话的窗口称为表单，把表单中所有控件（如命令按钮、文本框、标签等）看做是可操作的对象，把需要处理的数据和处理数据的程序代码封装在对象中，围绕对象的属性、事件、方法来展开设计。与传统面向过程的程序设计相比较，面向对象的程序设计方法的直观性和可重用性便于程序员设计，提高程序设计的效率。

2．一种可视化的程序设计方法

Visual FoxPro 6.0 中的 Visual 的意思是“可视化”。该技术使得在 Windows 环境下设计的应用程序达到即看即得的效果。而过去的面向过程的程序设计是在程序设计结束后，通过运行程序才能看到设计效果。

3．对 FoxBASE 的兼容

FoxBASE 和 FoxPro 2.5 具有兼容性，这些数据库管理系统创建的数据库文件和编写程序的文件，不加修改就可直接在 VFP 环境中运行。

4．友好的程序设计界面

VFP 数据库管理系统的界面和微软公司开发的其他应用程序类似，由一致化窗口组成，并具有相同的操作方法。VFP 还提供了各种向导、设计器、生成器等辅助工具来进行各类文件的设计。VFP 既可以在命令窗口又可以使用菜单方式来执行各种数据的操作命

令，不仅体现了 Windows 操作系统的风格，同时又兼顾了以前 FoxBASE 使用者的习惯。

5. 增加了数据类型和函数

在数据表文件中，VFP 比 FoxBASE 增加了 8 种字段，例如，整型（Integer）、货币型（Currency）、浮点型（Float）、日期时间型（DateTime）、双精度型（Double）、二进制字符型（Character(binary)）、二进制备注型（Memo(binary)）、通用型（General）等，可以处理更多类型的数据。VFP 新增了许多函数和命令，使其功能大大增加。

6. 采用了 OLE 技术

OLE（Object Linking and Embedding）即对象的嵌入和链接。VFP 可使用该技术来共享其他 Windows 应用程序的数据，这些数据可以是文本、声音和图像。

7. 客户机/服务器功能

在计算机网络技术广泛应用的今天，VFP 开发数据库系统也可以运行在计算机网络中，使众多的用户共享数据资源。VFP 数据库系统在网络中的运行模式通常是采用客户机/服务器模式。

1.3.3 VFP 的环境

1. 软、硬件环境

VFP 的功能强大，但是它对系统的要求并不高，个人计算机的软、硬件基本配置要求如下。

① 处理器：带有 486DX/66 MHz 处理器，推荐使用 Pentium 或更高档处理器的 PC 兼容机。

② 内存储器：16MB 以上的内存。

③ 硬盘空间：典型安装需要 85MB 的硬盘空间；最大安装需要 90MB 硬盘空间。

④ 监视器等设备：需要一个鼠标、一个光驱，推荐使用 VGA 或更高分辨率的监视器。

⑤ 操作系统：由于 VFP 是 32 位产品，需要在 Windows 95/98（中文版）、或者 Windows NT 4.0（中文版）或更高版本的操作系统上运行，如 Windows 2000、Windows XP。

2. 安装

VFP 可以从光盘或网络上下载安装。从光盘上安装的方法是：将 VFP 光盘插入光盘驱动器中，自动运行安装程序，然后选择提供的安装方式，利用安装向导按步骤选择相应的选项，完成安装过程。

3. 启动与退出

（1）启动 VFP

在 Windows 中启动 VFP 的方法与启动其他任何应用程序类似，启动方法如下。

① 使用 Windows 系统菜单：用鼠标单击“开始”/“所有程序”/“Microsoft Visual FoxPro 6.0”/“Microsoft Visual FoxPro 6.0”选项。

② 双击桌面上的 VFP 图标：建议常使用 VFP 的用户在 Windows 桌面上建立它的快捷方式。

③ 双击与 VFP 关联的文件：打开“我的电脑”，找到 VFP 创建的用户文件，如表文件、项目文件、表单文件等，用鼠标双击这些文件都能启动 VFP 系统，同时打开这些文件。

（2）退出 VFP

有 4 种方法可以退出 VFP 系统返回 Windows 状态，用户可以根据自己的习惯，任选一种方法。

① 单击 Visual FoxPro 6.0 标题栏右上角的“关闭”按钮。

② 选择“文件”/“退出”选项。

③ 单击主窗口左上方的狐狸头图标，从控制菜单中选择“关闭”按钮，或者按 Alt+F4 组合键。

④ 在“命令”窗口中键入 QUIT 命令，按 Enter 键。

4. VFP 用户界面

VFP 主界面如图 1-5 所示，它是一个 Windows 的多文档界面 MDI（Multiple Document Interface）应用程序窗口，其窗口组成及操作方法符合 Windows 风格。下面介绍该窗口的主要组成部分。

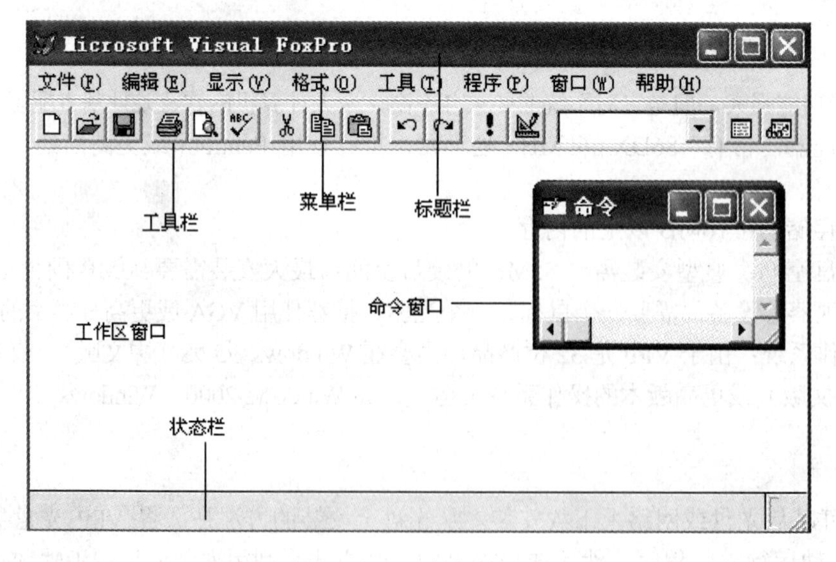

图 1-5 VFP 主窗口界面

（1）标题栏

窗口的顶部是标题栏，其中显示应用程序的名字“Microsoft Visual FoxPro”。当应用程序窗口在还原状态时，在标题栏上按住鼠标左键不放，可以把 VFP 主窗口拖到屏幕上的任何地方。

（2）菜单栏

菜单是在集成开发环境下发布命令的最基本手段。VFP 菜单栏中包括文件、编辑、显示、格式、工具、程序、窗口、帮助等项，但菜单命令是通过子菜单的菜单项完成的。

VFP 的菜单栏会因环境的不同而变化。

（3）工具栏

工具栏是常用的菜单快捷方式，其作用是通过单击工具栏图标按钮执行菜单命令，由此可以加快操作速度。

VFP 能提供的工具栏有：常用、表单设计器、表单控件、布局、调色板、数据库设计器、查询设计器、视图设计器、报表设计器、报表控件和打印预览等十几种，用户可以按自己的需要“自定义”工具栏和显示需要的工具栏。

（4）命令窗口

命令窗口是 VFP 的一个重要组成部分，在该窗口中，可以直接键入 VFP 的命令，回车后便立即执行该命令。如果命令窗口消失，可选择“窗口”/“命令窗口”选项或按 Ctrl+F2 组合键显示命令窗口。

例 1-1　显示当前目录下表文件的信息，如图 1-6 所示。

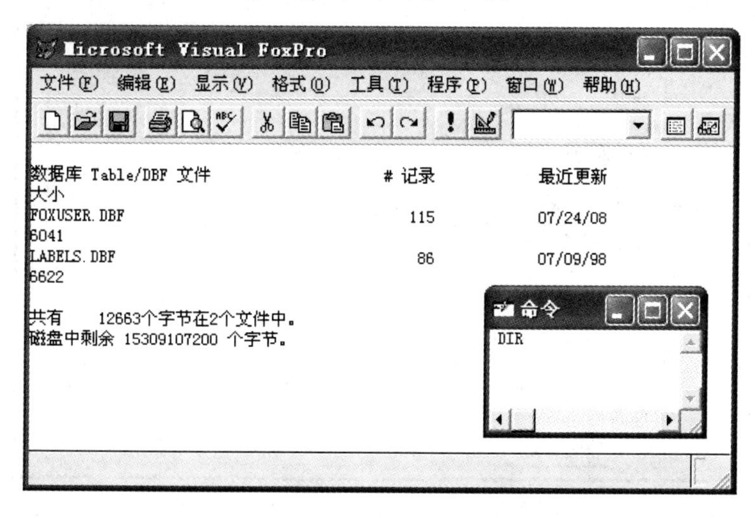

图 1-6　通过“命令”窗口执行命令

在“命令”窗口输入命令：DIR↙，在工作区窗口中显示当前目录下表文件的信息。

对已经执行的命令会在“命令”窗口中自动保留，如果需要执行一条前面输入过的相同命令，只需将光标移到该命令行所在的任意位置，按回车键即可。还可以对命令进行修改、删除、剪切、复制、粘贴等操作。

（5）工作区窗口

在工具栏与状态栏之间的一大块空白区域就是系统工作区窗口。各种工作窗口都是在这里打开的。

（6）状态栏

用来显示 VFP 的当前状态或当前操作的提示文字。

1.3.4 VFP 的系统设置

系统设置包括主窗口标题、默认目录、项目、编辑器、调试器及表单工具选项、临时文件存储、拖放字段对应的控件和其他选项等内容。VFP 可以使用“选项”对话框或 SET 命令进行配置，还可以通过配置文件进行设置。

1. 使用“选项”对话框进行环境配置

选择“工具”/“选项”选项，弹出“选项”对话框，如图 1-7 所示。“选项”对话框中包含一系列代表不同类别环境选项的选项卡（共 14 个）。表 1-9 列出了各个选项卡的设置功能。

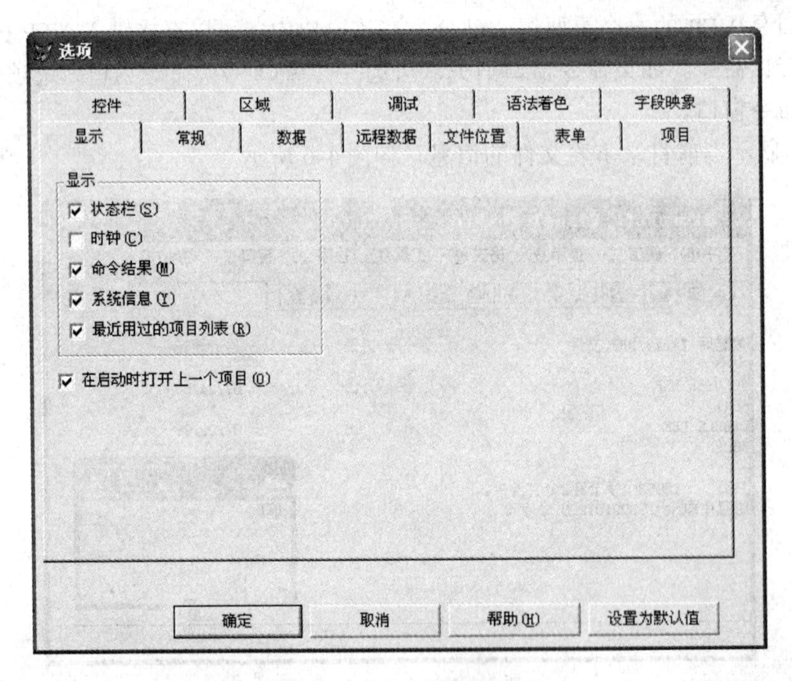

图 1-7 “选项”对话框

表 1-9 “选项”对话框中的选项卡及功能

选项卡	设 置 功 能
显示	显示界面选项。如是否显示状态栏、时钟、命令结果或系统信息
常规	数据输入与编程选项。如设置警告声音，是否记录编译错误或自动填充新记录，使用的定位键，调色板使用的颜色，改写文件之前是否警告等
数据	设置表选项。如是否使用 Rushmore 优化、内存块大小及搜索时的记录计数器间隔等
远程数据	远程数据访问选项。如链接超时限定值、一次选取记录数目及如何使用 SQL 更新
文件位置	VFP 默认目录位置。帮助文件及辅助文件存储在何处
表单	表单设计器选项。如网格面积、所用的刻度单位、最大设计区域及使用何种模板类

续表

选项卡	设 置 功 能
项目	项目管理器选项。如是否提示使用向导、双击时运行和修改文件及源代码管理选项
控件	“表单控件”工具栏中的“查看类”按钮所提供的可视类库和 ActiveX 控件选项
区域	日期、时间、货币及数字的格式
调试	调试器显示及跟踪选项。如使用什么字体和颜色
语法着色	区分程序元素所用的字体及颜色。如注释及关键字
字段映像	从数据环境设计器、数据库设计器或项目管理器向表单拖放表或字段时创建何种控件
IDE	设置 VFP 窗口的外观、行为、文件扩展名及保存选项等
报表	设定设计报表，如表格尺寸、显示位置等

注意：在更改了设置后，如果仅仅单击“确定”按钮，关闭对话框，则改变的设置仅在本次系统运行期间有效，退出系统后所做的修改将丢失；如果希望所做的更改在以后系统运行时继续有效，需先单击“设置为默认值”按钮，然后再单击“确定”按钮。

例 1-2　设置默认的工作目录为 D:\XSGL。

① 在 VFP 中，选择“工具”/“选项”选项，弹出“选项”对话框，单击“文件位置”选项，如图 1-8 所示。

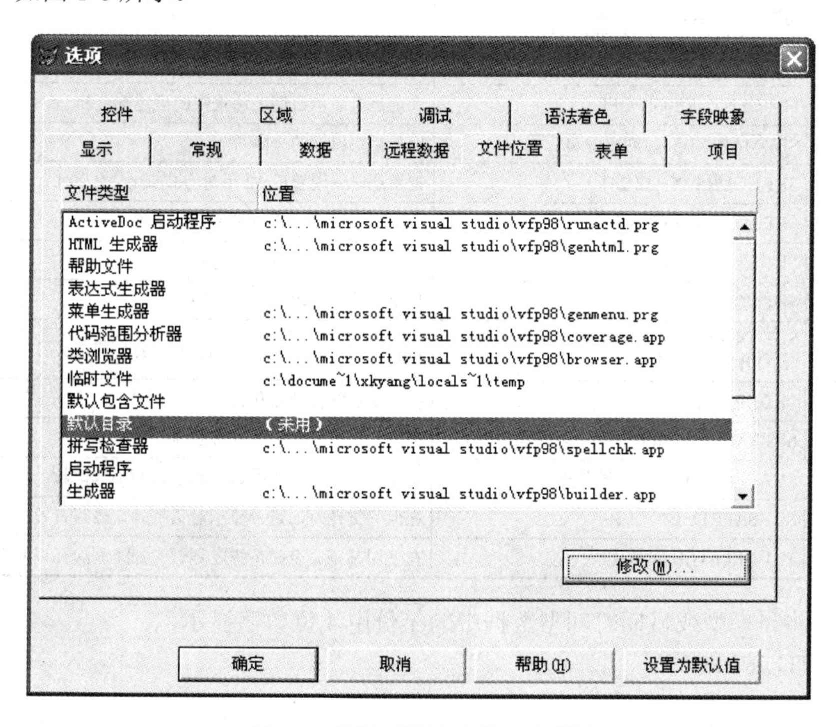

图 1-8　设置“默认目录”对话框

② 在“文件位置”选项卡的“文件类型”列表框中，选择“默认目录”选项，单击“修改”按钮，弹出“更改文件位置”对话框，选中“使用默认目录”复选框，在文本框中输入默认目录的位置“D:\XSGL”或者通过“浏览”按钮找到该目录，如图 1-9 所示。

图 1-9 “更改文件位置”对话框

③ 单击“确定”按钮，返回“选项”对话框，单击“设置为默认值”按钮后单击“确定”按钮，完成默认目录的设置，以后 VFP 中新建的文件将自动保存到该文件夹中。

2. 使用 SET 命令配置 VFP

使用 SET 命令配置环境，设置仅在本次打开 VFP 运行期间有效，当退出 VFP 时将放弃这些设置。表 1-10 对常用的 SET 命令进行了介绍。

表 1-10　SET 命令及功能

命　令	格　式	功　能
SET DATA	SET DATA TO AMERICAN/ANSI/BRITISHI/USA/MDY/DMY/YMD	设置当前日期的格式
SET CENTURY	SET CENTURY ON/OFF	确定是否显示日期表达式中的世纪部分
SET MARK	SET MARK TO [日期分隔符]	用于指定日期的分隔符
SET HOURS	SET HOURS TO [12/24]	把系统时钟设置成 12 小时方式或者 24 小时方式
SET SECONDS	SET SECONDS ON/OFF	决定显示日期时间值时是否显示秒
SET EXACT	SET EXACT ON/OFF	指定比较字符串时使用的规则
SET COLLATE	SET COLLATE TO <排序方式>	指定字符型字段的排序顺序
SET DEVICE	SET DEVICE TO SCREEN/TO PRINTER /TO FILE <文件名>	把@…SAY 的输出发送到屏幕、打印机或文件
SET DEFAULT	SET DEFAULT TO <盘符>	指定默认的驱动器和目录
SET TALK	SET TALK ON/OFF	确定是否显示命令的屏幕回显
SET DECIMALS	SET DECIMALS TO <数值表达式>	指定数值型表达式中显示的十进制小数位数
SET SAFETY	SET SAFETY ON/OFF	在改写文件时，是否显示对话框确认改写有效
SET DELETED	SET DELETED ON/OFF	在使用某些命令时，指定是否对加了删除标记的记录进行操作

例 1-3　将日期型或日期时间型数据中的年份用 4 位数字显示。

```
SET CENTURY ON
```

1.4　VFP 可视化设计工具

VFP 提供了多种可视化设计工具，包括各种向导、设计器和生成器，可以更简便、快速、灵活地进行应用程序开发，我们将在后续章节中介绍它们的使用。

1.4.1　向导

向导是一种快捷设计工具。它通过一组对话框依次与用户对话，引导用户分步完成 VFP 的某项任务，如创建表单、表、创建查询和创建报表等。

1．启动向导

用“项目管理器”或“文件”菜单创建某种类型的文件时，可以利用向导来完成这项工作。启动向导有以下 4 种途径。

① 在“项目管理器”中选择要创建的文件类型，然后单击“新建”按钮。打开相应的“新建”对话框，单击相应的向导即可启动。

② 选择“文件”/“新建”选项，或者单击工具栏的“新建”按钮，打开“新建”对话框，选择待创建文件的类型。然后单击“向导”按钮就可以启动相应的向导。

③ 选择“工具”/“向导”选项，也可以直接访问大多数向导。

④ 单击工具栏的“向导”按钮可以直接启动相应的向导。

2．使用向导

启动向导后，需要依次回答每个对话框所提出的问题，要想进行下一步操作，可单击“下一步”按钮。

如果操作中出现错误，或者原来的想法发生了改变，可单击“上一步”按钮，返回前一步进行修改。“取消”按钮将退出向导而不会产生任何结果。如果在使用过程中遇到困难，可按 F1 键获得帮助。

根据所有向导的类型，每个向导的最后一步都会要求提供一个标题，并给出保存、浏览、修改或打印结果的选项。使用“预览”选项，可以在结束向导的操作前查看向导的操作结果。如果需要做出不同的选择来改变结果，可以返回到前面步骤进行修改。对向导的操作结果满意后，单击“完成”按钮。

也可以在向导的某一步直接单击“完成”按钮，直接走到向导的最后一步，跳过中间所要输入的选项信息，使用向导提供的默认值。

3．修改用向导创建的内容

使用向导创建好表、表单、查询或报表等后，可以应用相应的设计器将其打开，并做进一步的修改。不能用向导打开一个已经建立的文件。

1.4.2　设计器

设计器具有强大的功能，可以用来创建或者修改应用程序所需要的组件。例如，表单设计器可以用来创建和修改表单文件，菜单设计器可以用来创建和修改菜单文件，等等。

1．设计器分类

如果说各类向导是“傻瓜式”的工具，那么各类设计器就是基本工具。表 1-11 列出了为完成不同任务所使用的设计器。

表 1-11 VFP 设计器的名称和功能

设计器名称	功 能
表单设计器	创建表单，以形成与用户的交互界面
数据库设计器	创建数据库
表设计器	创建表，设置表中的索引
查询设计器	在本地表上查询
视图设计器	创建可更新的查询，在远程数据源上运行查询
报表设计器	创建显示和打印数据的报表
菜单设计器	创建菜单或快捷菜单
连接设计器	为远程视图创建连接
标签设计器	创建标签布局以打印标签

2．打开设计器

可以使用下面 3 种方法之一打开设计器。

（1）在“项目管理器”中打开

利用“项目管理器”可以快速访问 VFP 的各种设计器。在“项目管理器”窗口中选择相应的选项卡。选中要创建的文件类型，然后单击“新建”按钮，系统弹出相应的对话框，单击相应的按钮即可打开相应的设计器。

（2）菜单方式打开

选择“文件”/“新建”选项，或者单击工具栏的“新建”按钮，打开“新建”对话框。选择待创建文件的类型，然后单击“新建”按钮，系统将自动打开设计器。同样，当打开不同的文件时，系统将打开不同的设计器。

（3）从“显示”菜单中打开

当打开某种类型的文件时，在“显示”菜单中会出现相应的设计器选项。例如，当打开或创建表单、报表或标签时，选择“显示”/“数据环境”选项，打开“数据环境设计器”窗口。当浏览表时，在“显示”菜单中会出现“表设计器”选项。

1.4.3 生成器

生成器是带有选项卡的对话框，用于简化对表单、复杂控件和参照完整性代码的创建和修改过程。每个生成器显示一系列选项卡，用于设置选中对象的属性。例如，列表框的生成器可以设置列表框的数据源、样式、布局的格式和值。表 1-12 列出了各种不同生成器的名称和功能。

表 1-12　VFP 的生成器名称和功能

生成器名称	功　　能
表单生成器	将字段作为新控件增加到表单
表格生成器	构造一个表格，表格控件允许显示和操作表或页中的数据行和列
编辑框生成器	构造一个文本编辑框，编辑框用于显示长字段或 Memo 字段，并允许编辑文本
列表框生成器	构造一个列表框，列表框提供给一个滚动条和若干选项及信息，在列表框中各个信息始终可见
文本框生成器	构造一个文本框，文本框允许用户增加和编辑存储在表中的字符、数值或日期字段
组合框生成器	构造一个组合框，组合框类似于一个列表框加上一个文本框
命令按钮组生成器	构造一个命令按钮组，它包括一组相似的命令按钮。当单击一个按钮时，将执行一个命令
选项按钮组生成器	构造一个选项按钮组，这些按钮允许选择若干互斥选项中的一个
自动格式生成器	将一个格式集应用于一种同类选定控件
参照完整性生成器	帮助设置触发器，以控制如何在相关表中插入、删除或修改记录
表达式生成器	构造一个表达式

1.5　学生成绩管理系统实例

VFP 是功能强大的数据库管理系统。为充分了解 VFP 的功能，本节介绍一个数据库应用系统实例——学生成绩管理系统，该系统中各模块将在后面各章节中陆续介绍。

1.5.1　系统开发的基本过程

1. 系统分析

系统分析包括可行性分析和需求分析两个方面。

这一阶段主要对系统开发进行可行性论证，分析应用系统的开发目的及要达到的目标要求。在分析阶段，信息收集是决定系统开发的可行性的重要环节，通过所需信息的收集，确定应用系统的总体目标和总体开发思路。

学生成绩管理系统的功能主要是：可以录入、查询、修改与成绩管理相关的数据信息，包括学生信息、课程信息及成绩信息。在数据输入及维护的基础上进行有关的信息数据统计，最后以报表形式输出。

2. 系统设计

系统设计包括数据设计和功能设计两个方面。

数据设计主要是指完整的数据模型，建立数据库。根据系统分析结果，将系统数据分解、归纳并规范化为若干数据表，同时还要确定每个表中的字段属性及数据表的索引、关联等。

功能设计是指系统的具体实现，包括程序设计、表单、菜单、报表等可视化设计及输入/输出设计。

3．系统实施及测试

该阶段完成主程序设计及安装调试。利用项目文件，将设计完成的各文件组装在一个项目文件中统一管理，并在项目中设置主程序，设置系统运行环境并进行系统的整体调试。

系统投入运行后，进行系统维护工作。

1.5.2 系统的功能要求

学生成绩管理系统的开发目的是实现学生成绩信息的计算机管理，主要功能包括数据存储、检索和输出 3 部分，系统的基本要求如下：

① 良好的用户界面设计。

② 稳定的数据存储和维护功能。

③ 数据查询功能。

④ 合理的输入/输出设计。

1.5.3 学生成绩管理系统的结构及功能

1．应用系统的主要界面

系统的界面主要包括系统登录界面、数据维护界面、信息查询界面和数据统计界面等，界面的设计将在第 6 章介绍。

2．系统菜单

利用菜单控制各功能模块的操作，菜单的设计将在第 8 章介绍。

3．报表功能

报表是数据输出的常用形式，VFP 提供的报表不仅可以输出数据，还可以方便地进行数据统计计算、优化报表布局等。报表的相关知识将在第 7 章介绍。

1.5.4 数据库及相关数据表

数据库应用系统管理的对象是数据库及表，学生成绩管理系统数据存储在“XSGL”数据库中，它包括“student”表、“course”表和“score”表。数据库和表的创建将在第 3 章介绍，相关表中的内容见表 1-13～表 1-15。

表 1-13　student

学号	姓名	性别	出生日期	党员否	专业	简历	照片
200501001	王小岩	男	10/12/87	F	计算机		
200501002	赵军	男	03/16/88	T	计算机		
200402001	张新	女	07/10/88	F	数学		
200403001	李华	女	09/20/87	F	中文		
200403002	陈丽萍	女	11/15/87	T	中文		

表 1-14　course

课程号	课程名	学分	学时
0101	数据库原理与应用	3	48
0102	数据结构	3	48
0103	C 语言	2	32
0201	数学分析	3	48
0202	高等数学	2	32
0301	当代文学	2	32

表 1-15　score

学号	课程号	成绩
200501001	0101	96
200501002	0101	87
200501001	0102	76
200501002	0102	67
200403001	0301	54
200403002	0301	82

1.6　本章小结

本章介绍了数据库的基本概念和 VFP 操作环境，内容包括：

- 数据处理的概念，数据库、数据库系统、数据库管理系统的概念和区别，以及数据管理的发展历程。
- 实体是现实世界中的客观事物，实体之间的联系包括 3 种：一对一联系、一对多联系和多对多联系。
- 数据模型是反映实体和实体之间联系的模型，分为层次模型、网状模型和关系模型。
- 关系运算包括传统的集合运算：并、交和差；专门的关系运算：选择、投影和连接。
- VFP 提供了多种可视化设计工具，包括各种向导、设计器和生成器，可以更简便、快速、灵活地进行应用程序的开发。

- 系统开发的基本过程包括系统分析、系统设计和系统实施及测试。

习题 1

一、思考题

1．什么是数据库管理系统？

2．计算机数据管理经历了哪几个阶段？

3．数据模型包括哪几种？它们分别是如何表示实体之间的联系的？

4．实体之间的联系有哪几种？分别举例说明。

5．启动 VFP 向导有哪几种方法？

6．解释下列工具的作用。

（1）设计器　　（2）生成器　　（3）向导

二、选择题

1．用二维表来表示实体及实体之间联系的数据模型称为（　）。

A．面向对象模型　　B．关系模型　　C．层次模型　　D．网状模型

2．VFP 中数据库类型是（　）。

A．网状　　B．层次　　C．关系　　D．其他

3．存储在计算机内部的数据集合是（　）。

A．网络系统　　B．数据库　　C．操作系统　　D．数据库管理系统

4．如果一个班只能有一个班长，而且一个班长不能同时担任其他班的班长，班级和班长两个实体之间的关系属于（　）。

A．一对一联系　　B．一对二联系　　C．多对多联系　　D．一对多联系

5．计算机数据管理技术的发展可以划分为多个阶段，其中不包括下列的（　）。

A．人工管理阶段　　B．计算机管理阶段

C．文件管理阶段　　D．数据库管理阶段

6．在下面关于数据库技术的说法中，不正确的是（　）。

A．数据的完整性是指数据的正确性和一致性

B．防止非法用户对数据的存取称为数据库的安全性保护

C．采用数据库技术处理数据，数据冗余应完全消失

D．不同用户可以使用同一数据库，称为数据共享

7．VFP 主界面的菜单栏中不包括的菜单选项是（　）。

A．“编辑”　　B．“工具”　　C．“窗口”　　D．“项目”

8．显示和隐藏命令窗口的操作是（　）。

A．单击“常用”工具栏上的“命令窗口”按钮

B．通过“窗口”/“命令窗口”选项来切换

C．直接按 Ctrl+F2 或 Ctrl+F4 组合键

D．以上方法都可以

9．数据库体系结构提供了两个映像，它们的作用是（　　）。

A．控制数据的冗余度　　B．实现数据的共享

C．使数据结构化　　D．实现数据独立性

三、填空题

1．在关系模型中，数据表的列称为______，数据表的行称为元组。

2．数据库系统的核心部分是______ 。

3．VFP 是一种______ 型数据库管理系统。

4．VFP 提供了多种可视化设计工具，包括向导、______ 和______ 。

5．数据库体系结构一般分为三级模式结构，此结构由______、______和内模式组成。

四、操作题

启动 VFP 环境，熟悉窗口的组成及菜单的功能。设置日期的显示格式为年、月、日。

第2章 Visual FoxPro 语言基础

数据库管理系统是对数据进行处理的强有力工具。像其他高级语言一样，VFP 提供了多种数据类型，也有其自身的基本语法规则，只有完全掌握其规则，才能充分利用 VFP 提供的功能开发出高质量的应用程序。

本章主要介绍 VFP 的数据类型及数据运算。

2.1 数据类型

数据记录了现实世界中客观事物的属性，它包括两个方面：数据内容与数据形式。数据内容就是数据的值，数据形式就是数据的存储形式和运算方式，也称为数据类型。根据数据库操作的特点，VFP 提供了多种数据类型。数据类型是存储数据的基础。

1. 字符型

字符型（Character）数据是描述非数值计算的文字数据，是常用的数据类型之一，用字母 C 表示。字符型数据由 ASCII 字符集中的可打印字符（英文字母、数字、空格、标点符号等）和汉字构成，最大长度为 254 个字符。

2. 数值型

数值型数据一般用于计算，是一种量化数据，也是常用的数据类型之一。在 VFP 中，数值型数据被分为以下 5 种类型。

（1）数值型

数值型（Numeric）数据是由数字（0～9）、小数点和正/负号构成的，最大长度为 20 个数字（含小数点和正负号），用字母 N 表示。

（2）浮点型

浮点型（Float）数据是数值型数据的一种特殊情形，与数值型数据完全等价，只是描述数据的精度更高。

（3）双精度型

双精度型（Double）数据也是数值型数据的一种特殊情形，可以保存更高精度要求的数据。它只用于定义数据表中的字段类型，并采用固定长度为 8 的浮点格式存储数据。

（4）整型

整型（Integer）数据是不包含小数点部分的数值型数据，用字母 I 表示。它以二进制形式存储，只用于定义数据表中的字段类型。

（5）货币型

货币型（Currency）也是数值型数据的一种特殊情形，用字母 Y 表示，在第一个数字前冠一个货币符号（$）。货币型数据小数位的最大长度为 4 个数字，否则将会自动进行四舍五入处理。

3．逻辑型

逻辑型（Logical）数据是描述客观事物真假的数据，用字母 L 表示，用于进行逻辑判断，常用于程序设计中。逻辑型数据只有真和假两个值，长度固定为 1 个字符。

4．日期型

日期型（Date）数据是一种表示日期的数据，用字母 D 表示，长度固定为 8 个字符。日期型数据包括年、月、日 3 部分，每个部分以规定的分隔符隔开。由于年、月、日的顺序可以不同，分隔符也可以自行设定，所以，日期型数据有多种格式。

5．日期时间型

日期时间型（Date Time）数据是一种描述日期和时间的数据，长度固定为 8 个字符，用字母 T 表示。日期时间型数据除包括年、月、日外，还包括表示时间的时、分、秒及上午（AM）和下午（PM）。

6．通用型

通用型（General）数据是一种保存 OLE 对象的数据，用字母 G 表示。其中，OLE 对象可以是电子表格、文档、图片等。通用型数据没有长度的限制，它只用于定义数据表中的字段。其字段长度固定为 4 个字符，由这 4 个字符表示的指针指向存放内容的地址，其内容存储在表的备注文件中。

7．备注型

备注型（Memo）数据是一种用于存储较长文本的字符型数据，用字母 M 表示，是字符型数据的延伸。备注型数据没有长度的限制，只用于定义数据表中的字段。其字段长度固定为 4 个字符，由这 4 个字符表示的指针指向存放内容的地址，其备注型文本内容存储在相应的备注文件中，一个表的通用型数据和备注型数据存放在同一个备注文件中。

2.2　常量

一般来说，常量就是在程序运行期间其值不能被改变的量。在 VFP 中，常量可以是一个数据项，也可以是在程序或命令中直接引用的实际值。常量类型有以下 6 种。

1．字符型常量

字符型常量是由 ASCII 中的可打印字符（英文字母、数字、标点符号等）和汉字构成的由定界符括起来的串。在 VFP 中，字符型定界符有 3 种：(" ")、(' ') 或（[ ]），但同一个字符串中一种定界符不能出现两次。例如，"中华人民共和国"、'English'、[123_Abc]等都是合法的字符型常量，而"中国"北京""则是不合法的字符型常量，应改为"中国'北京'"。

2．数值型常量

数值型常量由数字、小数点和正/负号构成。例如：–123.89、80、+42.37 等都是合法的数值型常量。

3．浮点型常量

浮点型常量是数值型常量的一个特殊情形，是用指数法或称为科学计数法表示的数值常量。例如，–1.23e+7、30e–3 分别表示-1.23×10^{7}和 30×10^{-3}。

4．逻辑型常量

逻辑型常量由代表真或假的符号及定界符“. .”构成。逻辑真的表示有：.t.、.T.、.y.、.Y.；逻辑假值的表示有：.f.、.F.、.n .、.N.。逻辑真、假值常用于条件判断。

5．日期型常量

常用的日期型常量的系统输出格式为：mm/dd/yy，向表中输入日期型数据时亦常使用该格式。常用的日期型常量的系统输入格式为：{^yyyy/mm/dd}。其中，mm 代表月份值，dd 代表某日的值，yy 或 yyyy 代表年份值。

例如，04/20/81 是合法的日期输出常量，{^1981/04/20}是合法的日期输入常量。

6．日期时间型常量

常用的日期时间型常量的系统输出格式为：mm/dd/yy hh:mm:ss AM|PM；常用的日期型常量的系统输入格式为：{^yyyy/mm/dd hh:mm:ss AM|PM}。其中，第一个 mm 代表月份值，dd 代表某日的值，yy 或 yyyy 代表年份值，hh 表示小时值，第二个 mm 表示分钟值，ss 表示秒值，AM 表示上午，PM 表示下午。

例如，若有赋值：tt={^1981/3/2 20:30:50}，则输出 tt 值为 03/02/81 08:30:50 PM。

2.3 变量

所谓变量就是在程序运行期间其值可以被改变的量。

2.3.1　变量分类

每个变量都有一个名称来标识，称为变量名。变量名最长可包含 254 个字符，由字母、数字和下画线组成，并由字母、下画线开头。其中，字母不分大小写。在给变量命名时，应尽量做到见名知义。在 VFP 中，有两类变量，分别为内存变量和字段变量。

1．内存变量

内存变量是内存中的存储单元，可以用来保存程序运行过程中的中间结果，当退出 VFP 系统后，内存变量将自动从内存中清除。内存变量的类型为所赋值的类型，可以为数值型（N）、字符型（C）、货币型（Y）、逻辑型（L）、日期型（D）、日期时间型（T）6 种。

2．字段变量

字段变量就是表中的字段名，它是表中最基本的数据单元。字段变量的命名、类型、长度是在设计表结构时完成的，字段变量的值就是表中当前记录对应的字段值。字段变量将在第 3 章介绍。

注意：如果内存变量与字段变量重名，则字段变量优先识别。若想改变这种优先关系，可在内存变量名前加识别前缀“m.”或“m->”来标识与字段变量同名的内存变量名。

2.3.2　内存变量的常用命令

1．赋值命令

格式 1：STORE <表达式> TO <内存变量表>

格式 2：<内存变量>=<表达式>

功能：计算表达式的值并将表达式的值赋给内存变量，<内存变量表>中多个变量之间用英文逗号分隔。

说明：格式 1 一次可以给多个内存变量赋相同的值，格式 2 一次只能给一个内存变量赋值。

例 2-1　给变量赋值。

```
STORE 36+10 TO a1,a2          &&将 46 赋给 a1 和 a2
      x=36+10                 &&将 46 赋给 x，x 为数值型
      name="赵月"             &&将赵月赋给 name，name 为字符型
```

注意：&&是命令行注释语句，非执行语句，用于解释前面命令的功能。

2．变量及表达式的输出命令

格式：?|??<表达式表>

功能：计算<表达式表>中各个表达式的值，并在输出设备上输出。?表示先有回车换行操作，再输出结果。若省略<表达式表>，则在输出设备上输出一个空行；??表示在当前输出位置上输出结果，没有回车换行操作。

例 2-2 输出变量的值。

```
?x          &&换行输出 x 的值
??name      &&不换行输出 name 的值
?a1         &&换行输出 a1 的值
```

执行结果如图 2-1 所示。

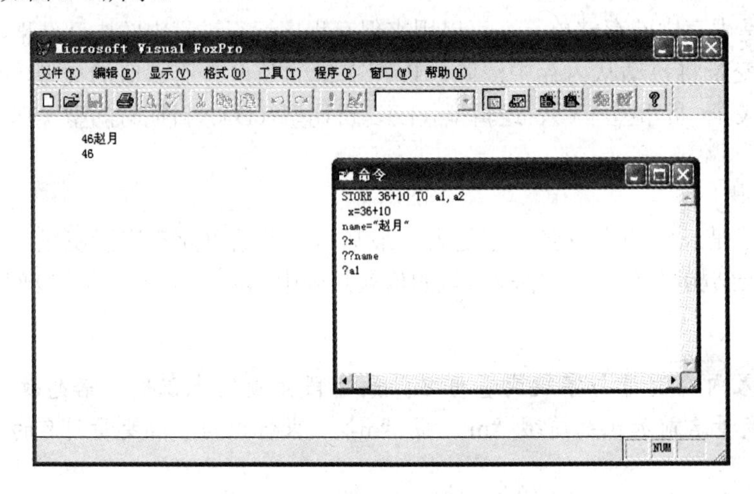

图 2-1 内存变量的赋值与输出

注意：*显示内存变量的命令还有 LIST|DISPLAY MEMORY，用于显示内存中的全部内存变量，包括用户定义的变量、系统变量、用户定义的菜单和窗口等。其中，LIST MEMORY 表示滚屏显示，DISPLAY MEMORY 表示分屏显示。*

2.3.3 数组

数组是一组有序内存变量的集合，其中每一个内存变量是这个数组的一个元素。每一个数组元素在内存中独占一个内存单元。为了区分不同的数组元素，每一个数组元素通过数组名和下标访问。数组必须先定义，后使用。

1. 定义数组

格式：DIMENSION <数组名 1>(下标 1 [,下标 2])

功能：定义一维或二维数组及其下标的上界。

说明：可以同时定义多个数组，中间用“,”间隔。

例如：DIMENSION A(8)，B(2,3)定义了一个一维数组 A 和一个二维数组 B。A 中含有 8 个元素，分别为 A(1)，A(2)，…，A(8)；B 中含有 6（2×3）个元素，分别为 B(1,1)，B(1,2)，B(1,3)，B(2,1)，B(2,2)，B(2,3)，或者对应为 B(1),B(2),…,B(6)。

2. 数组元素赋值

数组一旦定义，它的初始值为逻辑值.F.，数组元素的下标从 1 开始，在 VFP 系统中，同一个数组元素在不同时刻可以存放不同类型的数据。数组元素的类型由它接收的数据类型所决定。

例 2-3　给数组元素赋值。

```
DIMENSION x(4)
STORE 0 TO x(1),x(2)
?x(1),x(2),x(3),x(4)
```

输出结果为：

```
0    0    .F.  .F.
```

操作过程及输出结果如图 2-2 所示。

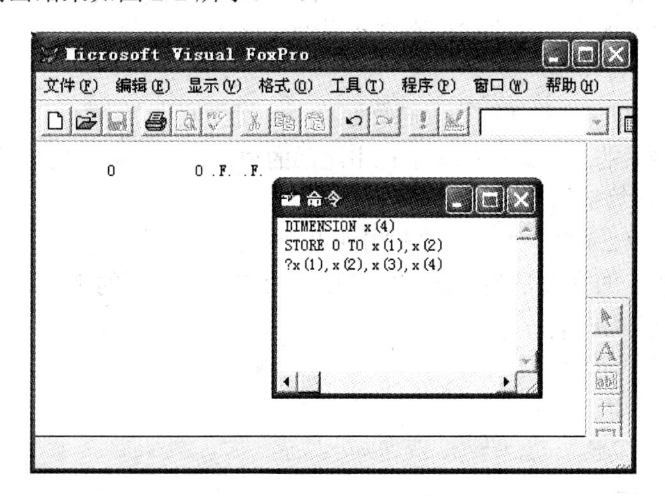

图 2-2　数组操作示意图

2.4　表达式

将常量、变量和函数用运算符连接起来的式子称为表达式。根据运算对象的数据类型不同，表达式可以分为算术表达式、字符表达式、日期和日期时间表达式、关系表达式和逻辑表达式等。

2.4.1　算术表达式

算术表达式是由算术运算符将数值型常量、变量和函数连接起来的式子。算术表达式的结果为数值型常数。算术运算符有**(^)（乘方）、*（乘）、/（除）、%（取余）、+（加）、–（减或取负）。其优先级按由高到低的排列顺序为：**（或^）、(*，/，%)、(+，–)。

例 2-4 计算 3+5*6/2−6^2。

运算的顺序为：

① 先计算 6^2，结果为 36。

② 再计算 5*6，结果为 30。

③ 再计算 30/2，结果为 15。

④ 再计算 3+15，结果为 18。

⑤ 再计算 18–36，最后的结果为–18。

2.4.2 字符表达式

字符表达式由字符运算符连接的字符型常量、变量和函数组成。字符表达式的结果为字符型常数或逻辑型常数。字符运算符有+（连接）、–（连接）和$（包含）。

① +：+（连接）的含义是完成两个字符串的首尾连接。

例 2-5 +连接运算范例。

```
? "中国  "+"北京市   "      &&结果为：中国  北京市
```

② –：–（连接）的含义是将前面字符串尾部的空格移到后面字符串的尾部。

例 2-6 –连接运算范例。

```
? "中国  "-"北京市   "   &&结果为：中国北京市
```

③ $：$（包含）的含义是判断前面字符串是否包含在后面的字符串中，是则返回真值（.T.），否则返回假值（.F.）。

例 2-7 包含运算范例。

```
? [中国]$'中华人民共和国'  &&结果为：.F.
? [中国]$ "发展中国家"      &&结果为：.T.
```

2.4.3 日期和日期时间表达式

日期和日期时间表达式是指包含日期或日期时间型数据和日期运算符的表达式。日期和日期时间表达式的结果是日期时间常量或数值型常数。运算符包括“+”和“–”两种。

① 日期加/减天数运算（D±N）将得到一个新的日期。

例 2-8 日期加/减天数。

```
? {^1988/09/20}+10  &&结果为：09/30/88
? {^1988/09/30}-10  &&结果为：09/20/88
```

② 两个日期相减运算（D1–D2）将得到两个日期相差的天数。

例 2-9 日期相减运算。

```
? {^1988/09/30}-{^1988/09/20}  &&结果为：10
```

③ 日期时间加减秒数运算（T±N）将得到一个新的日期时间。

例 2-10 日期加时间加秒数运算。

```
? {^2005/8/10 10:20:40 AM}+100 &&结果为：08/10/05 10:22:20 AM
```

④ 两个日期时间相减运算（T1–T2）将得到两个日期时间相差的秒数。

例 2-11　日期时间相减运算。

```
? {^2005/8/10 10:22:20}-{^2005/8/10 10:20:40}  &&结果为：100
```

2.4.4　关系表达式

关系表达式是由关系运算符将字符表达式、算术表达式和日期表达式或日期时间表达式连接起来的式子。关系运算符两端必须为可比较的同类型的表达式，关系表达式的结果为逻辑常量。关系运算符包括：<（小于）、>（大于）、=（等于）、<=（小于等于）、>=（大于等于）、==（恒等于）和<>、#、!=（不等于）。

相同类型的数据都可以进行比较，比较规则如下：

- 数值型和货币型数据按照其数值的大小进行比较。
- 日期和日期时间型数据比较时，越早的日期或时间越小；越晚的日期或时间越大。
- 逻辑型数据比较时，.T.比.F.大。
- 字符型数据比较大小时，和 VFP 环境设置有关，可以根据需要设置排序顺序。

注意：设置字符型数据排序顺序的方法为：选择“工具”菜单中的“选项”，在选项对话框中选择“数据”，选择相应的“排序序列”即可。

例 2-12　关系表达式举例。

```
? 3*7>20        &&结果为：.T.
? "AB"=="ABC"   &&结果为：.F.
```

注意："ABC"="AB"可能为真，也可能为假，具体取决于环境参数设置（SET EXACT ON/OFF）。当为 ON 时，“=”两边字符串用空格变为等长时若完全相等结果为真，否则为假，因此，"ABC"="AB"为假；当为 OFF 时，“=”右边字符串与“=”左边字符串前部分相同即为真，否则为假，因此，"ABC"="AB"为真。

2.4.5　逻辑表达式

逻辑表达式是由逻辑运算符将逻辑型常量、变量、函数和关系表达式连接起来的式子。逻辑表达式的结果为逻辑常数。逻辑运算符包括：.NOT.（逻辑非）、.AND.（逻辑与）和.OR.（逻辑或）。优先级由高到低的顺序为：.NOT.、.AND.、.OR.。运算规则见表 2-1。

表 2-1　逻辑运算符的运算规则

A	B	.NOT.A	A.AND.B	A.OR.B
.T.	.T.	.F.	.T.	.T.
.T.	.F.	.F.	.F.	.T.
.F.	.T.	.T.	.F.	.T.
.F.	.F.	.T.	.F.	.F.

例 2-13 判断某年 Year 是否为闰年的表达式为：

```
Year%4=0.and.Year%100!=0.or.Year%400=0
```

2.4.6 表达式生成器

在 VFP 系统中任何可以写表达式的地方单击鼠标右键，在弹出的快捷菜单中选择“生成表达式”选项，即可弹出“表达式生成器”对话框。在“表达式生成器”对话框中，用户可以直接输入表达式，也可以利用对话框提供的函数（包括运算符）、字段和变量组成表达式。当输入完成时，用户还可以通过“检验”按钮检验表达式的有效性。

例 2-14 设置两个变量 a 和 b，它们的值分别为 3、5。通过表达式生成器生成表达式 a+b，并输出 a 和 b 的和。

① 给变量 a 和 b 赋值：在命令窗口输入 a=3↙，再输入 b=5↙。

② 输出：在命令窗口输入？。

③ 生成表达式：可以直接输入表达式 a+b；也可以按鼠标右键，在弹出的快捷菜单中单击“生成表达式”，弹出“表达式生成器”对话框，可以直接在“表达式”中输入 a+b，或选择“变量”中的 a，再选择“数学”中的“+”，最后选择“变量”中的 b，如图 2-3 所示，单击“确定”按钮。

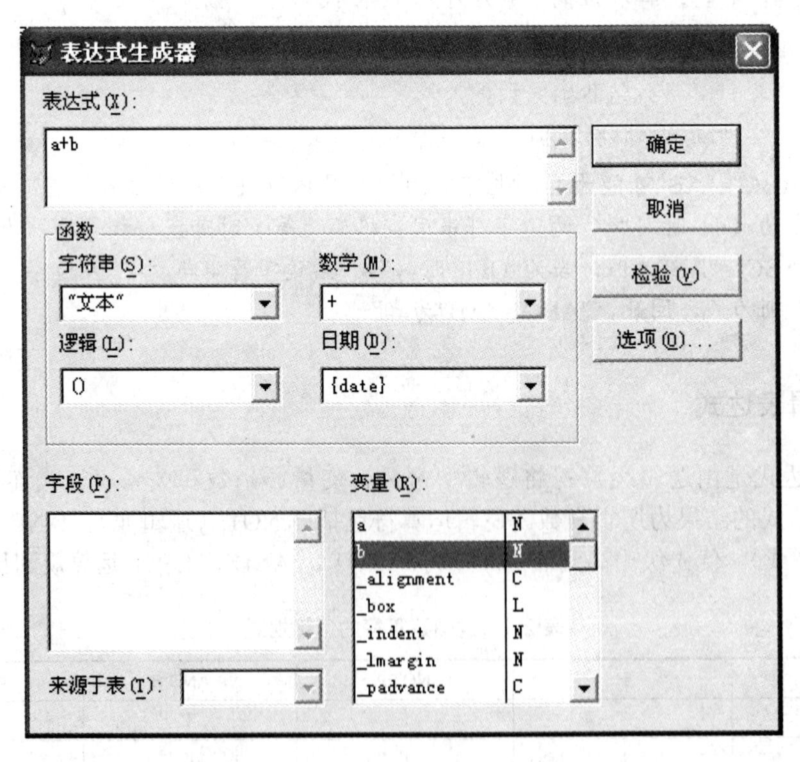

图 2-3 “表达式生成器”对话框

④ 输出结果：按回车键，将在工作区窗口中显示 8，如图 2-4 所示。

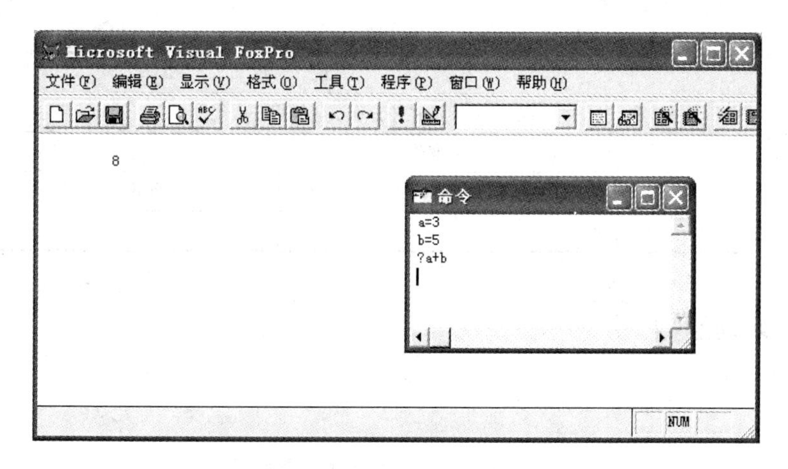

图 2-4　输出表达式值示意图

2.5　常用函数及其应用

函数是实现特定功能的程序段。它通过函数调用出现在表达式中，函数的运算结果称为返回值。函数调用的形式为：

函数名([参数列表])

在 VFP 中函数可分为系统函数和用户自定义函数两大类。用户自定义函数将在第 5 章介绍，在此主要介绍部分常用的系统函数，其他函数的功能请查阅相关资料。

VFP 中提供了很多标准函数，函数分类见表 2-2。

表 2-2　函数功能分类表

类　别	说　明
字符函数	对字符数据进行处理
数据转换函数	将数据从一种类型转换成另一种类型
日期和时间函数	处理日期和时间型数据
数值函数	处理数值型数据
数据库操作函数	用来创建、处理和监视数据库、表、选择表中的记录或把记录指针定位，处理字段，建立（或者中断）表之间的关系等
环境设置函数	在较大范围内管理 Visual FoxPro 6.0 中的系统和环境参数
SYS()函数	返回 Visual FoxPro 6.0 系统信息
文件管理函数	管理和处理磁盘文件
网络函数	允许多个用户在网络中共享表的数据
键盘和鼠标函数	控制鼠标和键盘的输入
菜单和菜单栏函数	定义、显示或者激活用户自定义菜单或者菜单栏
打印函数	向屏幕、打印机或输出文件中打印记录或者内存变量中的数据，同时控制输出和创建报表
窗口函数	创建、显示和激活用户自定义窗口

续表

类　别	说　明
程序管理函数	对程序文件进行管理（例如用项目文件管理相应的程序文件）
内存变量处理函数	给内存变量赋值，进行有关内存变量的数据操作
DDE 函数	在 Visual FoxPro 6.0 和其他 Microsoft Windows 应用程序之间交换数据
其他函数	对未涉及分类的函数进行说明

2.5.1 字符处理函数

常用的字符串处理函数见表 2-3。

表 2-3 常用的字符处理函数表

函 数 格 式	函 数 功 能
ALLTRIM(c)	返回删除字符串 c 的首、尾两端空格后的字符串
ASC(c)	返回字符串 c 中第一个字符的 ASCII 码值
AT(c1,c2[,n])	返回字符串 c1 在字符串 c2 中第 n 次出现的位置，没出现，返回 0
ISALPHA(c)	判断字符串 c 的第一个字符是否为字母字符
ISBLANK(e)	判断表达式 e 是否为空值、无值或空格串
ISDIGIT(c)	判断字符串 c 的第一个字符是否为数字字符
ISLOWER(c)	判断字符串 c 的第一个字符是否为小写字母
ISUPPER(c)	判断字符串 c 的第一个字符是否为大写字母
LEFT(c,n)	取字符串 c 中的左面 n 个字符构成一个字符串返回
LEN(c)	返回字符串 c 中的字符个数
LIKE(c1,c2)	判断 c1 与 c2 两个字符串是否相匹配
LOWER(c)	返回字符串 c 的对应小写字母构成的字符串
LTRIM(c)	返回删除字符串 c 的左端空格后的字符串
REPLICATE(c,n)	返回将指定字符 c 重复 n 次得到的字符串
RIGHT(c,n)	取字符串 c 中的右面 n 个字符构成一个字符串返回
RTRIM(c)	返回删除字符串 c 的右端空格后的字符串
SPACE(n)	返回由 n 个空格构成的字符串
STUFF(c1,n1,n2,c2)	将字符串 c1 中从第 n1 个字符开始 n2 个字符用字符串 c2 替换
SUBSTR(c,n1[,n2])	返回从字符串 c 的第 n1 个字符开始的 n2 个字符
TRIM(c)	等价于 RTRIM(c)函数
TYPE("c")	返回表达式 c 的值代表的数据类型，未定义的数据类型返回“U”
VARTYPE(c)	返回表达式 c 的值代表的数据类型，未定义的数据类型返回“U”
UPPER(c)	返回字符串 c 的对应大写字母构成的字符串

例 2-15 字符串替换。

```
S1="NETWORK"
S1=STUFF(S1,4,4,"BIOS")
```

```
? S1          &&结果为：NETBIOS
? TYPE("S1")     &&结果为：C
? VARTYPE(S1)     &&结果为：C
```

2.5.2 数值函数

常用的数值函数见表 2-4。

表 2-4 常用的数值函数表

函数格式	函数功能
ABS(n)	返回 n 的绝对值
COS(n)	返回 n 的余弦函数值
EXP(n)	返回 n 的指数函数值
FLOOR(n)	返回小于或等于 n 的最大整数
INT(n)	对 n 值取整
LOG(n)	返回 n 的自然对数值（以 e 为底）
LOG10(n)	返回 n 的常用对数值（以 10 为底）
MAX(e1,e2[,e3,…])	返回各个数据中的最大值
MIN(e1,e2[,e3,…])	返回各个数据中的最小值
MOD(n1,n2)	返回 n1 除以 n2 的余数，余数的符号同 n2 的符号
RAND(n)	返回一个 0～1 之间的随机数
ROUND(n1,n2)	返回 n1 的保留到 n2 位小数的四舍五入的结果
SIGN(n)	符号函数，根据 n 是正数、负数和 0，返回对应的 1、–1 和 0
SIN(n)	返回 n 的正弦函数值
SQRT(n)	返回 n 的平方根函数值
TAN(n)	返回 n 的正切函数值

例 2-16 数值函数举例。

```
? FLOOR(-45.67)     &&结果为：-46
? MOD(44,-3)       &&结果为：-1
```

2.5.3 日期和时间处理函数

常用的日期和时间函数见表 2-5。

表 2-5 常用的日期和时间函数表

函数格式	函数功能
CDOW(d|t)	返回 d 或 t 的星期值（英文）
CMONTH(d|t)	返回 d 或 t 的月份值（英文）

续表

函数格式	函数功能
CTOT(c)	返回 c 所表示的日期时间值，自动加上午夜时间 12:00:00 AM
DATE()	返回当前系统日期值
DATETIME()	返回当前系统日期时间值
DAY(d|t)	返回 d|t 中日期是 d|t 中指定月份的第几天
DMY(d|t)	返回一个“日月年”格式的字符串
DOW(d|t[,n])	返回 d 或 t 的星期值（数字），n 为一周的第一天选项
DTOS(d|t)	返回 yyyymmdd 格式的日期串，相当于 DTOC(d|t,1)
DTOT(d)	返回对应日期的日期时间型值，自动加上午夜时间 12:00:00 AM
HOUR(t)	返回时间 t 中的小时部分（24 时制）
MINUTE(t)	返回时间 t 中的分钟部分
MONTH(d|t)	返回 d 或 t 的月份值
SEC(t)	返回时间 t 中的秒部分
TIME([n])	以“时:分:秒”的格式返回当前系统的时间，可用 n 进行精确处理，返回值为字符型
YEAR(d|t)	返回指定日期或日期时间中的年份值

例 2-17　返回日期。

```
d=DATE()          &&假设系统当前日期为 07/21/08
? CDOW(d)         &&结果为：Tuesday
? DOW(d)          &&结果为：3
? DTOS(d)         &&结果为：20080721
```

2.5.4 数据类型转换函数

常用的数据类型转换函数见表 2-6。

表 2-6　常用的数据类型转换函数表

函数格式	函数功能
CHR(n)	将 n 值作为 ASCII，返回对应的字符
CTOD(c)	将字符串 c 转换成对应的日期
DTOC(d|t[,1])	将 d 或 t 转换成相应的字符串，1 表示带世纪格式
MTON(m)	将货币值 m 转换成对应的数值
NTOM(n)	将数值 n 转换成对应的货币值
STR(n1[,n2[,n3]])	将数值 n1 转换成由 n2 个字符构成的数字串，小数点后有 n3 位
TTOC(t[,1])	将日期时间型数据 t 转换成对应的字符串
TTOD(t)	将日期时间型数据 t 转换成对应的日期值
VAL(c)	将字符串 c 转换成对应的数值，并进行四舍五入运算（小数点后保留 2 位）

例 2-18　数据类型转换。

```
? CHR(13)              &&结果为：回车符
? CTOD("08/20/97")     &&结果为日期型数据：08/20/97
? VAL("123.457")       &&结果为数值型数据：123.46
```

2.5.5　测试函数

常用的测试函数见表 2-7。

表 2-7　常用的测试函数表

函 数 格 式	函 数 功 能
ALIAS([n|c])	测试当前表或指定工作区 n 或表 c 的别名
BOF([n|c])	测试当前记录指针是否在表头（第一条记录之前）
COL()	测试当前光标的列号
DBC()	测试当前数据库的名称和路径
DBF([n|c])	测试当前工作区或指定工作区 n 或别名 c 打开的表名
DELETED([n|c])	测试当前记录是否加了删除标记
EOF([n|c])	测试当前记录指针是否在表尾（最后一条记录之后）
FCOUNT([n|c])	测试表中的字段数目
FOUND([n|c])	测试查找操作是否成功
BETWEEN(n1,n2,n3)	测试 n1 是否在大于等于 n2 的同时小于等于 n3，是为真，否则为假
RECCOUNT([n|c])	测试当前表或指定表中的记录数目
RECNO([n|c])	测试当前表或指定表中的当前记录号
ROW()	测试当前光标的行号

例 2-19

```
? RECNO()    &&得到当前表中的当前记录号
```

2.6　本章小结

本章是程序设计的基础知识，主要介绍了数据的类型、常量与变量的区别及表达式的运算规则。内容包括：

- 数据类型是存储数据的类型。数据类型包括字符型、数值型、日期型、逻辑型、备注型和通用型等。
- 常量就是在程序运行期间其值不能被改变的量。在使用常量时要注意不同数据类型应加相应的定界符。
- 变量就是在程序运行期间其值可以被改变的量。有两类变量，分别为内存变量和字段变量。
- 函数是实现特定功能的程序段。函数分为系统函数和用户自定义函数两大类。

- 表达式是由运算符将数据、变量、函数连接起来的一个运算式，分为算术表达式、字符表达式、日期和日期时间表达式、关系表达式和逻辑表达式。

习题 2

一、思考题

1．VFP 中有哪几种数据类型？长度是多少？其中哪些类型只能用于数据表中？

2．字符型常量有哪几种定界符？

3．如何表示条件的真、假值？

4．解释输出命令?和??的功能与区别。

二、选择题

1．下列不是字符型常量定界符的是（　　）。

A．"　　B．'　　C．[ ]　　D．( )

2．日期型常量 2005 年 8 月 20 日的合法输入格式为（　　）。

A．{"2005/08/20"}　　B．{^2005/20/08}

C．{^2005/08/20}　　D．{2005-08-20}

3．若要得到日期时间常量：10/20/05 09:45:37 PM，则正确的输入为（　　）。

A．{^10/20/2005 09:45:37 PM}　　B．{^2005/10/20 09:45:37}

C．{^2005/20/10 09:45:37 PM}　　D．{^2005/10/20 21:45:37}

4．将数值 1 分别赋值给变量 X、Y、Z，正确的赋值命令为（　　）。

A．X=Y=Z=1　　B．STORE 1,1,1 TO X,Y,Z

C．STORE 1 TO X,Y,Z　　D．STORE 1 TO X,1 TO Y,1 TO Z

5．若 D1 和 D2 为日期型变量，则下列不正确的日期表达式为（　　）。

A．D1+D2　　B．D1–D2

C．D1+20　　D．D1–20

6．数学表达式 1≤X≤6 在 VFP 中应表示为（　　）。

A．1≤X .OR .X≤6　　B．X >=1 .AND .X <=6

C．X≤6.AND.1≤X　　D．X>=1.OR.X <=6

7．命令？VARTYPE(TIME())结果是（　　）。

A．C　　B．D　　C．T　　D．出错

三、填空题

1．当内存变量与字段变量同名时，_________优先。要标识内存变量，可以使用的内存变量的前缀为________。

2．假设当前数据表文件中有学生的“出生日期（D）”和“性别（L）”字段，若要判断当前记录的学生是否为超过 20 岁的男生（性别为.T.）记录，则构成的表达式应为______________________。

3．函数 BETWEEN(40,34,50)的运算结果是_______。

4．要取出串“ABCDEFGHIJK”中的“EFGH”子串，应构成的表达式为______。

5．在命令窗口中执行命令 m=[28+2]，再执行命令?m，屏幕将显示_________。

6．TIME()函数的返回值类型为________。

7．DATE()-{^2005/10/20}的结果为_________，类型为_________。

8．将数字 657.4382 转换成具有 2 位小数的字符串，转换表达式为_________。

四、操作题

1．已知：a=4，b=6，c=12。通过表达式生成器生成表达式：$a^2+c\times 8+\sqrt{b}+32$，并输出表达式的结果。

2．执行下述命令，熟悉函数的功能。

（1）STORE–100 TO X

```
? SIGN(X)*SQRT(ABS(X))
```

（2）USE student

```
? BOF()
SKIP-1
? BOF()
GO BOTTOM
? EOF()
SKIP
?EOF()
USE
```

（3）X=STR(12.4,4,1)

```
Y=RIGHT(X,3)
Z="&Y+&X"
?Z,&Z
```

（4）DD=DATE()

```
? STR(YEAR(DD),4)+"年"+STR(MONTH(DD),2)+"月"+STR(DAY(DD),2)+"日"
```

第 3 章 数据库及其操作

数据库是数据的集合。在 VFP 中，通过数据库将表、视图、联系等各类数据对象统一管理。

本章主要介绍数据库的建立、表的建立及对数据库和表的操作。

3.1 数据库的建立

VFP 中的数据库（DataBase）是基于数据库文件建立的，文件的扩展名为.DBC，用于提供对数据库表的引用、建立数据库表之间的关联、建立与数据库表相关的数据视图、建立与远程数据源的连接和建立存储过程等。可以将数据库文件看做管理数据库中诸多文件的一种有效手段，提供一种高效实用的数据管理机制。

建立数据库可以通过菜单方式或在命令窗口中执行命令完成。

例 3-1 在 D 盘 XSGL 目录下创建“XSGL”数据库。

1. 通过菜单方式建立数据库

① 选择“文件”/“新建”选项，弹出“新建”对话框，如图 3-1 所示。

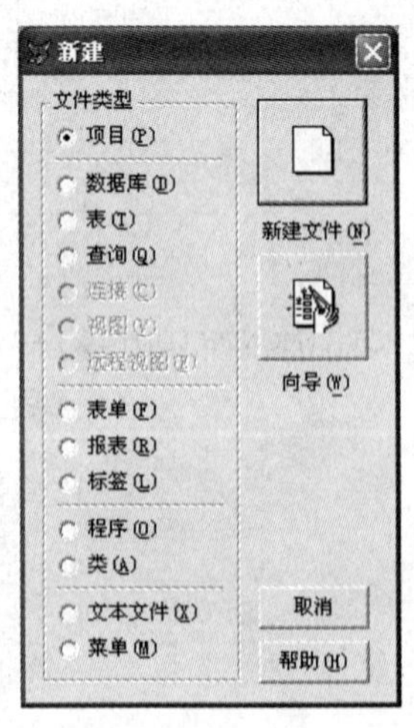

图 3-1 “新建”对话框

② 在“新建”对话框中，选择“数据库”选项，单击“新建文件”按钮，弹出“创建”对话框，在“创建”对话框中，设定保存数据库文件的文件夹并输入数据库文件名，如图 3-2 所示。

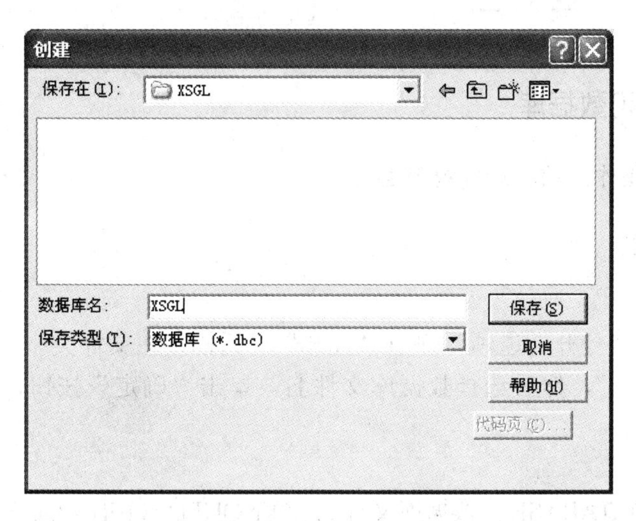

图 3-2 “创建”对话框

③ 单击“保存”按钮，打开“数据库设计器”窗口，与此同时，“数据库设计器”工具栏也变为有效状态，如图 3-3 所示。

图 3-3 “数据库设计器”窗口

2．通过命令方式建立数据库

格式：CREATE DATABASE [<数据库文件名>]

功能：创建一个数据库文件。若未指定数据库文件名，将弹出“创建”对话框，等待用户选定保存数据库文件的文件夹和输入数据库文件名。

例如：CREATE DATABASE D:\XSGL\XSGL

注意：使用该命令建立数据库后仅仅是建立数据库，不打开“数据库设计器”窗口。如果想打开“数据库设计器”窗口，应在命令窗口输入“MODIFY DATABASE”命令。

3.2 数据库的操作

3.2.1 打开和关闭数据库

对数据库进行操作之前，应先打开数据库。

1. 打开数据库

（1）菜单方式

选择“文件”/“打开”选项，弹出“打开”对话框，在文件类型下拉列表框内，选择文件类型为“数据库”，然后选择数据库文件名，单击“确定”按钮，打开“数据库设计器”窗口。

（2）命令方式

格式：OPEN DATABASE [<数据库文件名>|?][NOUPDATE][EXCLUSIVE|SHARED]

功能：打开指定的数据库。

说明：

? 表示系统会弹出“打开”对话框。

NOUPDATE 指定以只读方式打开数据库。

EXCLUSIVE 指定以独占方式打开数据库，SHARED 指定以共享方式打开数据库。

2. 关闭数据库

（1）菜单方式

选择“文件”/“关闭”选项，关闭正在使用的数据库。

（2）命令方式

格式 1：CLOSE DATABASES

功能：关闭所有打开的数据库和数据表。

格式 2：CLOSE ALL

功能：关闭所有打开的数据库和数据表，同时关闭各种窗口，不退出 VFP 系统。

3.2.2 修改数据库

格式: MODIFY DATABASE [<数据库文件名>|?]

功能：打开当前数据库的“数据库设计器”窗口，修改数据库。

3.2.3 删除数据库

格式：DELETE DATABASE <数据库文件名>|?[DELETE TABLES]

功能：从磁盘上删除数据库文件。

说明：DELETE TABLES 表示删除数据库的同时数据库中的数据表都将被删除；否则只删除数据库文件，原数据库表变成自由表。若用户利用操作系统删除数据库文件，则其中的表变为不可用表。

3.3　表的建立

3.3.1　表的基本概念

VFP 有两种数据表，即自由表和数据库表。

不属于任何数据库而独立存在的表称为“自由表”。

属于某一数据库的表称为数据库表。

数据库关闭时建立的表属于自由表，否则属于数据库表。自由表和数据库表可以转换。当一个自由表添加到某一数据库时，自由表就成为数据库表；相反，若将数据库表从某一数据库中移出，该数据库表就成为自由表。

数据库表的特点包括：

① 字段名可达 128 个字符。而自由表的字段名最长只有 10 个字符。

② 可以为各个字段设置字段标题及注释。

③ 可以为各个字段设置默认值。

④ 可以直接格式化字段的输入和输出。

⑤ 可以为数据库表创建字段验证规则与记录验证规则。

⑥ 可以设置字段的从属类型。

⑦ 可以为表创建增加、修改及删除事件所引发的触发器程序。

⑧ 可以创建存储在数据库中的存储过程。

⑨ 数据库表可以拥有主索引。

⑩ 同一数据库中的表之间可以创建永久性关联。

3.3.2　建立表的结构

1．表的结构

无论是数据库表还是自由表，在形式上都是一个二维表结构，表文件以.DBF 为扩展名存储在磁盘上。每一列称为一个字段，字段有字段名和字段值，所有字段名的集合构成了表的第一行（表头），叫做数据表的结构；第二行起的每一行称为一条记录。定义表结构时，它需要描述数据表所有字段的名称、数据类型、宽度、小数位数及能否接收 NULL 值等。

（1）字段名

字段名必须以字母或汉字开头，由字母、汉字、数字或下画线组成，不能包含空格，且字段名应尽量与内容相关。数据库表字段名最长为 128 个字符，自由表字段名最长为 10 个字符。

注意：一个汉字占 2 个字节。

（2）字段类型

字段的数据类型决定存储在字段中的值的数据类型，包括字符型、货币型、数值型、浮点型、日期型、日期时间型、双精度型、整型、逻辑型、备注型、通用型、二进制字符型和二进制备注型。

字段的数据类型应与将要存储在其中的信息类型相匹配。确定了字段的数据类型，也就决定了对该字段所允许的操作。

（3）字段宽度

字段宽度必须能够容纳将要显示的信息内容，字符型字段宽度不得大于 254 字节，否则可用备注型字段存储。浮点型和数值型字段的最大宽度为 20 字节。

其他几个类型的字段宽度由系统规定：逻辑型字段宽度为 1 字节；日期型、日期时间型、货币型、双精度型字段宽度为 8 字节；备注型、通用型、整数型及二进制备注型字段宽度为 4 个字节；二进制字符型字段宽度为 1～254 字节。

（4）小数位数

若字段的类型是数值型和浮点型，还需给出小数位数，若是整数，小数位数为 0。小数位数与小数点都是总长的一部分，在 VFP 中，单精度型数据的小数位数不能大于 9，双精度型数据的小数位数不能大于 18。

（5）使用空值

在建立数据表时，可以指定字段是否接受空值（NULL）。它不同于零、空字符串或者空白，而是一个不存在的值。当数据表中某个字段内容无法确切知道时，可以先赋给 NULL 值，当内容明确之后，再赋给实际意义的信息。

2. 建立表的结构

有两种方式建立表的结构：菜单方式和命令方式。

例 3-2 建立第 1 章表 1-12（student 表）的结构。表结构的定义如表 3-1 所示。

表 3-1 student 表结构

字 段 名	字段类型	字段宽度	小数位数	字 段 名	字段类型	字段宽度	小数位数
学号	字符型	9		党员否	逻辑型	1	
姓名	字符型	8		专业	字符型	20	
性别	字符型	2		简历	备注型	4	
出生日期	日期型	8		照片	通用型	4	

（1）菜单方式

① 打开数据库“XSGL”。

② 选择“文件”/“新建”选项，弹出“新建”对话框，选择“表”选项，单击“新建文件”按钮，弹出“创建”对话框，输入文件名“student”，注意表文件的扩展名为.DBF，单击“保存”按钮，弹出“表设计器”对话框。

③ 在“表设计器”对话框中，输入表 3-1 中的内容，如图 3-4 所示。

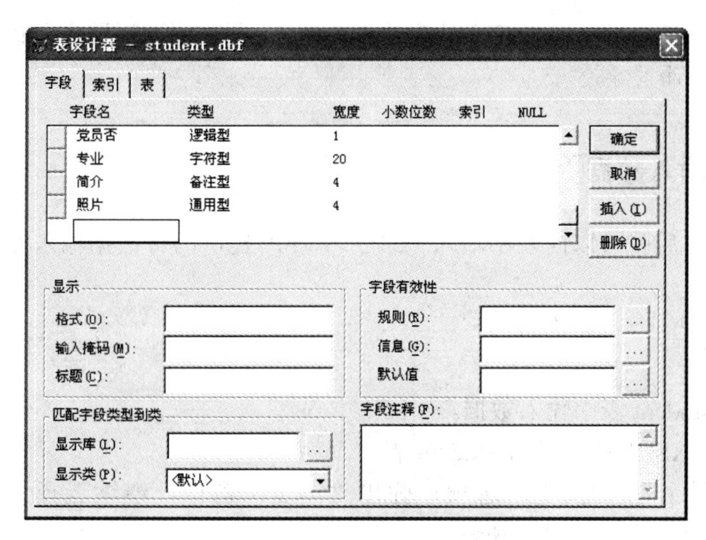

图 3-4　“表设计器”对话框

④ 当输入完成后，单击“确定”按钮，结束表结构的建立。

注意：在表中定义了备注型或通用型字段后，系统会自动生成与表文件同名且扩展名为.FPT 的备注文件，用来存放备注型或通用型字段的实际内容。表备注文件将随着表文件的打开而打开，随着表文件的关闭而关闭。无论一个表中定义了多少个备注型字段或通用型字段，系统只生成一个.FPT 文件存放这个表中的所有备注型字段和通用型字段的内容。

（2）命令方式

CREATE student

练习：建立“course”表和“score”表，它们的表结构见表 3-2、表 3-3。

表 3-2　course 表结构

字段名	字段类型	字段宽度	小数位数
课程号	字符型	4	
课程名	字符型	20	
学分	数值型	1	0
学时	数值型	2	0

表 3-3　score 表结构

字 段 名	字 段 类 型	字 段 宽 度	小 数 位 数
学号	字符型	9	
课程号	字符型	4	
成绩	数值型	3	0

注意：当数据库没打开时，建立的表为自由表，“表设计器”界面比在数据库中建立表的“表设计器”界面简单。

3.3.3　向表中输入数据

定义好表结构后就可以向表中输入记录了，VFP 提供两种数据输入方式：浏览方式和编辑方式。

1．浏览方式

例 3-3　向 student 表中输入数据。

① 在数据库 XSGL 中，选择 student 表。

② 选择“显示”/“浏览”选项，弹出“浏览”窗口，继续选择“显示”/“追加方式”，向表中输入数据，如图 3-5 所示。

Student

学号	姓名	性别	出生日期	党员否	专业	简介	照片
200501001	王小岩	男	10/12/87	F	计算机	memo	Gen
200501002	赵军	男	03/16/88	T	计算机	memo	Gen
200402001	张新	女	07/10/88	F	数学	memo	Gen
200403001	李华	女	09/20/87	F	中文	memo	Gen
200403002	陈丽萍	女	11/15/87	T	中文	memo	gen

图 3-5　浏览窗口

③ 备注型字段的数据输入。

a）在浏览窗口中，将光标移到备注型字段的“memo”处，用鼠标双击，弹出备注型字段编辑窗口，如图 3-6 所示。

图 3-6　备注型数据输入窗口

b）在此窗口中，可以依次输入或编辑当前记录的简历字段的内容。

c）输入结束后，按“×”按钮或组合键 Ctrl+W，即可将备注型数据存盘，关闭备注型字段的编辑窗口。按 Ctrl+Q 则放弃本次输入，关闭备注型字段的编辑窗口。

注意：此时浏览窗口的备注字段“memo”变成“Memo”，表示已经输入数据。

④ 通用型字段的数据输入。

a）在记录输入窗口中，将光标移到通用型字段的“gen”处，用鼠标双击，弹出通用型字段编辑窗口，如图 3-7 所示。

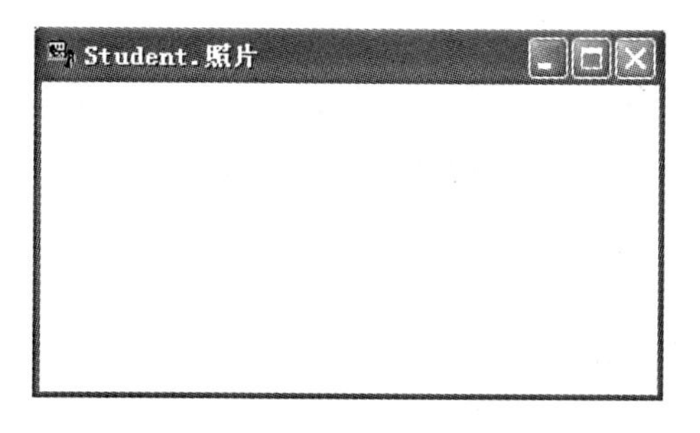

图 3-7　通用型数据输入窗口

b）选择“编辑”/“插入对象”选项，弹出“插入对象”对话框，如图 3-8 所示。

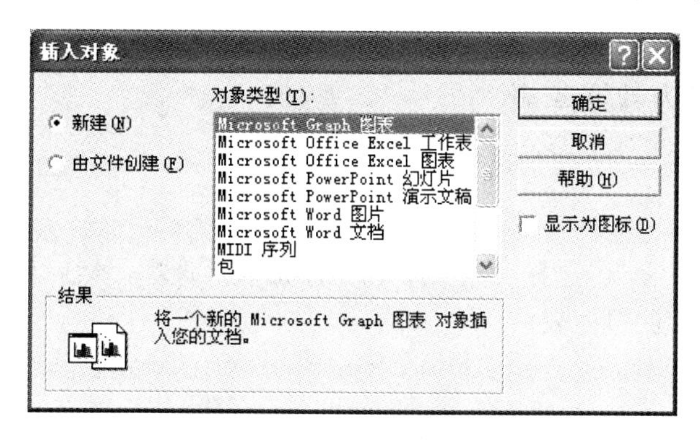

图 3-8　插入对象对话框

- 新建：可以选择“新建”/“对象类型”，自己新建一个对象添加到该通用字段中。
- 由文件创建：可以选择一个已经存在的对象添加到该通用型字段中。

c）输入结束后，按“关闭”按钮或组合键 Ctrl+W，可将通用型数据存盘，关闭通用型字段的编辑窗口。按 Ctrl+Q 则放弃本次输入，关闭通用型字段的编辑窗口。

注意：此时浏览窗口备注字段“gen”变成“Gen”，表示已经输入数据。

2. 编辑方式

这种方式的操作过程与浏览方式的操作过程大致相同，在浏览状态下，选择“显示”/“编辑”选项就可以切换到“编辑”窗口，如图 3-9 所示。

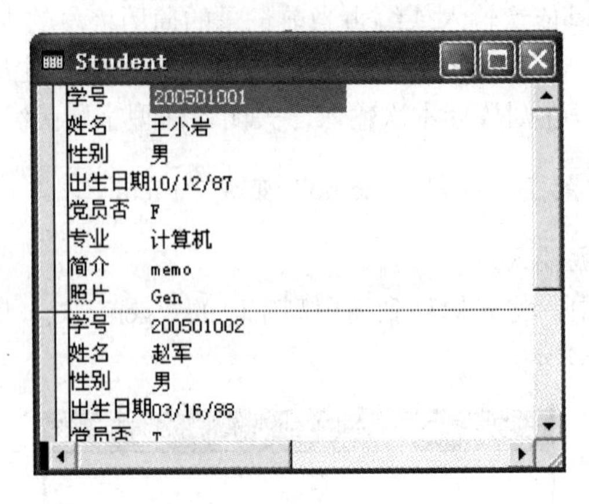

图 3-9 “编辑”窗口

3.4 自由表与数据库表之间的转换

自由表可以成为数据库表，数据库表也可以转换为自由表，这些操作可以在“数据库设计器”中完成。

3.4.1 自由表转换为数据库表

1．菜单方式

打开“数据库设计器”，选择“数据库”/“添加表”选项，然后从“打开”对话框中选择要添加到当前数据库的自由表。

2．命令方式

格式：ADD TABLE <自由表名>|?[NAME <长数据库表名>]

功能：将自由表变成数据库表。

说明：

① <自由表名>给出了要添加到当前数据库的自由表表名，如果使用“？”则弹出“打开”对话框，从中选择要添加到数据库中的自由表。

② <长数据库表名>则为数据库表指定了一个长名，最多可以有 128 个字符。使用长名在程序中可以增强程序的可读性。

③ 当数据库不再使用某个表，而其他数据库要使用该表时，必须将表从当前数据库中移出，使之成为自由表，再添加到其他数据库中。

例 3-4 建立一个自由表 book.dbf，然后添加到数据库 XSGL 中。

① 在命令窗口输入 CLOSE ALL↙，关闭打开的数据库。

② 选择“文件”/“新建”选项，在“新建”对话框中选择“表”，单击“新建文件”按钮，选择目录 D：XSGL，输入表名 book，单击“保存”按钮，打开“表设计器”对话框。

③ 输入表结构，如图 3-10 所示。单击“确定”按钮，弹出图 3-11 所示的对话框，单击“否”。

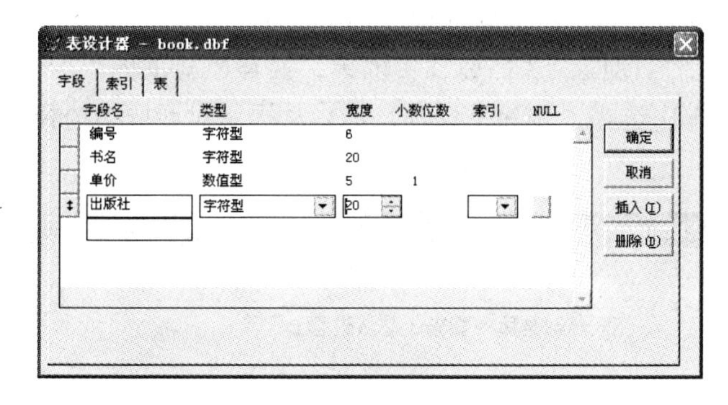

图 3-10　自由表设计器对话框

图 3-11　数据输入提示框

注意：自由表设计器和数据库表设计器是有区别的。

如果在图 3-11 的对话框中单击“是”按钮，弹出“编辑”窗口，直接输入记录即可。

④ 选择“显示”/“浏览”选项，选择“显示”/“追加方式”选项，添加数据。

⑤ 选择“文件”/“打开”选项，选择数据库 Xsgl，单击“确定”按钮，打开数据库。

⑥ 选择“数据库”/“添加表”选项，在“打开”对话框中选择 book 表，单击“确定”按钮，将表添加到数据库中，如图 3-12 所示。

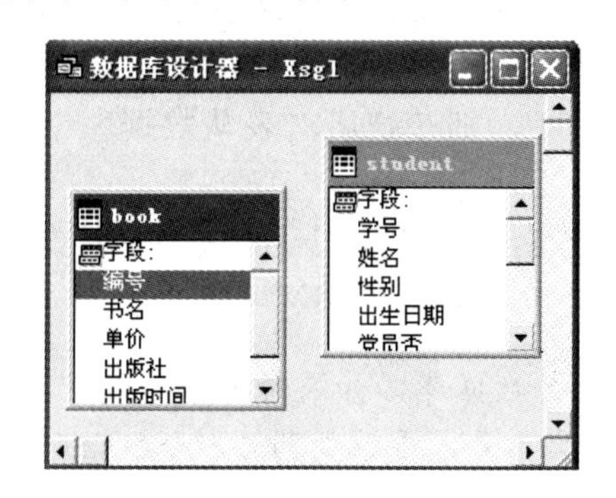

图 3-12　“数据库设计器”窗口

3.4.2　数据库表转换成自由表

1. 菜单方式

例 3-5　将表 book.dbf 移出数据库变成自由表。

在“数据库设计器”窗口，选择要移去的表，选择“数据库”/“移去”选项，或者单击鼠标右键从快捷菜单中选择“删除”选项，最后从提示对话框中选择“移去”即可，如图 3-13 所示。

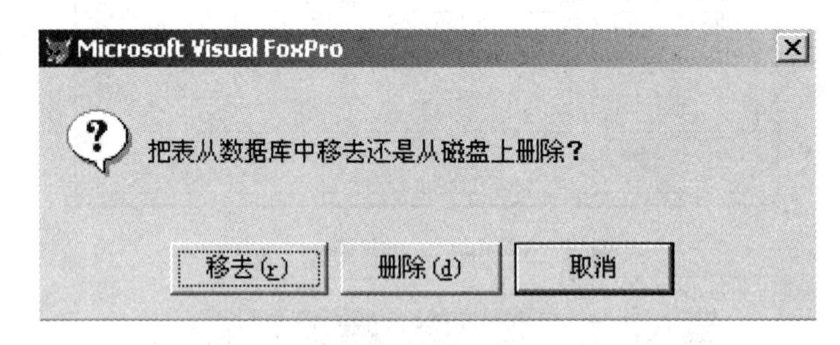

图 3-13　移出数据库表对话框

注意：从数据库中移出表，使被移出的表成为自由表，应该选择“移去”按钮。如果选择“删除”按钮，则不仅从数据库中将表移出，而且还从磁盘上删除该表。一旦某个表从数据库中移出，那么与之联系的所有主索引、默认值及有关的规则都随之消失，因此，将某个表移出的操作会影响到当前数据库中与该表有联系的其他表。如果移出的表在数据库中使用长表名，那么表一旦移出，长表名将不能再使用。

2. 命令方式

格式：REMOVE TABLE <数据库表名>|?[DELETE][RECYCLE]

功能：将数据库表删除或变成自由表。

说明：

① <数据库表名>给出要从当前数据库中移去的表名，如果使用问号“？”，则弹出“移去”对话框，从中选择要移去的表。

② 如果使用选项 DELETE，则在把所选表从数据库中移出之外，还将其从磁盘中删除。

③ 如果使用选项 RECYCLE，则把所选表从数据库移出之后，放在 Windows 的回收站中，并不立即从磁盘上删除。

注意：一个表只能属于一个数据库，如果想把一个数据库表放到另一个数据库中，必须先移去该数据库表使之成为自由表，再添加到另一个数据库中。

3.5　表的基本操作

数据库中的数据存储在表中，表是数据库的核心，表的操作是数据库的核心操作。

3.5.1　表的打开与关闭

1．打开数据表

（1）菜单方式

选择“文件”/“打开”选项，弹出“打开”对话框，选择表文件，打开表文件。

（2）命令方式

格式：USE <表名> [ALIAS <别名>][EXCLUSIVE|SHARED]

功能：打开指定的数据表文件。

例如：USE D:\XSGL\student.dbf ALIAS 学生情况。

说明：ALIAS 指定表的别名，若省略 ALIAS，则系统默认表文件的主文件名为别名。表文件打开后，通常用别名引用。EXCLUSIVE 为独占方式，SHARED 为共享方式。若省略这两个选项，默认为独占方式。

不管用哪种方式打开表，若该表中有备注型或通用型字段，则自动打开同名的.FPT 备注文件。若备注文件丢失，表文件则不能打开。打开一个表时，将自动关闭该工作区中原来打开的表。

2．关闭数据表

对表操作完成后，应及时关闭表，以保证更新后的内容能写入相应的表中。

格式 1：USE

功能：关闭表文件。

格式 2：CLOSE ALL

功能：关闭包括表在内的所有文件。

3.5.2　修改表的结构

1．菜单方式

① 打开表。

② 选择“显示”/“表设计器”选项，在表设计器中进行修改。

2．命令方式

格式：MODIFY STRUCTURE

例 3-6　使用命令调用“表设计器”修改 student 表结构。

```
USE student            &&打开 student 表
MODIFY STRUCTURE       &&打开“表设计器”，可以修改表结构
```

3.5.3　表中记录的浏览和显示

1．浏览表的内容

（1）菜单方式

前面已经介绍了表数据的输入，也可以利用同样的方法进行浏览和编辑操作。在此方式下，还可以修改表中的数据。可以通过“表”/“属性”选项打开属性窗口，控制显示的字段和记录。

例 3-7　显示性别为女的学生的姓名。

① 打开 student 表。命令方式为：USE student

② 选择“显示”/ “浏览”选项，打开浏览窗口。

③ 选择“表”/“属性”选项，打开“工作区属性”对话框。

④ 设置“数据过滤器”：性别="女"。

⑤ 选择“允许访问”中的“字段筛选指定的字段”，单击“字段筛选”，在“字段选择器”中选择“姓名”，单击“确定”按钮。

⑥ 在“工作区属性”对话框，单击“确定”按钮。显示结果如图 3-14 所示。

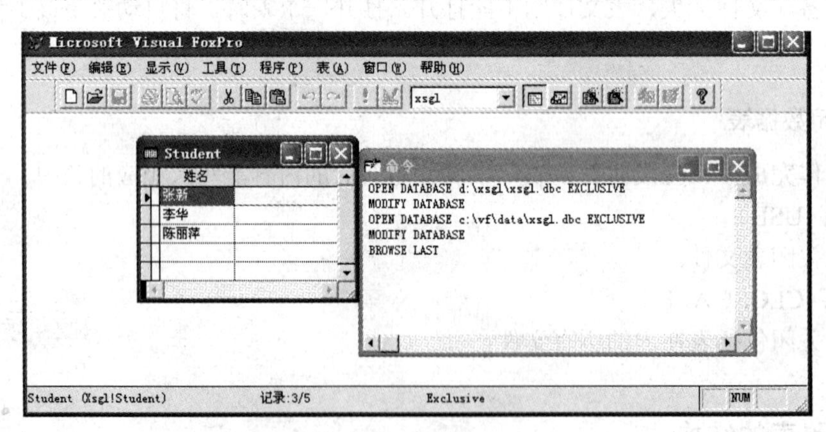

图 3-14　浏览结果示意图

（2）命令方式

格式：BROWSE|EDIT|CHANGE [<范围>][[FIELDS]<字段名表>][FOR<条件表达式>]

说明：

- BROWSE 命令在“浏览”窗口中按要求显示当前表的记录内容，EDIT 和 CHANGE 命令在“编辑”窗口中按要求显示当前表的记录内容。
- FIELDS<字段名表>指定要显示的字段，省略表示显示所有字段的值，但不显示备

注型和通用型字段的内容。

- 若选择 FOR 子句，则显示满足条件的所有记录。
- 范围子句指定对哪些记录进行操作，其中包括：
    - ◆ ALL——指定全部记录，是默认值。
    - ◆ REST——指定从当前记录开始的其余全部记录。
    - ◆ NEXT n——指定从当前记录开始的 n 条记录。
    - ◆ RECORD n——第 n 条记录。

2. 显示表的记录

格式：LIST|DISPLAY [范围] [[FIELDS]<字段名表>] [FOR<条件表达式>]

说明：LIST 命令的默认范围是显示全部记录。DISPLAY 默认范围是显示当前记录。

例 3-8　显示所有性别为“女”的学生信息。

```
USE student
LIST FOR 性别="女"
USE
```

例 3-9　显示所有党员的学生的姓名和专业。

```
USE student
DISPLAY FIELDS 姓名,专业 FOR 党员否
USE
```

运行结果如图 3-15 所示。

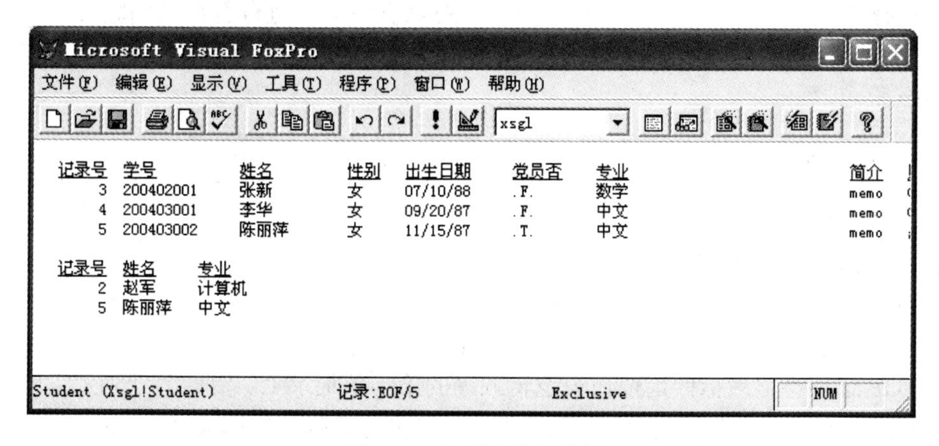

图 3-15　显示记录的结果

3.5.4　记录的定位

在 VFP 中，数据表中的记录是由指针管理的，称为记录指针。每一个打开的数据表都有一个自己的记录指针，记录指针所指的记录称为当前记录。

1. 菜单方式

① 打开“浏览”窗口。

② 选择“表”/“转到记录”选项。

③ 在子菜单选择“第一个”、“最后一个”、“下一个”、“上一个”、“记录号”或“定位”选项，参见图 3-16。

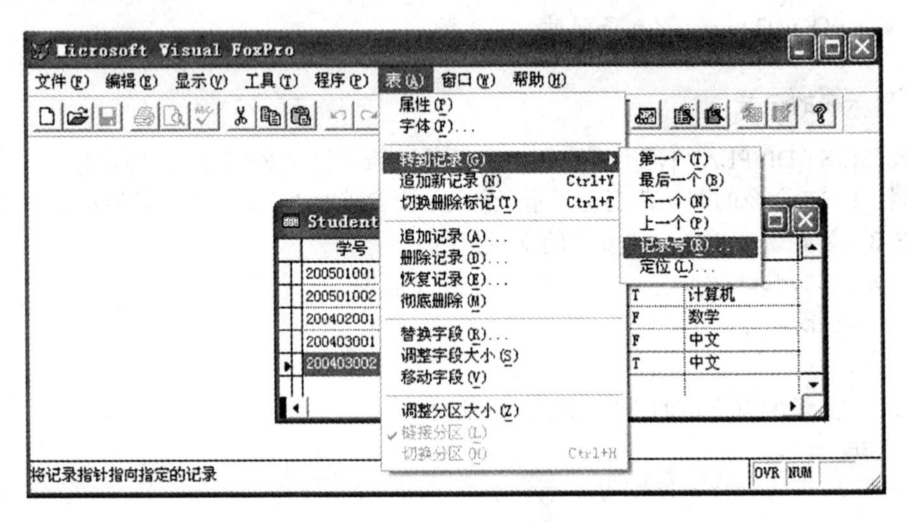

图 3-16 转到记录子菜单

- 选择“记录号”选项，在“转到记录”对话框中输入待查看记录的编号。
- 选择“定位”选项，在“定位记录”对话框中输入指定条件，然后单击“确定”按钮。

2. GO|GOTO 命令

格式：GO|GOTO<记录号>|TOP|BOTTOM

功能：将记录指针移动到指定的位置。

说明：

① 可以省略 GO 或 GOTO 命令，直接写记录号。

② TOP 选项将记录指针定位在表逻辑顺序的第一条记录上。

③ BOTTOM 选项将记录指针定位在表逻辑顺序的最后一条记录上。

例 3-10 分别显示“student”表中的第一条、第三条、最后一条记录。

```
USE student
GO TOP
DISPLAY
    GO 3
DISPLAY
GO BOTTOM
```

```
DISPLAY
USE
```

3. SKIP 命令

相对移动指针命令 SKIP 的功能是以当前记录指针为基准，向前或向后移动指针。

格式：SKIP <记录数>

功能：使记录指针在表中向前或向后移动。

说明：

① 记录数指定记录指针需要移动的记录条数。若省略记录数，将使指针从当前记录移到下一条记录。若记录数为正，记录指针就向文件尾部方向移动；若记录数为负，记录指针则向文件头部移动。

② 如果表有一个主控索引，使用 SKIP 命令将使记录指针移到由索引排序决定的逻辑顺序的记录上。

例 3-11　显示“student”表中的记录，student 表中有 5 条记录。

```
USE student
SKIP -1
? RECNO(),BOF()          &&打印记录号和判断是否指向记录头部
SKIP
? RECNO(),BOF()
GO BOTTOM
SKIP
? RECNO(),EOF()          &&打印记录号和判断是否指向记录尾部
USE
```

运行结果为：

```
1   .T.
2   .F.
6   .T.
```

3.5.5　记录的删除

表中记录的删除分为逻辑删除和物理删除两种操作。逻辑删除是对要删除的记录加上删除标记，记录仍然存在，以后还可以恢复；而物理删除则是将带删除标记的记录从表中彻底删除，以后不能恢复。

1. 逻辑删除

（1）菜单方式

例 3-12　删除中文专业的学生信息。

① 打开“student”表。

② 打开“浏览”窗口。

③ 添加删除标记，有两种方式：

- 用鼠标单击删除记录旁边的小方框，使其变黑来标记逻辑删除，使其变白来取消删除记录的标记。
- 通过选择“表”/“切换删除标记”选项，对当前记录进行逻辑删除或取消逻辑删除的操作。选择“表”/“删除记录”选项，进行成批记录删除。

选择“表”/“删除记录”选项，弹出“删除”对话框，作用范围选择“ALL”，For 条件框中输入：专业="中文"，如图 3-17 所示。

单击“删除”按钮，完成逻辑删除，如图 3-18 所示。

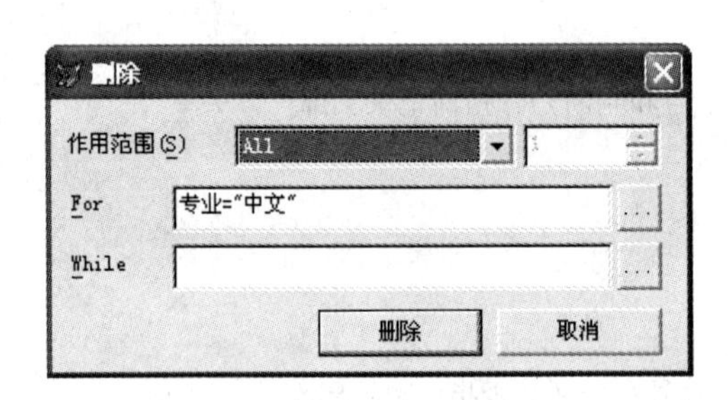

图 3-17　删除对话框

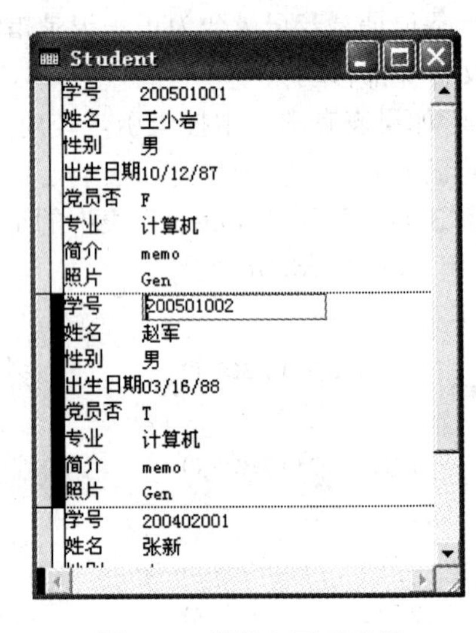

图 3-18　删除记录示意图

注意：For 是查找范围内所有满足条件的记录；While 是在范围内从当前记录开始查找，找到第一条不满足条件的记录时停止。

（2）命令方式

逻辑删除格式：DELETE[<范围>][FOR <条件>]

功能：逻辑删除当前表中指定范围内满足条件的记录，即对这些记录作删除标记。

说明：省略<范围>和<条件>子句时，默认对当前记录进行逻辑删除，即对当前记录添加删除标记。

例如，删除中文专业的学生信息：

```
DELETE FOR 专业="中文"
```

2．恢复记录

被逻辑删除的记录可以恢复。恢复的命令为：

格式：RECALL[<范围>][FOR <条件>]

功能：恢复当前表中指定范围内满足条件的被逻辑删除的记录，即取消这些记录的删除标记。

说明：省略<范围>和<条件>子句时，默认恢复当前记录，即取消当前记录的删除标记。

恢复记录也可以选择“表”/“恢复记录”选项来完成。

3．物理删除记录

物理删除就是把逻辑删除的记录彻底从磁盘上删除，释放磁盘空间。彻底删除记录必须先进行逻辑删除，然后再进行物理删除。

格式：PACK

物理删除也可以通过选择“表”/“彻底删除”选项来完成。

4．删除全部记录

格式：ZAP

说明：执行该命令后，将只保留表文件的结构，而不再有任何数据存在。这种删除一旦执行，无法恢复，此命令等价于 DELETE ALL 与 PACK 合用，但执行速度更快。

3.5.6　表中数据的替换

如果表中有大量数据需要有规律地修改时，可以选择“表”/“替换字段”选项。

例 3-13　将“course”表中 C 语言的学分增加 1 分。

① 打开“course”表。

② 选择“显示”/“浏览”选项，弹出“浏览”窗口。

③ 选择“表”菜单的“替换字段”选项，弹出“替换字段”对话框，在对话框中输入相应内容，如图 3-19 所示。

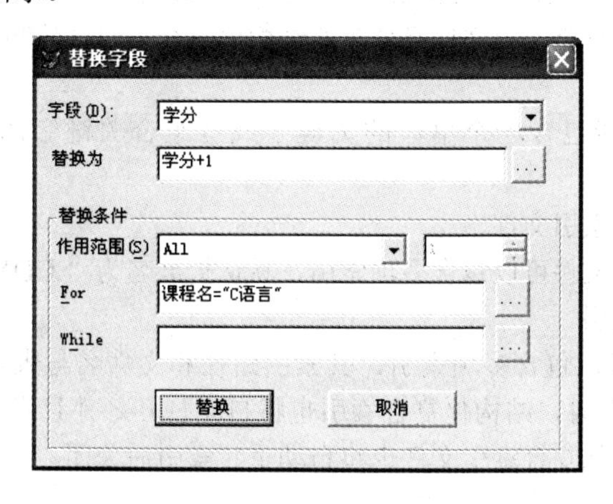

图 3-19　“替换字段”对话框

④ 单击“替换”按钮，完成替换工作。

批量数据替换操作也可通过 REPLACE 命令完成。

格式：

REPLACE [范围]<字段名 1> WITH <表达式 1>[,<字段名 2> WITH <表达式 2>,…]
[FOR <条件表达式>]

说明：范围和 FOR 省略，表示只替换当前记录。

例如，将“course”表中 C 语言的学分增加 1 分：

```
USE course
REPLACE ALL 学分 WITH 学分+1 FOR 课程名="C 语言"
```

3.6 索引与排序

索引是进行快速显示、快速查询数据的重要手段，是创建表间联系的基础。表创建完成后，通过索引对数据进行显示、查询和排序是数据库操作的重要内容之一。

3.6.1 索引的概念

1. 索引的概念

索引是按照索引表达式的值使表中的记录有序排列的一种技术，其在 VFP 系统中是借助索引文件实现的。使用索引不仅可以重新安排数据表中处理记录的顺序，还可以加速对表的查看和访问。

2. 索引文件的类型

根据索引文件包含索引的个数和索引文件打开方式的不同，索引文件可分为独立索引文件和复合索引文件。复合索引文件又分为非结构化复合索引文件和结构化复合索引文件。

（1）独立索引

独立索引文件只能包含一个单一的关键字或者组合关键字的索引，默认扩展名为“.IDX”。

（2）非结构化复合索引文件

非结构化复合索引文件可以包含多项索引，默认扩展名为“.CDX”。

（3）结构化复合索引

结构化复合索引可以包含多项索引，其索引路径和文件名与表名相同，默认扩展名为“.CDX”。在表文件打开时，结构化复合索引也将自动打开，并且当表文件的记录发生变化并关闭表文件时，结构化复合索引文件也将自动重建索引后关闭。

3. 索引类型

数据库中用来作为索引顺序的字段或字段表达式可以是表中的单个字段，也可以是表中几个字段组成的表达式。在 VFP 中，索引类型可分为 4 类：主索引、候选索引、唯一索引和普通索引。

① 主索引：指定字段或表达式中不允许出现重复值的索引，它强调的“不允许出现重复值”是指建立索引的字段值不允许重复。

注意：一个表只能有一个主关键字，所以一个表只能创建一个主索引。而且只有数据库表能够创建主索引，自由表是不能创建主索引的。

② 候选索引：候选索引与主索引的要求和作用完全一样，只是因为一个表中只能拥有一个主索引，但是却可以有多个候选索引。

③ 唯一索引：唯一索引允许存在重复值。但是，唯一索引在索引文件中只保存指定的字段或表达式的第一个重复值。

④ 普通索引：允许字段中出现重复值。在一个表中可以建立多个普通索引。

3.6.2 建立索引

在 VFP 中结构复合索引文件是最重要也是最常用的，本节主要介绍这种类型的索引文件。如果没有特别说明，下面提到的索引文件均指结构复合索引文件。

1. 在“表设计器”中建立索引

例 3-14 建立“student”表，按“学号”建立主索引，按“出生日期”建立普通索引，索引名和索引表达式相同。

① 打开“XSGL”数据库，选中“student”表，选择“显示”/“表设计器”选项。

② 在“表设计器”对话框中选择“字段”选项卡，单击“学号”和“出生日期”字段的索引标识，设置索引标记，如图 3-20 所示。

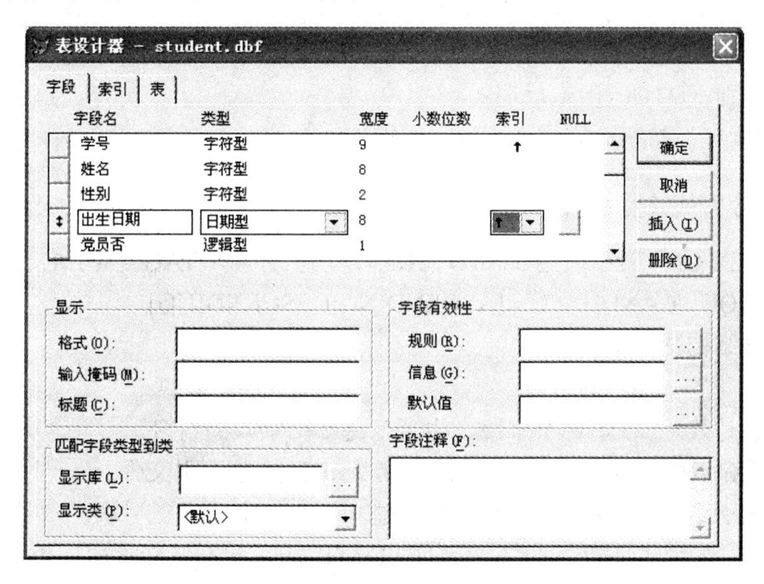

图 3-20　设置索引

③ 切换到“索引”选项卡，可以根据需要设置或输入索引类型、索引名、索引表达式，如图 3-21 所示。

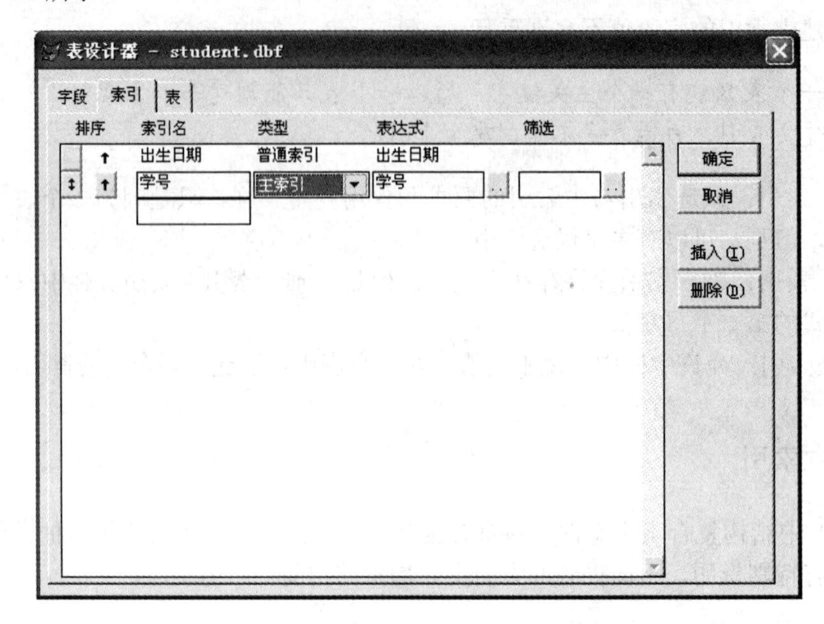

图 3-21　设置索引名、索引类型和表达式

注意：索引表达式可以是单个字段，也可以是多个字段的组合。当为多个字段时，通常用字符串运算符“+”联接。如果组成表达式的字段类型不相同，必须将它们转换为相同的数据类型。

例如，在“student”表中，用“姓名”和“性别”两个字段组成一个索引项时，相应的索引表达式应表示为“姓名＋性别”，其含义是：先按姓名索引，当“姓名”相同时，再按“性别”索引。当用“性别”和“出生日期”两个字段组成一个索引项时，相应的索引表达式应表示为“性别＋DTOC(出生日期)”。

④ 单击“确定”按钮，完成建立索引的操作。

2. 通过命令方式建立索引

格式：INDEX ON <索引表达式> TO <IDX 索引文件名> |TAG <索引名>
[UNIQUE|CANDIDATE] [ASCENDING|DESCENDING]

功能：建立结构复合索引。

说明：

- <索引表达式>可以是单个字段，也可以是多个字段的组合。
- TO <IDX 索引文件名>表示建立扩展名为.IDX 的单索引文件。
- TAG<索引名>表示在复合索引文件中建立一个指定的索引标识。
- UNIQUE 表示建立唯一索引，CANDIDATE 表示建立候选索引。不带这两个选项表示建立普通索引。

- ASCENDING|DESCENDING 表示索引关键字以递增或递减的方式建立索引，默认为升序。

例 3-15　用命令方式为“student”表建立一个候选索引，索引名为“姓名”，索引表达式为“姓名”。

```
USE student
INDEX ON 姓名 TAG 姓名 CANDIDATE
USE
```

3. 确定主控索引

（1）菜单方式

例 3-16　“student”表中包括索引名为“学号”的主索引，索引名为“姓名”的候选索引，索引名为“出生日期”的普通索引。利用菜单为“student”表指定索引顺序为“出生日期”。

① 打开“student”表，在建完索引后，打开表的“浏览”窗口，此时记录的顺序为原始顺序，如图 3-22 所示。

Student

学号	姓名	性别	出生日期	党员否	专业	简介	照片
200501001	王小岩	男	10/12/87	F	计算机	memo	Gen
200501002	赵军	男	03/16/88	T	计算机	memo	Gen
200402001	张新	女	07/10/88	F	数学	memo	Gen
200403001	李华	女	09/20/87	F	中文	memo	Gen
200403002	陈丽萍	女	11/15/87	T	中文	memo	gen

图 3-22　按原始记录顺序显示的浏览窗口

② 选择“表”/“属性”选项，弹出“工作区属性”对话框，选择“索引顺序”下拉列表，选择索引顺序为“出生日期”，如图 3-23 所示。单击“确定”按钮，则表中的数据按“出生日期”值升序显示，如图 3-24 所示。

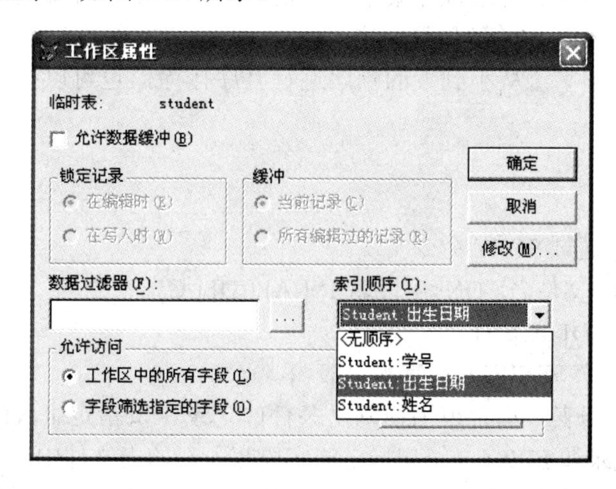

图 3-23　“工作区属性”对话框

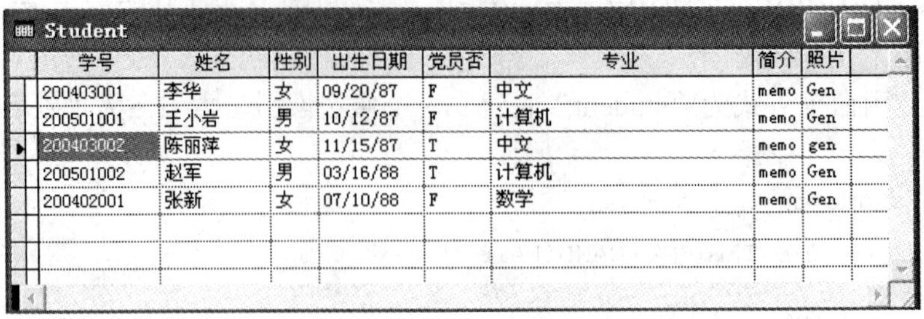

Student

学号	姓名	性别	出生日期	党员否	专业	简介	照片
200403001	李华	女	09/20/87	F	中文	memo	Gen
200501001	王小岩	男	10/12/87	F	计算机	memo	Gen
200403002	陈丽萍	女	11/15/87	T	中文	memo	gen
200501002	赵军	男	03/16/88	T	计算机	memo	Gen
200402001	张新	女	07/10/88	F	数学	memo	Gen

图 3-24　按“出生日期”升序显示的浏览窗口

（2）命令方式

格式：SET ORDER TO <索引名>

功能：确定主控索引。

说明：SET ORDER TO 或 SET ORDER TO 0 命令表示取消主控索引文件及主控索引，表中记录将按物理顺序输出。

例如：SET ORDER TO 出生日期

4．删除索引

格式：DELETE TAG ALL|<索引名 1>［<，索引名 2>…］

功能：删除打开的结构复合索引文件的索引。

说明：ALL 子句用于删除结构复合索引文件的所有索引。

3.6.3　排序

1．排序的定义

排序就是把数据表中的记录按照某个字段值的大小顺序重新排列，作为排序依据的字段称为“关键字”。排序操作的结果是创建一个新的数据表文件。

排序可以按照关键字值从小到大的顺序进行升序排序，也可以按照关键字值由大到小的顺序进行降序排序。

2．排序的实现

在 VFP 中，排序通过 SORT 命令实现。

格式：SORT TO <文件名> ON<字段名 1>[/A] [/D] [/C]

[,<字段名 2>[/A][/D] [/C]…]

[<范围>][FOR<条件>][FIELDS<字段名表>]

功能：将当前数据表中指定范围内满足条件的记录，按指定字段的升序或降序重新排列，并将排序后的记录按 FIELDS 子句指定的字段写入新的表文件中。

说明：ON 子句中字段名 1、字段名 2 为排序关键字，不包括逻辑型字段、备注型字段和通用型字段。其中，字段名1为主要排序关键字，字段名2为次要关键字，依此类推。排序时先比较主关键字的值，当主关键字值相同时，再比较次关键字的值，依此类推。

FIELDS 子句指定排序以后的新表所包含的字段个数。若无此选项，则新表中包含原表中的所有字段。

选项/A 表示按字段值升序排列，可以省略不写；/D 表示按字段值降序排列；/C 表示按指定的字符字段排序时不区分字母的大小写。/C 可以与/D 或/A 合用，例如，/AC 或/DC。排序后，原来的表文件仍存在，记录顺序和数据内容不改变。

例 3-17　对“student”表中所有的学生按“姓名”升序排序，并将排序后的新表文件命名为“XM.DBF”。

```
USE student              &&打开 student 表
SORT ON 姓名 TO XM       &&按姓名排序，排序后把记录存入表 XM 中
USE XM                   &&打开 XM 表
LIST                     &&显示 XM 表中的所有记录
USE                      &&关闭表
```

3.7　数据库中完整性的设置

在数据库中，完整性是指保证数据正确的特性。完整性一般包括实体完整性、用户定义完整性和参照完整性等，VFP 提供了实现这些完整性的方法和手段。

3.7.1　实体完整性

实体完整性是保证表中记录唯一的特性，即在一个表中不允许有重复的记录。在 VFP 中利用设置主关键字或候选关键字来保证表中的记录唯一，即保证实体完整性。

3.7.2　用户定义完整性

用户定义完整性是根据应用环境的要求和系统的实际需要，对某一具体引用所涉及的数据提出约束条件。

1. 设置字段有效性规则

设置字段有效性规则在输入或修改字段值时被激活，主要用于数据输入正确性的检验。建立字段有效性规则是在“表设计器”中进行的。

例 3-18　为“student”表设置有效性规则，规则为：性别为男或女，提示信息为：“性别只能是男或女”，默认值为：女。

① 打开数据库 XSGL，右击“student”表，选择“修改”，弹出“表设计器”窗口，单击“性别”字段，在“字段有效性”组框中依次输入规则、信息和默认值。其中，规则

为：性别="男".OR.性别="女"；信息为："性别只能是男或女"；默认值为："女"，如图 3-25 所示。

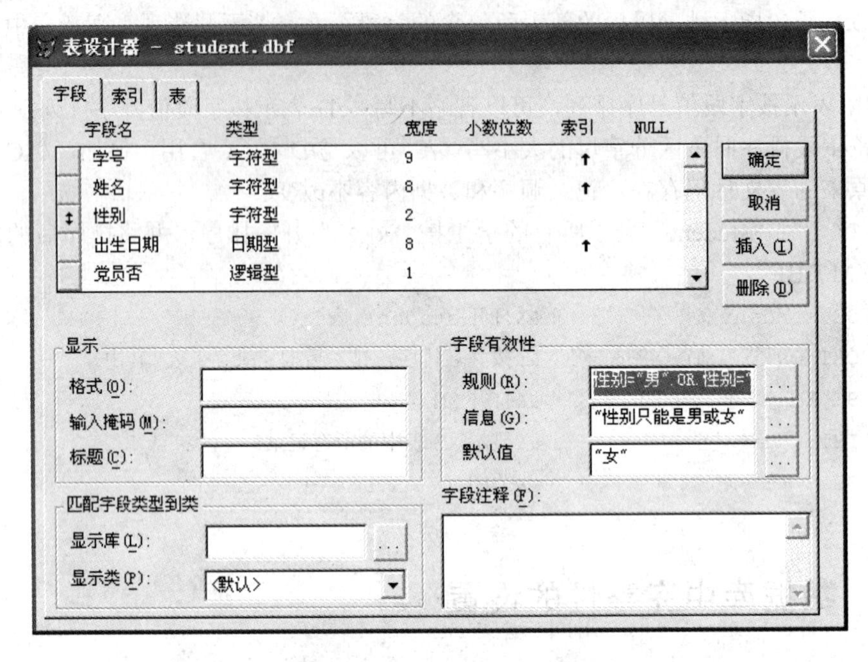

图 3-25　设置字段有效性规则

② 单击“确定”按钮，完成“性别”字段有效性规则的设置。

③ 在“student”表追加或编辑记录时，若有“性别”字段值违反有效性规则，弹出如图 3-26 所示的提示对话框，这时需要用户重新输入数据。

图 3-26　违反有效性规则时弹出的提示对话框

2．记录有效性规则

记录有效性规则用来控制用户输入到记录中的信息的有效性检查。记录有效性规则通常比较同一记录中的两个或多个字段值，以确保它们遵守在数据库中建立的规则。

例 3-19　将 book 表添加到 XSGL 数据库中，设置“book”表中书名不能为空，单价大于零，否则显示“必须输入书名，单价必须大于零”。

① 打开数据库 XSGL，选择“数据库”/“添加表”选项，添加 book 表。

② 右击“book”表，在快捷菜单中选择“修改”，弹出“表设计器”窗口，选择

“表”选项，在“记录有效性”组框内“规则”文本框中输入规则表达式：.NOT.EMPTY(书名).AND.单价>0。

③ 在“信息”文本框中输入：“必须输入书名，单价必须大于零”，如图 3-27 所示。

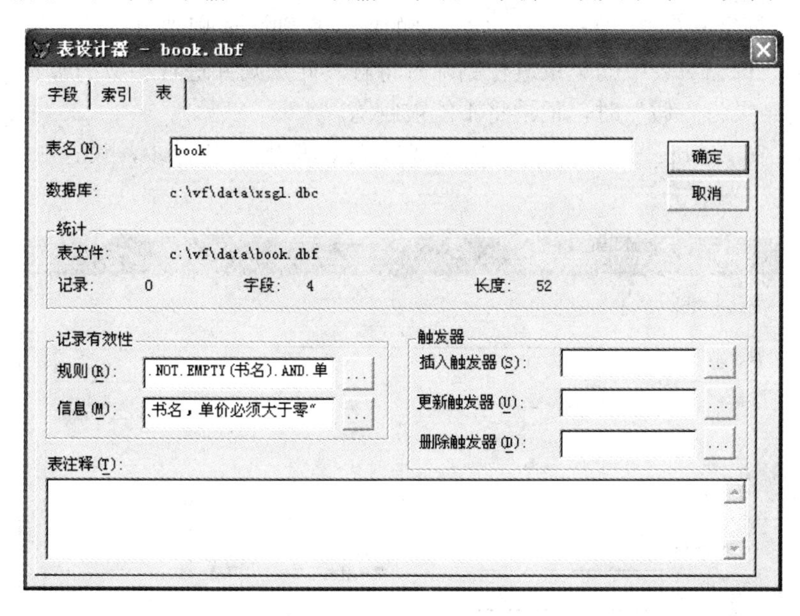

图 3-27　设置记录有效性

③ 单击“确定”按钮，完成设置记录有效性规则。

在向“book”表中输入记录时，如果输入的书号为空或单价不大于零，则会弹出如图 3-28 所示的对话框，单击“确定”按钮，重新输入，直到正确为止。

图 3-28　提示信息对话框

3. 设置触发器

触发器是在某些事件发生时触发执行的一个表达式或一个过程。这些事件包括插入记录、修改记录和删除记录。当发生这些事件时，将引发触发器中所包含的事件代码。触发器有 3 种：插入触发器、删除触发器和更新触发器。

① “插入触发器”文本框用于指定记录的插入规则，该规则可以是逻辑表达式也可以是自定义函数。每当向表中追加记录时将触发此规则并进行相应的检查。当表达式或自定义函数的结果为“假”时，追加的记录将不被接受。

②“更新触发器”文本框用于指定记录的更新规则，该规则可以是逻辑表达式也可以是自定义函数。每当对表中的记录进行修改时将触发此规则并进行相应的检查。当表达式或自定义函数的结果为“真”时，保存修改后的记录内容，否则所做的修改将不被接受。

③“删除触发器”文本框用于指定记录的删除规则，该规则可以是逻辑表达式也可以是自定义函数。每当对表中的记录进行删除时将触发此规则并进行相应的检查。当表达式或自定义函数的结果为“假”时，记录将不能被删除。

例 3-20 在“score”表中只允许追加成绩大于等于 0 的记录，设置触发器如图 3-29 所示。

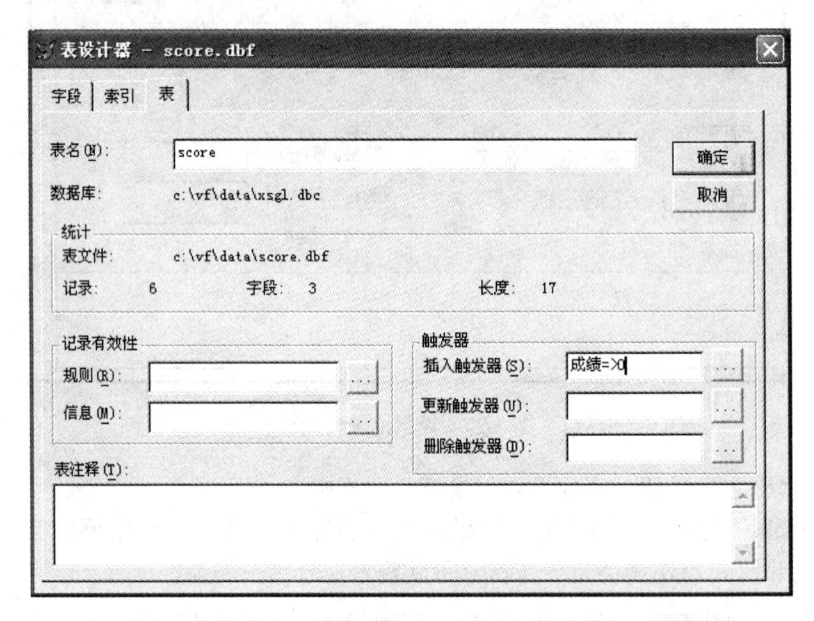

图 3-29 设置触发器对话框

如果在“成绩”表中追加一条记录，成绩小于 0，就会出现图 3-30 所示的对话框，用户需要重新输入符合规则的成绩。

图 3-30 激活触发器对话框

3.7.3 参照完整性

参照完整性与表之间的联系有关，在建立参照完整性之前需先建立表之间的联系。

1．建立表之间的联系

表之间的联系是基于索引建立的一种永久关系。这种联系被作为数据库的一部分保存在数据库中。在数据库的两个表之间建立联系时，要求两个表的索引中至少有一个是主索引或候选索引。一般来说，父表建立主索引，而子表中的索引类型决定了要建立的联系类型。如果子表中的索引类型是主索引或候选索引，则建立起来的就是一对一联系；如果子表中的索引类型是普通索引，则建立起来的就是一对多联系。表之间的联系在数据库设计器中显示为两表索引之间的连线。

例 3-21 在“XSGL”数据库中建立表之间的联系。“student”表和“score”表建立的是一对多联系，连接字段是学号；“course”和“score”表之间建立的也是一对多联系，连接字段是课程号，如图 3-31 所示。

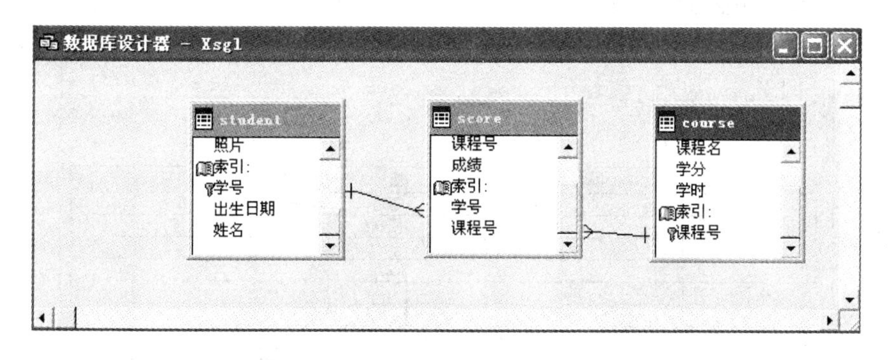

图 3-31 包含联系的数据库设计器

① 打开“XSGL”数据库，弹出“数据库设计器”窗口。“student”表建立“学号”字段的主索引，“course”表建立“课程号”字段的主索引，“score”表建立“学号”字段和“课程号”字段的普通索引。

② 用鼠标左键拖动父表（“student”表）的主索引名“学号”（前面有一个钥匙代表主索引）到“score”表的索引名“学号”处，松开鼠标，两个表之间产生一对多联系的连线。

③ 按同样方法建立“course”表和“score”表间的一对多联系。

如果需要编辑修改或删除已建立的联系，可以单击关系连线，此时连线变粗，用鼠标右键单击联系，从弹出的快捷菜单中选择“编辑关系”或“删除关系”选项，这时可以编辑或删除联系，如图 3-32 所示。

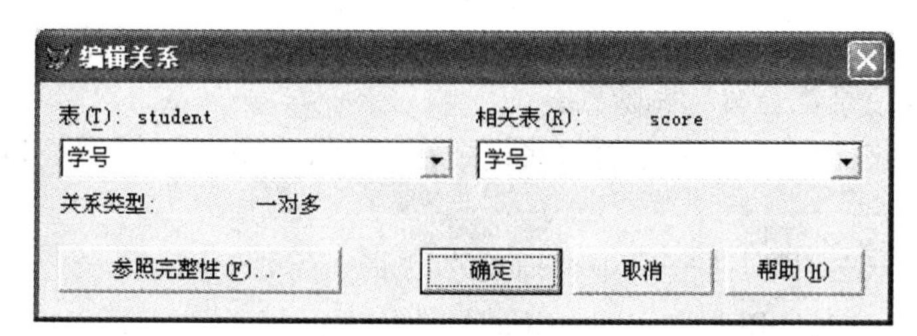

图 3-32 编辑关系对话框

2．设置参照完整性约束

“参照完整性生成器”可以帮助用户建立规则，控制记录如何在相关表中被添加、更新或删除。

设置参照完整性约束需要先清理数据库，目的是删除有逻辑删除标记的记录。方法是：选择“数据库”/“清理数据库”选项。

利用“参照完整性生成器”建立参照完整性的步骤如下。

① 打开“数据库设计器”窗口，选择“数据库”/“编辑参照完整性”命令，打开“参照完整性生成器（Referential Integrity Builder）”对话框，如图 3-33 所示。

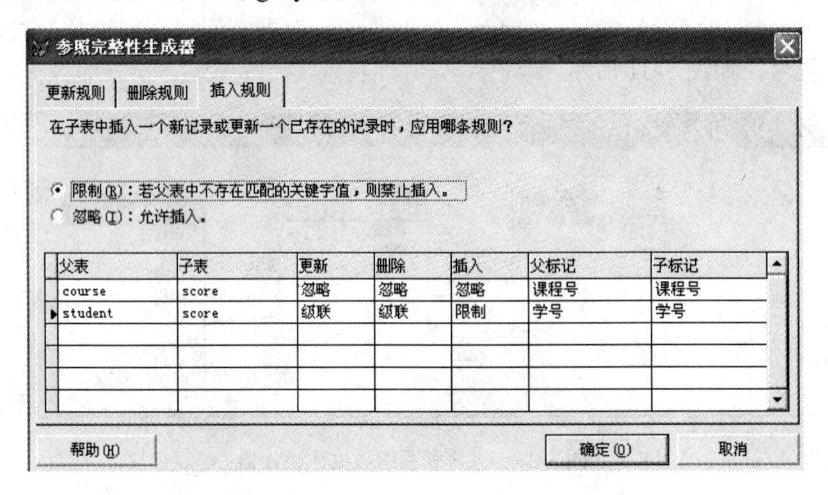

图 3-33 “参照完整性生成器”对话框

② 选择“更新规则（Rules for Updating）”选项卡。

更新规则是指定修改父表中关键字（key）的值时所用的规则，有以下几种情况。

a）级联（Cascade）：对父表中的主关键字段或候选关键字段的更改会在相应的子表中反映出来。

b）限制（Restrict）：禁止更改父表中的主关键字段或候选关键字段的值，从而在子表中就不会出现孤立的记录。

c）忽略（Ignore）：即使在子表中有与父表相关的记录，仍允许更新父表中的记录。

③ 选择“删除规则（Rules for Deleting）”选项卡。

删除规则是指定删除父表中记录时所用的规则，有以下几种情况。

a）级联（Cascade）：如果用户为一个关系选择了“级联”，无论何时删除父表中的记录，相关子表中的记录都会自动删除。

b）限制（Restrict）：若父表中的这些记录在子表中有相关的记录，则禁止删除父表中的这些记录。

c）忽略（Ignore）：即使在子表中有相关的记录，仍允许删除父表中的记录。

④ 选择“插入规则（Rules for Inserting）”选项卡。

插入规则是指定在子表中插入新的记录或更新已存在的记录时所用的规则，有以下几种情况。

a）限制：如果这些记录在父表中没有相匹配的记录，则禁止在子表中添加记录。

b）忽略：允许向子表中添加记录，而不管父表中是否有匹配的记录。

例 3-22　对“XSGL”数据库中的“student”表和“score”表设置参照完整性规则。更新规则为“级联”，“删除规则”为“级联”，插入规则为“限制”。

① 在两个表建立联系的基础上，选择“数据库”/“参照完整性生成器”选项，弹出“参照完整性生成器”对话框。

② 选择两表之间的联系，在“更新规则”中选择“级联”，在“删除规则”中选择“级联”，在“插入规则”中选择“限制”，如图 3-33 所示。

③ 单击“确定”按钮，弹出提示对话框，单击“是”按钮，完成参照完整性设置。

3.8　多工作区操作

为了同时打开多个表并对多个表进行操作，VFP 引入了工作区的概念。工作区是用来保存表及相关信息的一片内存空间，每个工作区可以打开一个表文件。VFP 提供了 32 767 个工作区，选择不同的工作区后，可以使用 USE 命令打开不同的表，即不同的表可以在多个工作区同时打开。

选择工作区的命令如下：

格式：SELECT <工作区号>|<别名>

功能：选择工作区。

说明：

① 工作区号的取值范围是 1～32 767 之间的正整数。

② 工作区的别名可以是系统定义的别名：1～10 号工作区的别名分别为字母 A～J，也可以将在工作区中打开的表名作为该工作区的别名。用户也可以用命令重新定义别名。

例如：USE student ALIAS XS

默认情况下，VFP 工作在 1 号工作区，工作区的区号还可以是 0，含义是选择当前未被使用的最小工作区。一个工作区同一时刻只能打开一个表。

为了方便在多个表之间进行数据互访，需要在表之间建立临时联系。建立临时联系后，就会使子表的记录指针自动随着父表的记录指针的移动而移动，这样便允许在父表中选择一条记录时可以访问子表的相关记录。

格式：SET RELATION TO <表达式> INTO <工作区号>|<别名>

功能：建立父表与子表的临时联系。

说明：

① <表达式>指定建立临时联系的索引关键字，用工作区号或别名说明临时联系是当前工作区的表（父表）到哪个表（子表）的关联，被关联的表（子表）要求必须按关联关键字建立索引，并将其设置为当前索引。

② 不带参数的 SET RELATION TO 命令取消两个表间的关联。

例 3-23　利用“学号”字段建立“student”表和“score”表的临时联系。各表的索引已经建完。

```
OPEN DATABASE XSGL          &&打开数据库
SELECT 2
USE score                   &&在工作区 2 中打开 score 表
SET ORDER TO 学号
SELECT 1
USE student                 &&在工作区 1 中打开 student 表
SET ORDER TO 学号
SET RELATION TO 学号 INTO score     &&建立两表之间的临时联系
LIST 学号, score.课程号, score.成绩
```

运行结果如图 3-34 所示。

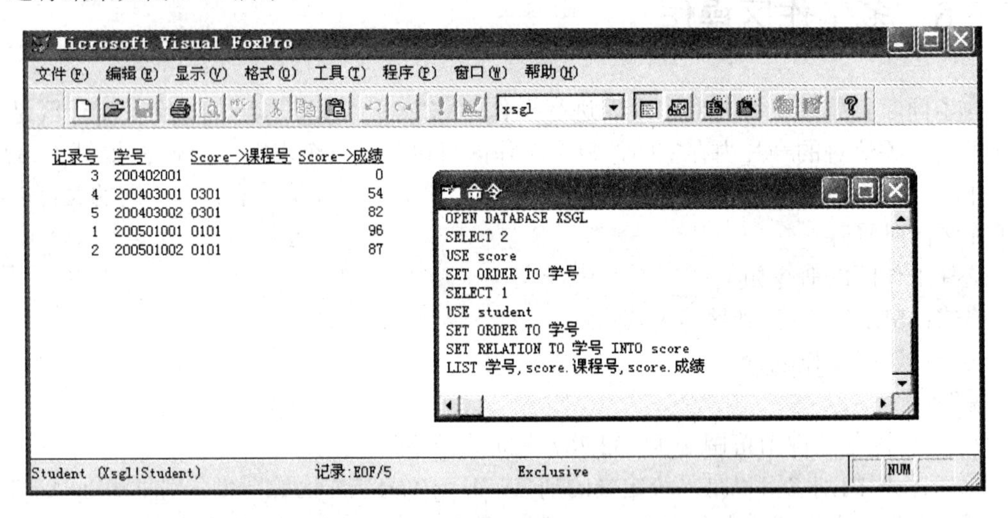

图 3-34　建立临时联系后显示的结果

注意：如果显示字段不是当前工作区的字段，字段前必须加表名以示区别。临时联系在表关闭后自动消失。

3.9　本章小结

本章比较完整地介绍了 VFP 数据库的概念以及如何建立和使用数据库，内容包括：

- 数据库的概念和建立方式，数据库的相关操作。
- 表的概念，建立表结构和向表中输入数据。
- 索引的目的是为了提高查询速度。索引类型包括主索引、候选索引、唯一索引和普通索引。
- 数据库数据完整性的设置。

- 表之间永久联系是一种对象，存在于数据库中。
- 可以在多个工作区同时打开多个表，建立表之间的临时联系使用 SET RELATION TO 命令。

习题 3

一、思考题

1．什么是自由表和数据库表？
2．什么是索引？索引和排序有何区别？
3．参照完整性有哪几个规则？分别用于什么情况？
4．简述永久关系和临时关系的区别？

二、选择题

1．数据库名为 student，要想打开该数据库，应使用命令（　　）。
A．OPEN student　　B．OPEN DATABASE student
C．USE DATABASE student　　D．USE student
2．下面有关索引的描述正确的是（　　）。
A．建立索引以后，原来的数据库表文件中记录的物理顺序将被改变
B．索引与数据库表的数据存储在一个文件中
C．创建索引是创建一个指向数据库表文件记录的指针构成的文件
D．使用索引并不能加快对表的查询操作
3．VFP 数据库文件是（　　）。
A．存放用户数据的文件　　B．管理数据库对象的系统文件
C．存放用户数据和系统数据的文件　　D．前三种说法都对
4．在 VFP 中，可对字段设置默认值的表（　　）。
A．必须是数据库表　　B．必须是自由表
C．自由表或数据库表都行　　D．不能设置字段的默认值
5．数据表中定义了 2 个备注字段和 1 个通用型字段，则相应的 .FPT 备注文件个数是（　　）。
A．0　　B．1　　C．2　　D．不能确定
6．数据表 ST.DBF 中有学号（C）和出生年月（D）两个字段，下列索引表达式正确的是（　　）。
A．学号+DTOC(出生年月)　　B．学号+出生年月
C．学号+CTOD(出生年月)　　D．学号+"出生年月"
7．删除某个数据表的备注文件后（　　）。
A．无法打开该数据表

B．可以打开数据表，但不能查看其中的备注型字段内容

C．可以打开数据表，但备注型字段丢失

D．对数据表没有任何影响

8．建立数据库表结构时，由系统自动设定宽度的字段是（ ）。

A．C 型、M 型、L 型　　B．D 型、N 型、C 型

C．L 型、M 型、D 型　　D．F 型、D 型、L 型

9．执行 LIST NEXT 1 命令之后，记录指针的位置指向（ ）。

A．下一条记录　　B．原来记录

C．尾记录　　D．首记录

10．在 VFP 中，ZAP 命令可以删除当前数据表文件的（ ）。

A．所有记录　　B．满足条件的记录

C．结构　　D．带有删除标记的记录

11．为了设置两个表之间的参照完整性，要求这两个表是（ ）。

A．同一个数据库中的两个表　　B．两个自由表

C．一个自由表和一个数据库表　　D．没有限制

12．以下关于空值（NULL）叙述正确的是（ ）。

A．空值等同于空字符串　　B．空值表示字段或变量还没有确定值

C． VFP 不支持空值　　D．空值等同于数值 0

13．在职工表中，有字符型字段职称和性别，要建立一个独立索引，要求首先按职称排序，职称相同时再按性别排序，正确的命令是（ ）。

A．INDEX ON 职称＋性别 TO ttt　　B．INDEX ON 性别＋职称 TO ttt

C．INDEX ON 职称，性别 TO ttt　　D．INDEX ON 性别，职称 TO ttt

三、填空题

1．在“表设计器”对话框的表选项卡中的触发器选区中有______触发器、更新触发器和删除触发器。

2．在定义字段有效性规则时，在规则框中输入的表达式类型是______。

3．在数据库中的两个表之间建立关系，其父表的索引类型必须是_______，子表的索引类型则可以是________。

4．参照完整性规则包括更新规则、_______和_______。

5．在字段的_______中可以定义字段的有效性规则、违反规则时的提示信息和字段的默认值。

6．在同一个数据表中有_____________个主索引。

7．索引一旦建立，它将决定数据表中记录的_____________顺序。

四、操作题

在数据库“XSGL”中，建立“teacher”表。

“teacher”表如下：

教师号	姓名	性别	职称	课程号
001	张丽	女	讲师	0101
002	李红	女	副教授	0102
003	刘研	男	讲师	0202
004	关伟	男	教授	0301
005	王浩	男	讲师	0201

（1）设置职称的默认值为“讲师”，设置“性别”字段有效性的规则：性别=“女”OR 性别=“男”，信息：性别只能是女或男，“姓名”字段值不能为空。

（2）与“course”表建立联系，设置参照完整性，删除规则为级联。

（3）显示李红老师的信息。

（4）添加年龄字段，其值分别为 35、30、45、29、36。

第4章 查询与视图

数据检索是数据处理中最常用的操作之一。VFP 提供了强大的数据检索功能，包括查询命令、SQL 语句及查询设计器和视图设计器。这些方法使用户能够通过多种途径从数据表中检索出需要的信息。

本章首先介绍查询命令，然后通过大量实例介绍 SQL 语句方面的功能，最后介绍查询设计器和视图设计器的使用。

4.1 查询命令

4.1.1 顺序查询

格式：LOCATE [<范围>] FOR <条件>

功能：查找满足条件的第一条记录。若找到，记录指针就指向该记录；若表中无此记录，则在状态栏中显示“已到定位记录末尾”，表示记录指针指向文件结尾处。

说明：

① 范围默认表示为 ALL。

② 查到满足条件的记录后，如果要继续查找满足条件的记录，则必须使用 CONTINUE 命令。

③ 查询的表可以索引也可以不索引。

例 4-1 在“student ”表中查询性别为“女”的学生信息。

```
USE student
LOCATE FOR 性别="女"
? 学号,姓名           &&输出找到的第一个人的学号，姓名   200402001    张新
CONTINUE              &&继续查找下一个性别为"女"的学生
? RECNO(),姓名        &&输出找到记录的记录号和姓名                 4    李华
```

例 4-2 在“student ”表中从第 3 个记录开始，检索是党员的第一个学生信息。

```
USE student
GO 3
```

```
LOCATE REST FOR 党员否
DISPLAY                    &&输出陈丽萍的信息
```

4.1.2 索引查询

索引查询依赖二分算法，查询速度比顺序查询快。但它要求表的记录是有序的，这就需要事先对表进行索引或排序。

格式：SEEK <表达式>

功能：在已确定的主控索引的表中按索引关键字查找满足条件的第一条记录。若找到，记录指针就指向该记录；若找不到满足条件的记录，则在状态栏中显示“没有找到”。

例 4-3　在“student”表中按学号建立索引，索引名为学号，然后查找学号为 200501001 的学生。

```
USE student
INDEX ON 学号 TAG 学号
SEEK "200501001"
? RECNO()          &&显示的结果为 1
```

注意：在使用查询命令查询数据时，若找到满足条件的记录，FOUND()函数返回值为.T.，EOF()函数返回值为.F.；否则 FOUND()函数返回值为.F.，EOF()函数返回值为.T.。

4.2 SQL 语言

SQL 是 Structured Query Language 的缩写，已被国际标准化组织（ISO）认定为关系数据库标准语言，它的核心是数据查询。

4.2.1 SQL 特点

SQL 主要具有以下特点：

① SQL 是一种高度非过程化的语言，它无须一步一步地告诉计算机“如何去做”，而只需要告诉计算机“做什么”即可。

② SQL 是一种一体化的语言，它包括了数据定义、数据查询、数据操纵、数据控制等方面的功能，可以完成对数据库的全部操作。

③ SQL 非常简洁，虽然只有为数不多的几条命令（见表 4-1），但 SQL 的功能非常强大。另外，由于 SQL 非常接近英文自然语言，所以容易学习和使用。

④ SQL 既可以直接以命令方式交互使用，也可以嵌入程序设计语言中以程序方式使用。无论 SQL 以何种方式使用，SQL 的语法基本是一致的。

VFP 及很多数据库开发工具都将 SQL 直接融入自身语言之中。各个 DBMS 产品在具体实现 SQL 方面都与标准的 SQL 有些差异。VFP 只支持 SQL 语言的数据定义、数据操纵、数据查询功能，因为 VFP 自身在安全控制方面的缺陷，所以没有提供数据控制方面的功能。

表 4-1 SQL 命令动词

SQL 功能	命 令 动 词
数据定义	CREATE，DROP，ALTER
数据修改	INSERT，UPDATE，DELETE
数据查询	SELECT
数据控制	GRANT，REVOKE

4.2.2 数据定义

1. 表的定义

格式：CREATE TABLE <表名> (字段名 类型(宽度,小数)字段约束条件…)

功能：创建表结构。

说明：字段约束条件如下。

① NULL 或 NOT NULL：用于说明字段允许或不允许为空值。

② CHECK…ERROR：用于定义字段的完整性和出错提示信息。

③ DEFAULT：用于定义字段的默认值。

④ UNIQUE：建立候选索引（不是唯一索引）。

⑤ PRIMARY KEY：用于定义满足实体完整性的主关键字。

⑥ 创建表命令还有其他功能。例如，FOREIGN KEY…REFERENCES…：建立表之间的联系；FREE：表示创建一个自由表，如果没有打开数据库则不需要 FREE 关键字；等等。这里就不一一说明了，有兴趣的读者可以查看有关书籍。

例 4-4 建立“系”表（系号，系名），要求“系号”字段不为空。

```
CREATE TABLE 系(系号 C(2) NOT NULL,系名 C(20))
```

例 4-5 创建“教师”表（编号，姓名，职称），其中编号为主关键字，要求姓名不重复。

```
CREATE TABLE 教师 (编号 C(6) PRIMARY KEY,姓名 C(8) UNIQUE,职称 C(10))
```

例 4-6 建立“教师授课”表（教师号，姓名，课程号，专业），设置专业默认值为“计算机”。

```
CREATE TABLE 教师授课(教师号 C(6),姓名 C(8),课程号 C(4),专业 C(16)DEFAULT "计算机")
```

例 4-7 建立“图书”表（书号，书名，单价，出版社），设置单价不能小于等于零，否则提示“单价必须是正的”。设置书号为主关键字。

```
CREATE TABLE 图书(书号 C(6) PRIMARY KEY,书名 C(20),单价 N(3) CHECK 单价>=0
```

```
ERROR "单价必须是正的",出版社 C(20))
```

2. 修改表结构

格式 1：ALTER TABLE <表名> ADD <字段名> <类型>[(长度［,小数位数］)]

格式 2：ALTER TABLE <表名> ALTER COLUMN <字段名> <类型>[(长度[,小数位数])]
［SET CHECK<表达式 1>[ERROR <字符串>]］［DROP CHECK］
［SET DEFAULT <表达式 2>］［DROP DEFAULT］

格式 3：ALTER TABLE <表名> DROP <字段名>

格式 4：ALTER TABLE <表名> RENAME COLUMN <字段名 1> TO <字段名 2>

功能：格式 1 可以添加新的字段，包括属性的类型、宽度、有效性规则、错误信息和默认值，定义索引和联系等。格式 2 用于修改原有的字段定义，添加和删除字段有效性规则和默认值。格式 3 可以删除字段。格式 4 更改字段名。

例 4-8　在“教师”表中增加一个备注字段，字段名为“备注”。

```
ALTER TABLE 教师 ADD 备注 M
```

例 4-9　把“教师”表中备注字段改为字符型。

```
ALTER TABLE 教师 ALTER COLUMN 备注 C(20)
```

例 4-10　把“student”表中性别字段的默认值设置为“女”。

```
ALTER TABLE student ALTER COLUMN 性别 SET DEFAULT "女"
```

例 4-11　删除“student”表中性别的有效性规则。

```
ALTER TABLE student ALTER COLUMN 性别 DROP CHECK
```

例 4-12　删除“教师”表中的备注字段。

```
ALTER TABLE 教师 DROP 备注
```

例 4-13　将“教师”表中的编号字段改为序号字段。

```
ALTER TABLE 教师 RENAME COLUMN 编号 TO 序号
```

3. 表的删除

格式：DROP TABLE <表名>

功能：该命令直接从磁盘上删除由表名所指定的表文件。

说明：

① 如果命令中所指定的表不是自由表而是数据库表，并且该数据库是当前数据库，则既从磁盘上删除表，也从数据库中删除表。

② 如果该表所属的数据库不是当前数据库，使用该命令删除表时，虽然从磁盘上删除表文件，但记录在数据库文件中的信息却没有删除，以后会出现错误提示。

③ 基本表定义一旦删除，表中的数据、此表上建立的索引和视图都将被自动删除。

例 4-14　删除“图书”表。

```
DROP TABLE 图书
```

4.2.3 数据操纵

1．删除数据

格式：DELETE FROM <表名> [WHERE <条件表达式>]

功能：从指定的表中删除满足条件的记录。

说明：

① FROM 指定从哪个表中删除数据。

② 默认 WHERE 子句，表示对表中的全部记录进行删除。

例 4-15 删除学号为“200502001”学生的记录。

```
DELETE FROM student WHERE 学号="200502001"
```

2．插入数据

格式 1：INSERT INTO <表名>[(<字段 1>[,<字段 2>,…])] VALUES(<值 1>[,<值 2>,…])

格式 2：

INSERT INTO <表名>[(<字段 1>[,<字段 2>,…])] FROM ARRAY 数组名|FROM MEMVAR

功能：向指定表的表尾插入记录。

说明：

① 如果表定义时字段设置为 NOT NULL，该字段必须赋值。

② 如果表名后面没有指定字段，则新插入的记录必须在每一个字段上都有值。如果给部分字段赋值，必须指定字段名，且赋的值要与字段类型相匹配。

③ FROM ARRAY 数组名：说明从指定的数组中插入记录值。

④ FROM MEMVAR：说明根据同名的内存变量来插入记录值，如果同名变量不存在，那么相应的字段为默认值或空值。

例 4-16 将新成绩（"200501001","0103", 87）插入“score”表中。

```
INSERT INTO score VALUES("200501001","0103",87)
```

例 4-17 将新学生（200501007，杨柳）插入“student”表中。

```
INSERT INTO student（学号，姓名） VALUES("200501007","杨柳")
```

例 4-18 数组 A 的数组元素值为："200501006"，"0102"，90，将它添加到“score”表中。

```
DIME A(3)
A(1)="200501006"
A(2)="0102"
A(3)=90
INSERT INTO score  FROM ARRAY A
```

例 4-19 将同名变量的值添加到“score”表中。

```
学号="200501007"
课程号="0103"
成绩=90
INSERT INTO score FROM MEMVAR
```

3. 更新数据

格式：UPDATE <表名>SET<字段 1>=<表达式 1>[,<字段 2>=<表达式 2>]…
　　[WHERE <条件表达式>]

功能：更新表中满足条件记录的一个或多个字段的值。

说明：

① 默认 WHERE 子句，表示对表中的全部记录进行更新。

② 要更新的字段名置于 SET 之后。给字段赋新值用“=”。

例 4-20　将所有学生的成绩加 2 分。

```
UPDATE score SET 成绩=成绩+2
```

例 4-21　将学号为 200501001 学生的成绩减 5 分。

```
UPDATE score SET 成绩=成绩-5 WHERE 学号="200501001"
```

4.2.4　数据查询

SQL 语言的核心功能是查询。使用 SQL 语句不需要在不同的工作区打开不同的表，只需将要连接的表、查询所需要的字段、查询条件等写在一条 SQL 语句中，就可以完成指定的工作。

1. 基本查询

格式：SELECT [ALL|DISTINCT] <目标列 1>[,<目标列 2>]…
FROM <表名或视图名 1>[,<表名或视图名 2>]]

功能：从指定的表或视图中查询满足条件的记录。

说明：

① SELECT 用于选择输出的字段。

② ALL 表示输出所有的查询记录，包括重复记录。

③ DISTINCT 表示输出无重复的查询记录，对于有重复的只保留第一条记录。

④ 目标列主要是 FROM 子句中所给出的表或视图中的字段名。如果包括所有字段，可以使用“*”来表示。另外，目标列可以使用 SQL 计算函数。SQL 计算函数如下：

- 平均值函数 AVG(<字段名>)，求一列的平均值。
- 求和函数 SUM(<字段名>)，求一列的总和。
- 最大值函数 MAX(<字段名>)，求一列中的最大值。
- 最小值函数 MIN(<字段名>)，求一列中的最小值。
- 计数函数 COUNT(*)，统计记录的个数。

⑤ FROM 子句用于指定记录来源，列出所查的表或视图名，也可以加上表的别名，以后引用该表名时可直接使用别名。格式为“表名 别名”。

例 4-22 列出 student 表中的学生信息。

```
SELECT * FROM student
```

查询结果如图 4-1 所示。

查询

学号	姓名	性别	出生日期	党员否	专业	简介	照片
200501001	王小岩	男	10/12/87	F	计算机	memo	Gen
200501002	赵军	男	03/16/88	T	计算机	memo	Gen
200402001	张新	女	07/10/88	F	数学	memo	Gen
200403001	李华	女	09/20/87	F	中文	memo	Gen
200403002	陈丽萍	女	11/15/87	T	中文	memo	gen

图 4-1 显示查询结果

例 4-23 查询“student”表中的专业，去掉重复值。

```
SELECT DISTINCT 专业 FROM student
```

查询结果为：

```
专业
计算机
数学
中文
```

例 4-24 显示“score”表中最高的成绩。

```
SELECT MAX(成绩) FROM score
```

查询结果为：

```
Max_成绩
     96
```

2．带条件查询

WHERE 是 SELECT 语句中的条件子句，是可选项，用于指明查询结果中记录满足的条件。

格式：WHERE <条件表达式>

说明：

① 条件表达式可以是单表的条件表达式，也可以是多表之间的条件表达式。可以是关系表达式，也可以为逻辑表达式。

② 条件表达式中使用的特殊运算符如下。

- BETWEEN…AND…：表示值在某个范围内，包括边界。例如，“年龄 BETWEEN 18 AND 22”。
- IN：表示值属于指定集合的元组。例如，“姓名 IN(王楠,李菊)”。

- IS NULL：测试字段值是否为空。
- LIKE：用于字符串的匹配，可以使用通配符："%"表示 0 个或任意多个字符，"_"表示任何一个字符。例如，"姓名 LIKE "王%""。
- ANY：字段的内容满足一个条件就为真。例如，查找其他系中比数学系某个学生年龄小的学生："WHERE 年龄<ANY(SELECT 年龄 FROM student WHERE 专业="数学") AND 专业<>"数学""。
- ALL：满足子查询中所有值的记录。把上例中的 ANY 改为 ALL，即为查找其他系中比数学系所有学生年龄都小的学生。
- SOME：满足集合中的某一个值，与 ANY 是同义词。
- EXISTS：用来检查在子查询中是否有结果返回，即存在元组或不存在元组。

注意：NOT 可以与这些谓词演算符号配合使用，得到一个反逻辑。

例 4-25　统计"score"表选修 0101 课程的人数。

```
SELECT COUNT(*) FROM score WHERE 课程号="0101"
```

查询结果为：

```
Cnt
          2
```

例 4-26　找出学号为"200501001"学生的成绩。

```
SELECT * FROM score WHERE 学号="200501001"
```

查询结果为：

学号	课程号	成绩
200501001	0101	96
200501001	0102	76

例 4-27　检索性别为"男"，并且专业是"计算机"的学生姓名。

```
SELECT 姓名 FROM  student WHERE 性别="男" AND 专业="计算机"
```

查询结果为：

姓名
王小岩
赵军

例 4-28　显示图书表中单价在 20~50 之间的书名和单价。

```
SELECT 书名,单价 FROM 图书 WHERE 单价 BETWEEN 20 AND 50
```

3. 复杂查询

（1）嵌套查询

嵌套查询是一类基于多个关系的查询，即 WHERE 子句后面的逻辑表达式中含有对其他表的查询。在嵌套查询中，有两个 SELECT-FROM 查询块。虽然嵌套查询是基于多个关系的查询，但它的最终查询结果却是一个关系，数据源是外层查询的 FROM 子句所指定的表。

例 4-29　显示成绩大于 85 分的学生的学号和姓名。

```
SELECT 学号,姓名 FROM student WHERE 学号 IN (SELECT 学号 FROM score WHERE 成绩>85)
```

查询结果为：

```
学号          姓名
200501001     王小岩
200501002     赵军
```

例 4-30　查询没有成绩的学生姓名。

```
SELECT 学号,姓名 FROM  student WHERE 学号 NOT IN(SELECT 学号 FROM score)
```

查询结果为：

```
学号          姓名
200402001     张新
```

例 4-31　查询年龄比所有党员都小的学生的姓名。

```
SELECT 姓名 FROM student WHERE 出生日期<ALL;
(SELECT 出生日期 FROM student WHERE 党员否)
```

查询结果为：

```
姓名
王小岩
李华
```

注意：如果把 ALL 改为 ANY，就是查询年龄比任意一个党员都小的学生的姓名。

例 4-32　检索那些还没有成绩的学生学号和姓名。

```
SELECT 学号,姓名 FROM student WHERE NOT EXISTS ;
(SELECT * FROM SCORE WHERE 学号= student.学号)
```

查询结果为：

```
姓名
张新
```

（2）连接查询

① 简单的连接查询。

连接是基于多个关系的查询，即 FROM 后面有多个表。SELECT 后面的属性可以来自多个表，如果不同表中含有相同的字段，必须用表名指出字段所在的表，格式为“表名.字段名”。WHERE 短语指出连接条件。

例 4-33　显示成绩大于 90 的学生姓名。

```
SELECT 姓名 FROM student A, score B WHERE A.学号=B.学号 AND 成绩>90
```

查询结果为：

```
姓名
王小岩
```

例 4-34　检索出学习当代文学的学生的姓名、课程名、成绩和学分。

```
SELECT 姓名,课程名,成绩,学分 FROM student A,score B,course C;
WHERE A.学号=B.学号 AND B.课程号=C.课程号 AND C.课程名="当代文学"
```

查询结果如图 4-2 所示。

姓名	课程名	成绩	学分
李华	当代文学	54	2
陈丽萍	当代文学	82	2

图 4-2　连接查询结果示意图

② 超连接查询。

超连接查询是两个关系的查询，首先保证一个关系中满足条件的元组都出现在结果中，然后将满足连接条件的元组与另一个关系中的元组进行连接；若不满足连接条件，就把来自另一个关系的属性值设置为空值。

超连接格式：SELECT <字段列表> FROM <表名 1>

[INNER|LEFT|RIGHT|FULL|CROSS] JOIN <表名 2> ON <连接条件>

WHERE <筛选条件>

它提供的连接类型如下。

- Inner Join（内连接）：表示只返回完全满足连接条件的记录。
- Left Join（左连接）：表示返回左侧表中的所有记录及右侧表中匹配的记录。
- Right Join（右连接）：表示返回右侧表中的所有记录及左侧表中匹配的记录。
- Full Join（完全连接）：表示返回两个表中匹配和不匹配的所有记录，即返回两个表中的所有记录。
- Cross Join（交叉连接）：表示返回两个表的笛卡儿乘积。

例 4-35　显示学生学号、课程名和成绩。

```
SELECT 学号,课程名,成绩 FROM score A INNER JOIN course B ON A.课程号=B.课程号
```

查询结果如下：

学号	课程名	成绩
200501001	数据库原理及应用	96
200501002	数据库原理及应用	87
200501001	数据结构	76
200501002	数据结构	67
200403001	高等数学	54
200403002	数学分析	82

例 4-36　显示学号为 200501001 的学生选修的课程名。

SELECT 学号,课程名 FROM score A INNER JOIN course B ON A.课程号=B.课程号 ;

WHERE 学号="200501001"

查询结果如下：

学号	课程名
200501001	数据库原理及应用
200501001	数据结构

4．查询结果处理

（1）输出排序

SELECT 的查询结果是按查询过程中的自然顺序给出的，因此查询结果通常无序。如果希望查询有序输出，需要使用下面的子句。

格式：ORDER BY<排序项>[ASC|DESC]

说明：

① ASC 为升序，DESC 为降序，默认为升序。

② 排序项可以是字段名，也可以是数字。字段名必须是主 SELECT 子句的选项。数字是 SELECT 子句中选项的序列号，如第 1 列为 1。

③ 排序项可以有多个，首先按第一个排序项排序，第一个排序项相同的再按第二个排序项排序，依此类推。

④ 用户要显示查询的部分结果，可使用[TOP N[PERCENT]]短语。该短语必须和排序一起使用。

- 无[PERCENT]选项，表示显示前 N 个元组；N 的取值为 1～65 000。
- 有[PERCENT]选项，表示显示前百分之 100×N 个元组。N 的取值为 0.01～0.99。

例 4-37 将“score”表按照成绩的升序排序。

```
SELECT * FROM score ORDER BY 成绩
```

查询结果如下：

学号	课程号	成绩
200403001	0301	54
200501002	0102	67
200501001	0102	76
200403002	0301	82
200501002	0101	87
200501001	0101	96

例 4-38 将“student”表按学号降序、按性别升序排序，显示前两个记录。

```
SELECT * FROM student ORDER BY 学号 DESC,性别 TOP 2
```

查询结果为：

学号	姓名	性别	出生日期	党员否	专业
200501002	赵军	男	03/16/88	T	计算机
200501001	王小岩	男	10/12/87	F	计算机

（2）分组统计（GROUP BY）与分组条件（HAVING）

查询的结果可以进行分组统计，GROUP BY 是 SELECT 语句的可选项，可以利用它进行分类汇总。

分组统计格式：　GROUP BY <分组选项>

分组条件格式：　HAVING <条件表达式>

说明：

① <分组选项>可以是字段名、SQL 函数表达式，也可以是序列号。

② HAVING 子句与 WHERE 子句功能一样，但必须与 GROUP BY 子句配合使用，用于说明分组条件。

③ 如果语句中还有 WHERE 子句，先用 WHERE 子句限定关系中的元组，对满足条件的元组进行分组，然后用 HAVING 子句限定分组。

例 4-39　统计各专业的学生人数。

```
SELECT 专业,COUNT(专业) AS 人数 FROM student GROUP BY 专业
```

查询结果为：

专业	人数
计算机	2
数学	1
中文	2

注意：使用 AS 给显示列设置标题。

例 4-40　统计选修课程为两门的学生学号。

```
SELECT 学号 FROM score GROUP BY 学号 HAVING(COUNT(*)=2)
```

查询结果为：

学号
200501001
200501002

（3）查询去向（INTO）

INTO 子句也是 SELECT 语句的可选项，用于指定查询结果的输出方式。

查询去向如下。

- INTO ARRAY <数组名>：将查询结果存入数组中。
- INTO CURSOR <临时表名>：将查询结果存入临时表中，当查询结束后该临时文件是当前文件，可以像数据表一样使用，但仅是只读，当关闭该文件时文件自动删除。
- INTO TABLE|DBF <表名>：将查询结果存入新表。
- TO FILE<文件名>[ADDITIVE]：将查询结果存入文本文件。ADDITIVE 表示将结果添加到文件内容的后面。

例 4-41　把是党员的学生信息存入"党员"表。

```
SELECT * FROM student WHERE 党员否 INTO TABLE 党员
```

"党员"表的内容为：

学号	姓名	性别	出生日期	党员否	专业

```
200501002    赵军    男    03/16/88    T    计算机
200403002    陈丽萍  女    11/15/87    T    数学
```

例 4-42　查询学生所学课程和分数，输出姓名、课程名和分数，并存放在成绩单文本文件中。

```
SELECT A.姓名,B.课程名,C.成绩 FROM student A, course B, score C;
WHERE A.学号=C.学号 AND B.课程号=C.课程号 TO FILE 成绩单.TXT
```

成绩单.TXT 文件中的内容为：

```
姓名    课程名              成绩
王小岩  数据库原理及应用    96
赵军    数据库原理及应用    87
王小岩  数据结构            76
赵军    数据结构            67
李华    高等数学            54
陈丽萍  数学分析            82
```

例 4-43　将课程表中学分为 3 的数据检索到临时表 tmp.dbf 中。

```
SELECT * FROM course WHERE 学分 =3 INTO SURSOR tmp
```

查询结果为：

```
课程号  课程名            学分    学时
0101    数据库原理及应用  3       48
0102    数据结构          3       48
0201    数学分析          3       48
```

例 4-44　将成绩表中 0101 课程的最高分存放到数组 ARR 中。

```
SELECT MAX(成绩) FROM score WHERE 课程号="0101"  INTO ARRAY ARR
```

查询结果说明：

该数组中只有一个元素 ARR(1,1)，它的值为 96。

注意：数组不用事先定义。一般将存放查询结果的数组作为二维数组来使用，每行一条记录，每列对应于查询结果的一列。

（4）输出合并（UNION）

SQL 支持集合的并运算，运算符是 UNION。并运算是将两个 SELECT 语句的查询结果合并成一个查询结果。要求两个查询结果具有相同的字段个数，且对应字段的数据类型相同，其值出自同一个值域。

格式：UNION [ALL]<SELECT 命令>

说明：ALL 表示结果全部合并。若没有 ALL，则重复的记录将被自动去掉。

例 4-45　查询成绩小于 60 和成绩大于 90 的学号和成绩。

```
SELECT 学号,成绩 FROM score WHERE 成绩<60 UNION ;
SELECT 学号,成绩 FROM score WHERE 成绩>90
```

查询结果为：

学号　　　成绩
200403001　54
200501001　96

4.3　利用向导创建查询

使用“查询向导”可以快速创建查询。只需按照向导提示的步骤，逐一回答向导的问题，就可以正确地建立查询。

例 4-46　通过向导建立查询，检索性别为女的学生信息，保存在查询文件 query1 中。

注意：查询文件扩展名为.QPR。

1．打开向导对话框

打开向导对话框有两种方法：

① 选择“工具”/“向导”选项，从弹出的子菜单中选择“查询”选项，弹出如图 4-3 所示的“向导选取”对话框，在此选择视图向导或查询向导。

② 选择“文件”/“新建”选项，弹出“新建”对话框，选择“查询”选项，如图 4-4 所示。单击“向导”按钮，弹出如图 4-5 所示的“向导选取”对话框，在此只能选择查询向导。

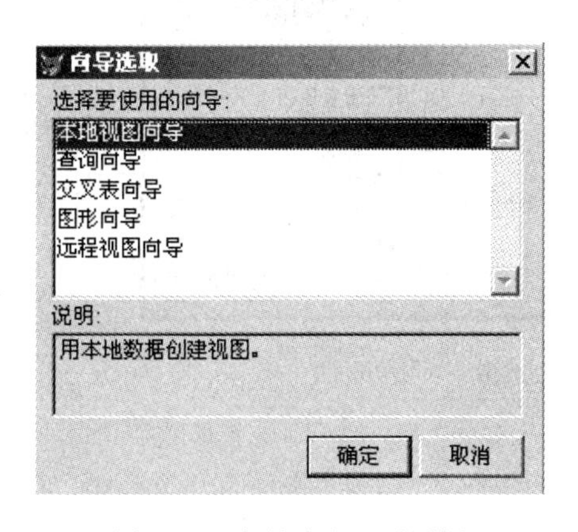

图 4-3 “向导选取”对话框 1

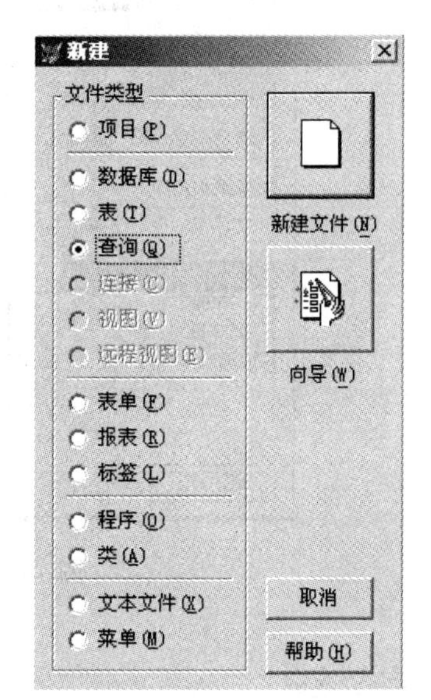

图 4-4 “新建”对话框

在“向导选取”对话框中，列出各种形式的向导：

① 查询向导：创建一个标准的查询。

② 交叉表向导：以电子数据表的格式显示数据。

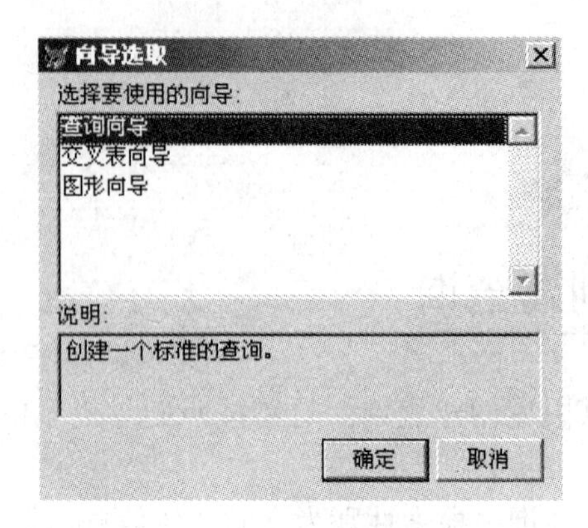

图 4-5 “向导选取”对话框 2

③ 图形向导：以图形的方式显示查询结果。

2. 选择要使用的向导

在“向导选取”对话框中选择“查询向导”，单击“确定”按钮，弹出“步骤 1-字段选取”对话框，如图 4-6 所示。

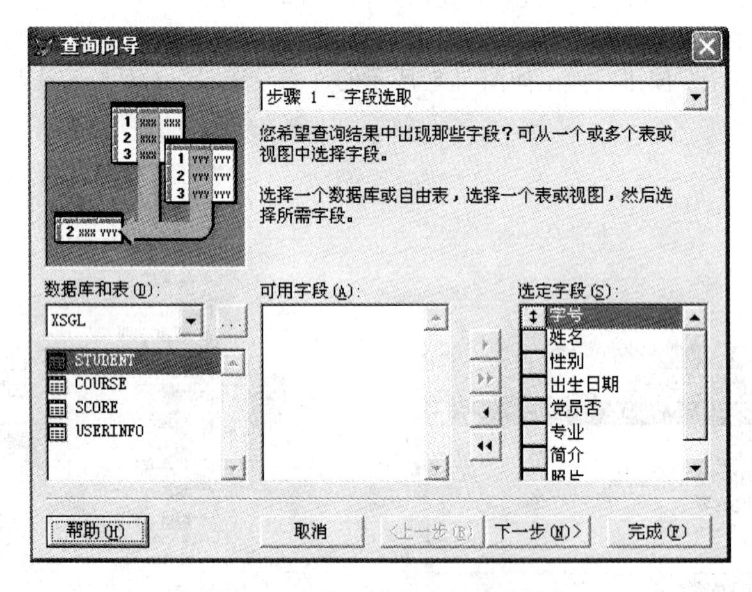

图 4-6 “步骤 1-字段选取”对话框

3. 字段选取

首先在“数据库和表”中选择数据库 XSGL 和表 student，然后在“可用字段”中选择字段，添加到“选定字段”中，可以双击字段或选中字段，再单击添加（▸）按钮。▸▸按钮是将所有的字段都选定，这里全部选取，单击“下一步”按钮，弹出“步骤 3-筛选记录”对话框，如图 4-7 所示。

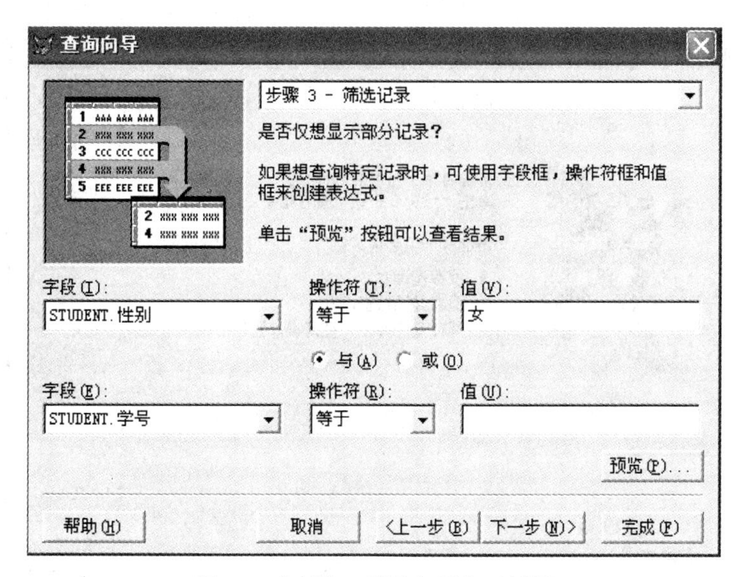

图 4-7 “步骤 3-筛选记录”对话框

4. 筛选记录

在此步骤中可以选择设置查询结果要满足的条件。这里选择性别、等于、女。单击“下一步”按钮，弹出“步骤 4-排序记录”对话框，如图 4-8 所示。

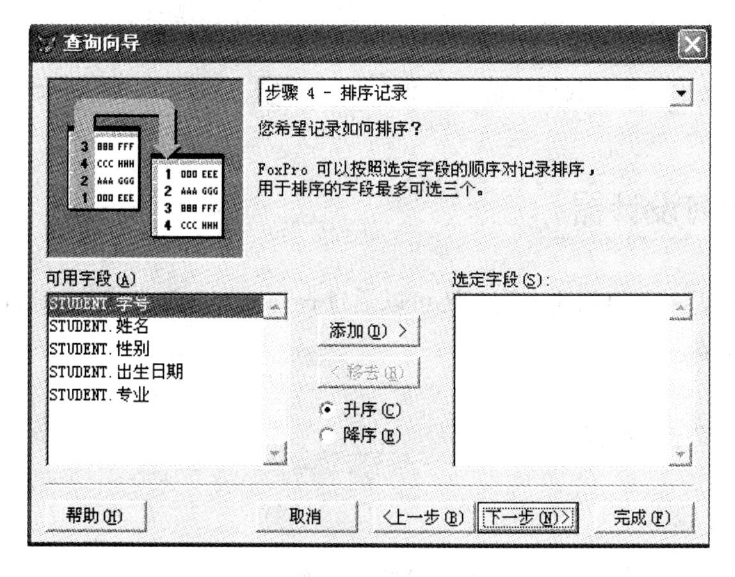

图 4-8 “步骤 4-排序记录”对话框

5. 排序记录

在此步骤中，可以指定查询结果按哪些字段的值排序。这里不排序，单击“下一步”按钮，弹出“步骤 5-完成”对话框，如图 4-9 所示。

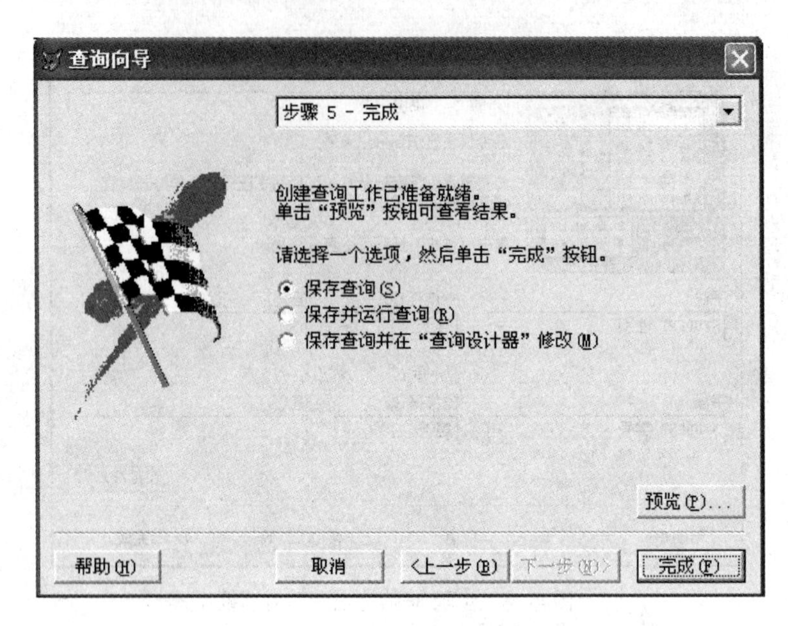

图 4-9 “步骤 5-完成”对话框

6．完成

该对话框提供了 3 种保存查询的方法，这里选择“保存查询”，单击“完成”按钮，弹出另存为对话框，输入查询文件名 query1，保存查询文件，结束查询文件的创建操作。

注意：在单击“完成”按钮之前，可以单击“预览”按钮，在浏览窗口显示查询结果。

4.4 查询设计器

利用向导可以方便地创建查询，还可以通过查询设计器设计查询，这也是我们最常用的创建查询的方法。

4.4.1 打开“查询设计器”

1．菜单方式

选择“文件”/“新建”选项，弹出“新建”对话框，选择“查询”选项，单击“新建文件”按钮，弹出“添加表或视图”对话框，如图 4-10 所示，添加查询的表或视图。当添加多表时，如果表之间没建立连接，系统会提示是否对表进行连接，单击“确定”按钮，会自动建立连接。如果数据库中已经建立了联系，则保留联系，单击“关闭”按钮，打开“查询设计器”窗口，如图 4-11 所示。

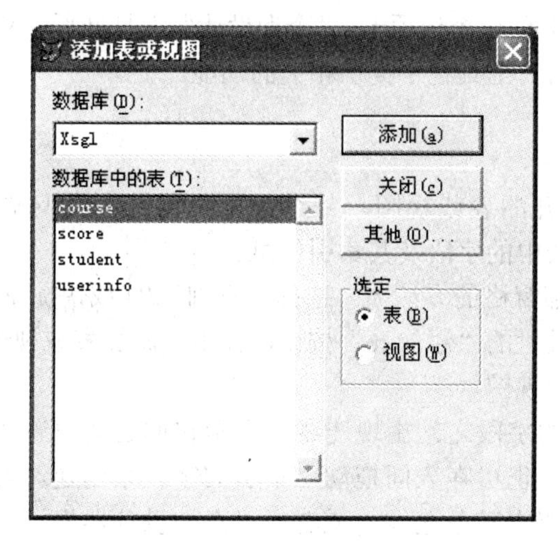

图 4-10　“添加表或视图”对话框

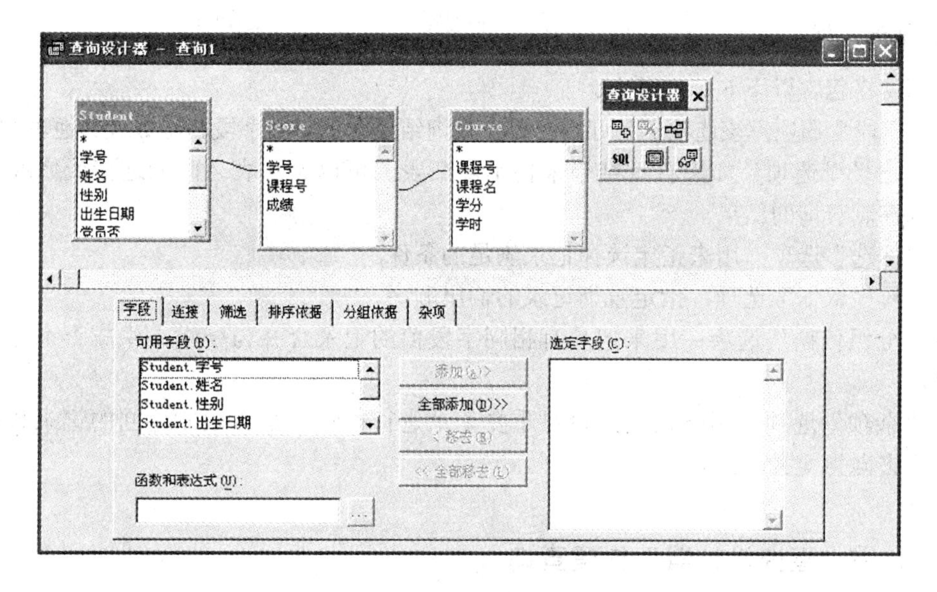

图 4-11　“查询设计器”窗口

2．命令方式

格式：CREATE QUERY

说明：弹出“添加表或视图”对话框，添加查询的表或视图。单击“关闭”按钮，打开“查询设计器”窗口。

4.4.2　“查询设计器”的组成

“查询设计器”分为上部窗格和下部窗格两部分。上部窗格用来显示查询或视图中的表，下部窗格则包含字段等 6 个选项卡。“查询设计器”打开后，VFP 还在“查询”菜单、快捷菜单和“查询设计器”工具栏中提供相关的功能。

1. 上部窗格

上部窗格显示已打开的表或视图，每个数据表用一个可调整大小和位置的方框框起来，其中容纳了该数据表中的字段及其索引信息。

将表或视图添入上部窗格的方法为：选择“查询”/（或快捷菜单）“添加表”选项，或选择“查询设计器”工具栏的“添加表”按钮，弹出“添加表或视图”对话框，即可在此对话框中选取要添加的表或视图。

若在分属于两个表的字段之间出现连线，表示它们之间设置了连接条件。连接条件除了可在添加表时设置外，也可在表间拖动已索引的字段来创建。若要显示连接条件对话框来修改连接条件，只要双击某条连线，或选择“查询设计器”工具栏的“添加连接”按钮即可。

2. 下部窗格

下部窗格包含以下 6 个选项卡。

①“字段”选项：该选项卡允许指定要在查询结果中显示的字段、函数或其他表达式。

②“连接”选项：如果查询结果来自于多个表，可以添加表之间的连接或修改已有的连接，以控制查询的结果。

③“筛选”选项：用来指定选择记录满足的条件。

④“排序依据”选项：指定查询记录的输出顺序。

⑤“分组依据”选项：用来把具有相同字段值的记录合并为一组，生成查询结果的一条记录。

⑥“杂项”选项：用来指定是否对重复记录进行检索，是否限制返回的记录数。可以设置输出去向为交叉表。

4.4.3 利用“查询设计器”创建查询

例 4-47 建立查询文件 STU.QPR，查询学号为"200501001"学生所学课程的成绩，按成绩降序排序。

① 打开“XSGL”数据库。

② 打开“查询设计器”窗口，添加表“student”、“score”和“course”。

③ 选择“字段”选项，选择相应的字段，双击或单击“添加”按钮，如图 4-12 所示。

④ 选择“联接”选项，这里是建立联系的，因为数据库中已经建立了联接，如果对存在的联接不满意，可以进行修改，如图 4-13 所示。

⑤ 选择“筛选”选项，设置筛选条件，学号="200501001"，如图 4-14 所示。

⑥ 选择“排序依据”选项，设置排序，双击“score.成绩”，排序选项选择“降序”,如图 4-15 所示。

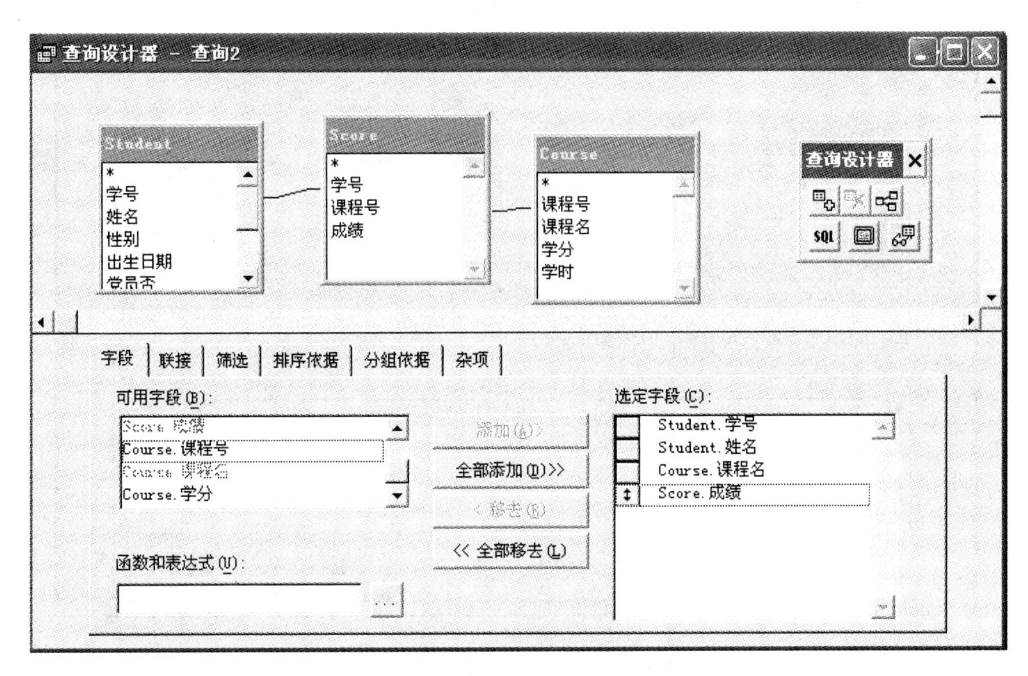

图 4-12 “字段”选项示意图

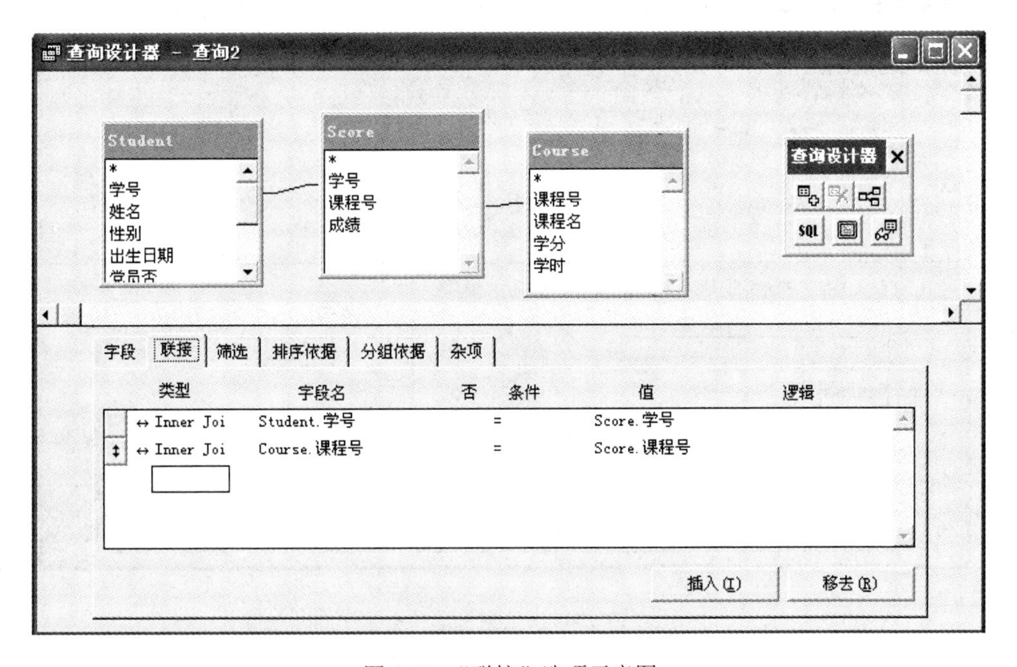

图 4-13 “联接”选项示意图

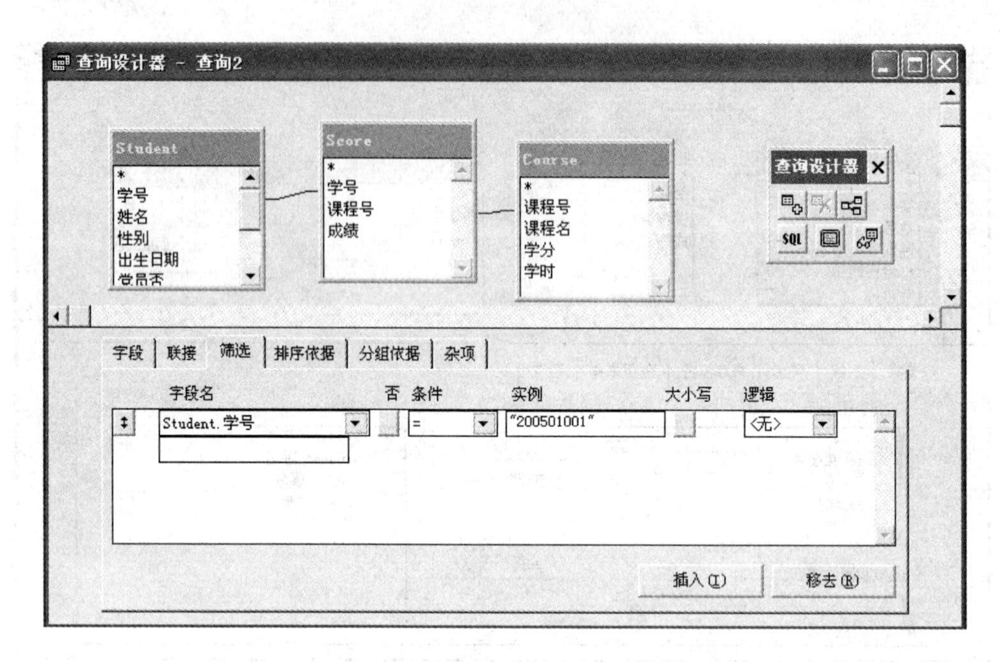

图 4-14 “筛选”选项示意图

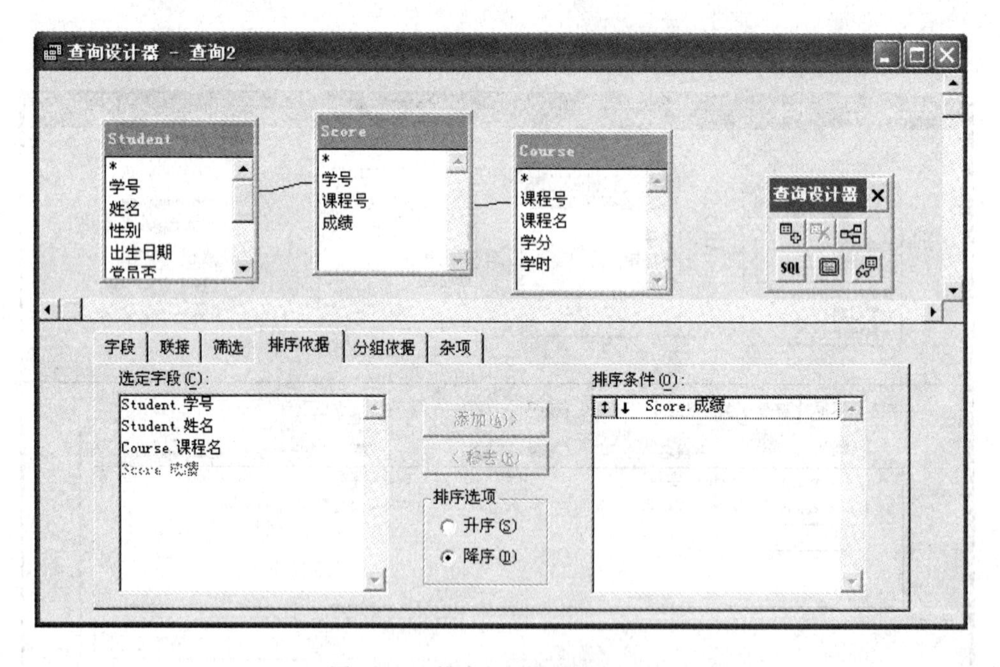

图 4-15 “排序依据”选项示意图

⑥ 选择“文件”/“保存”选项，弹出“另存为”对话框，输入文件名“STU”，单击“保存”按钮，保存查询文件。

4.4.4　查询文件的操作

1．修改查询文件

（1）菜单方式

若要修改查询文件中的内容，选择“文件”/“打开”选项，选择需要修改的查询文件，在查询设计器中进行修改。

（2）命令方式

在命令窗口输入：MODIFY QUERY <查询文件名>，打开“查询设计器”窗口，然后进行修改。

2．查看文件内容

打开查询设计器后，查看文件内容的方法如下：

① 选择“查询”/“查看 SQL”选项。

② 单击“查询设计器”工具栏的“显示 SQL 窗口”命令。

③ 右击鼠标，选择快捷菜单的“查看 SQL”命令，屏幕上就会列出文件的内容，如图 4-16 所示。

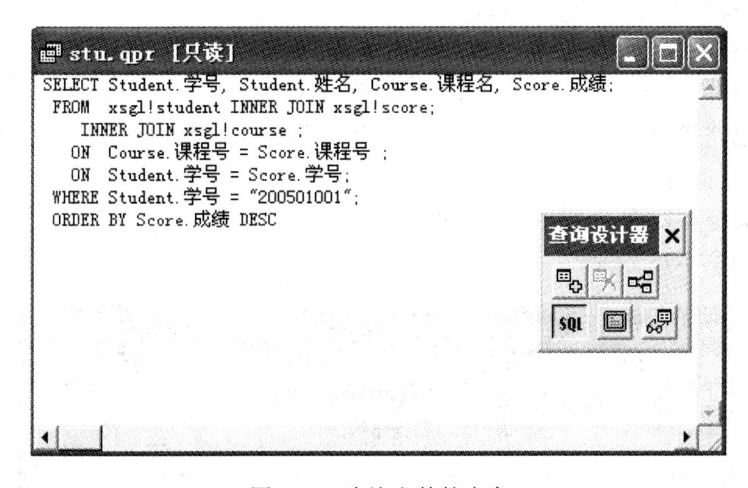

图 4-16　查询文件的内容

3．查询文件的备注

可以为查询文件添加注释。添加查询文件备注的方法是：选择“查询”/“备注”选项，弹出“备注”对话框，加入需要的说明文字。

注意： 给查询文件加上的备注会作为说明以绿色形式显示在查询文件 SQL 的第一行，如图 4-17 所示。

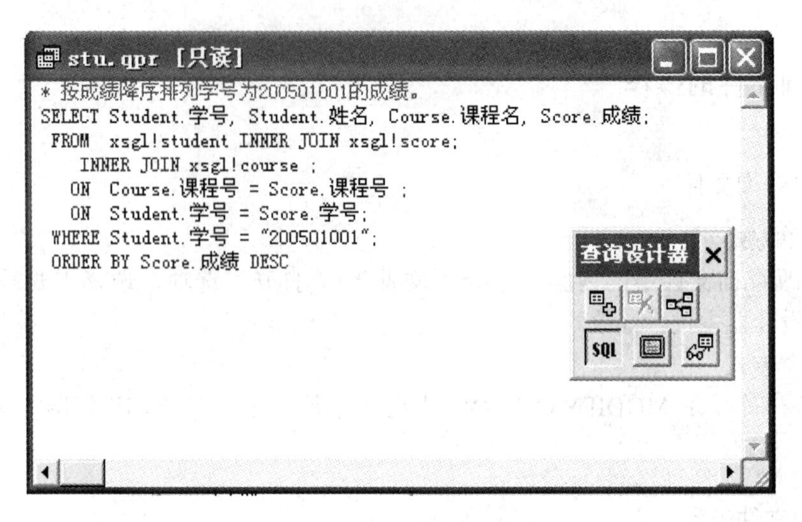

图 4-17　添加备注的 SQL

4．运行查询文件

（1）在“查询设计器”中运行查询

① 按 Ctrl+Q 键运行查询。

② 单击工具栏中的“!”按钮运行查询。

③ 选择“查询”/“运行查询”选项运行查询。

④ 右击鼠标，选择快捷菜单的“运行查询”运行查询。

（2）如果已完成查询文件的存储，可采用命令方法运行查询文件：DO <查询文件名>，扩展名.QPR 不能省略。

例如，在命令窗口输入“DO STU.QPR”。

运行结果如图 4-18 所示。

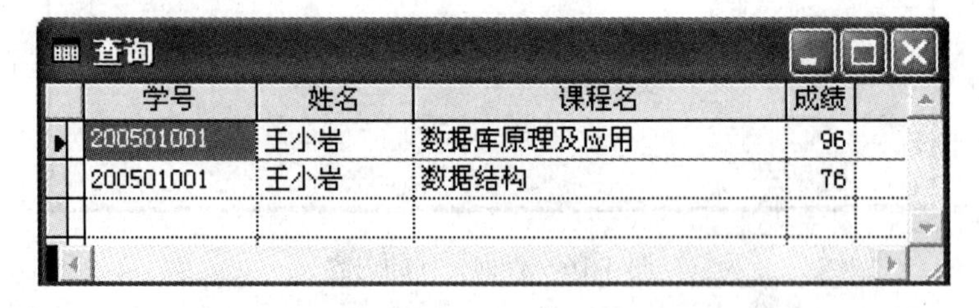
查询

学号	姓名	课程名	成绩
200501001	王小岩	数据库原理及应用	96
200501001	王小岩	数据结构	76

图 4-18　查询的运行结果

5．查询去向

建立查询文件后，得到的查询结果还可以按多种方式输出。查询去向的选择方法为：选择“查询”/“查询去向”选项，在弹出的“查询去向”对话框中选择需要输出的方式，如图 4-19 所示。默认的输出去向为“浏览”。

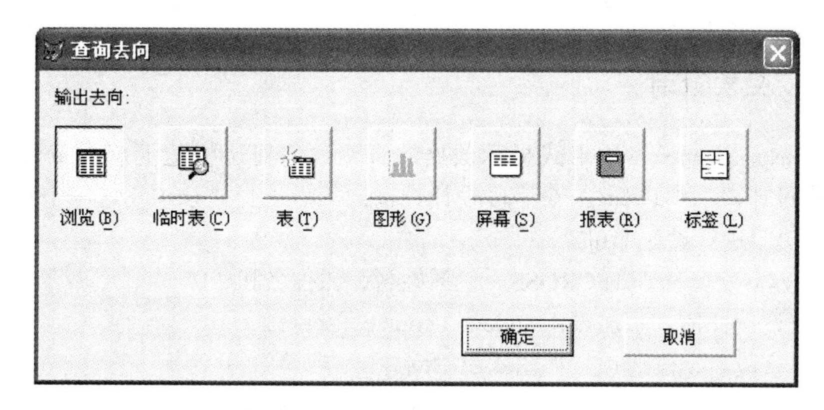

图 4-19　“查询去向”对话框

具体的查询去向如表 4-2 所示。

表 4-2　查 询 去 向

查询去向	含　义	查询去向	含　义
浏览	查询结果输出到浏览窗口	屏幕	查询结果输出到当前活动窗口中
临时表	查询结果保存到一个临时表中	报表	查询结果输出到一个报表文件中
表	查询结果保存到一个指定的表中	标签	查询结果输出到一个标签文件中
图形	查询结果输出到图形文件中		

例 4-48　修改例 4-25 的查询文件 STU.QPR，将查询的结果输出到表 NEW 中。

① 选择“文件”/“打开”选项，选择查询文件 STU.QPR，打开查询设计器。

② 选择“查询”/“查询去向”选项，在弹出的“查询去向”对话框中选择“表”，输入表名：NEW，如图 4-20 所示，单击“确定”按钮。

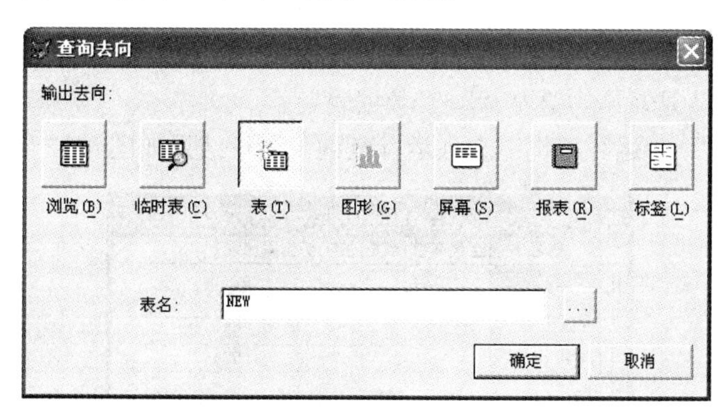

图 4-20　查询去向为表

③ 选择“查询”/“运行查询”选项，运行查询，将产生新表 NEW.DBF。

注意：在建立查询时，若将查询结果输出到表中，该查询必须被运行，否则新表不会产生。

4.4.5 创建交叉表查询

交叉表查询是以电子表格形式显示数据的查询。它对于快速汇总大量数据是很有用的。在“查询设计器”中选择 3 个字段设计查询。然后选择“杂项”选项中的“交叉数据表”按钮，按提示进行设计即可。

例 4-49 建立交叉表查询 CROSS，包括姓名、课程名和成绩。

① 打开查询设计器，添加表：student、course、score。

② 设置“字段”字段选项，如图 4-21 所示。

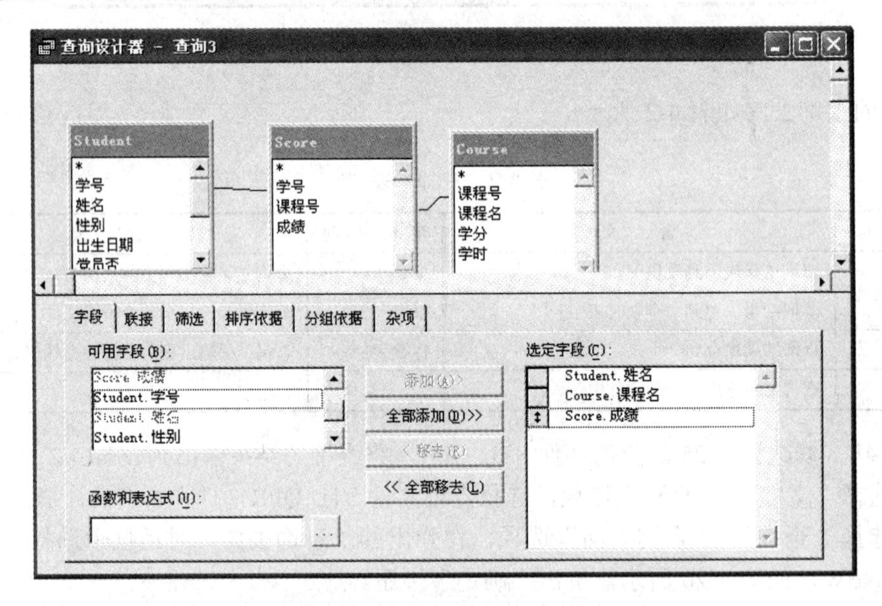

图 4-21 选择 3 个字段

③ 选择“杂项”选项卡，选择“交叉数据表”。

④ 选择“查询”/“运行查询”选项运行查询，运行结果如图 4-22 所示。

查询3

姓名	当代文学	数据结构	数据库原理
陈丽萍	82		
李华	54		
王小岩		76	96
赵军		67	87

图 4-22 交叉表示意图

⑤ 保存文件 CROSS.QPR。

注意：建立交叉数据表时只能有 3 个字段。

4.5 视图

视图是在数据库表基础上建立的一个虚拟表，兼有表和查询的特点。视图本身并不真正包含数据，只是根据检索要求显示表中数据的一种方式，当数据库关闭后，视图中不再含有数据。利用视图，不仅可以查询数据，还可以更新数据。

4.5.1 视图概述

视图是一个虚拟表。这里所说的虚拟，是因为视图的数据是从已有的表（数据库表和自由表）或其他视图中选取出来的，但不能保存在磁盘中。视图一经定义，就成为数据库中的一个组成部分，可以像数据库表一样让用户查询数据。

在 VFP 中，可以通过表来建立视图，根据产生视图的基本表的来源，可将其分为本地视图和远程视图。远程视图是指所选取的数据中有来自远程数据源的数据。要有相应的 ODBC 驱动程序，通过 ODBC 实现远程数据源的连接。本地视图是指所有的数据均来自本地数据源，即数据来自于 VFP 本身创建的数据库。本书主要介绍本地视图。

1．查询与视图之间的区别

查询与视图之间的区别如下：

① 查询的结果可以存储成多种数据格式，如表、报表等，而视图只能浏览。

② 查询的结果仅供输出查看，不具备数据回存的性质。通过视图可以修改表中的数据，并且能回存到源数据表中，所以在“视图设计器”中多了一个“更新条件”选项卡。

③ 视图定义于数据库中，也仅存在于数据库中。视图并不真正含有数据，当关闭数据库后视图不会包含数据。而查询是可以独立于数据库存在的.QPR 文件。

2．视图的优点

（1）视图提高了数据库应用的灵活性

一个数据库可能拥有许多用户，不同的用户需要不同的数据。视图的出现可使用户将注意力集中在各自所关心的数据上，按个人的需要来定义视图。这样，同一个数据库在不同用户的眼中就呈现出不同的视图，从而简化了用户操作，提高了数据库应用的灵活性。

（2）视图减少了用户对数据库物理结构的依赖

在关系数据库中，数据库表的结构难免会有这样或那样的变化。一旦表结构出现变动，用户程序也要跟着修改。引入视图后，当数据库物理结构变化时，便可用改变视图来代替改变应用程序，从而减少了用户对数据库物理结构的依赖性。这也是为什么要求视图能支持数据更新并支持对视图数据的更新最终能转换为源表数据更新的原因。

（3）视图可支持网络应用

创建远程视图后，用户可直接使用网上远程数据库中的数据。VFP 创建的远程视图就支持在同一视图中合并使用本地数据与远程数据，从而扩大了用户的数据查询范围。

4.5.2 本地视图的创建

VFP 中，可以使用视图向导、视图设计器和 SQL 命令创建视图。

1. 利用向导创建视图

例 4-50 使用视图向导创建视图 VIEW1，视图中包含学号、姓名、性别、出生日期和专业。

① 选择“工具”/“向导”选项，从弹出的子菜单中选择“查询”，弹出如图 4-3 所示的“向导选取”对话框。

② 在“向导选取”对话框中，选择“本地视图向导”，单击“确定”按钮。如果没有数据库打开，将打开“本地视图向导”对话框，如图 4-23 所示，打开 XSGL 数据库。

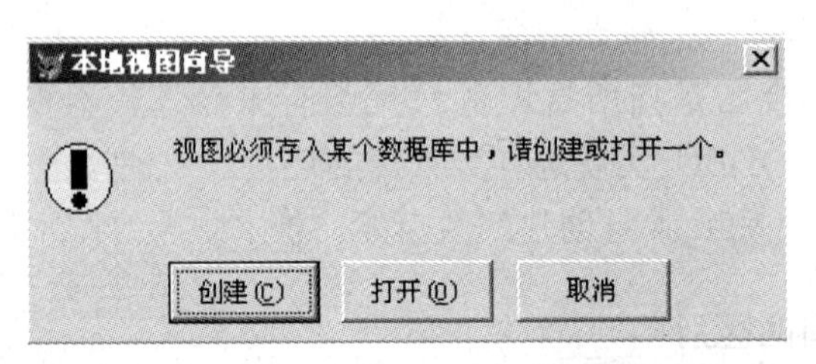

图 4-23 “本地视图向导”对话框

③ 在“步骤 1-字段选取”对话框中，选择相应的表，然后在“可用字段”中选择字段放到“选定字段”中，如图 4-24 所示。单击“下一步”按钮，弹出“步骤 3-筛选记录”对话框。

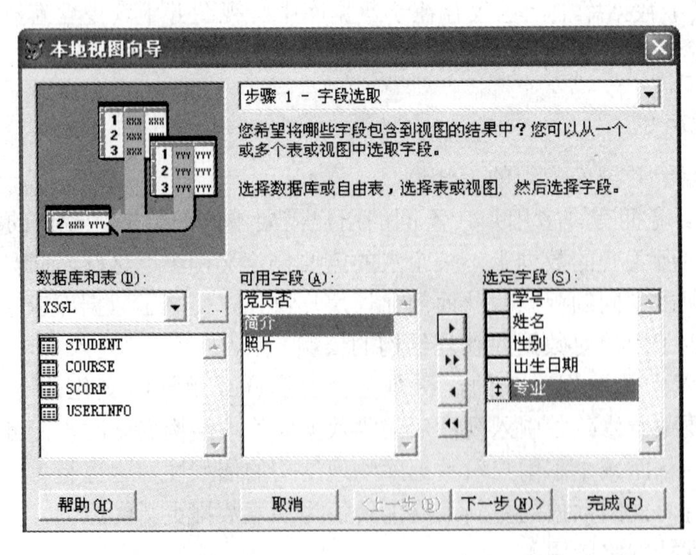

图 4-24 “步骤 1-字段选取”对话框

④ 设置查询结果满足的条件，如果不设置，则包括所有记录，如图 4-25 所示。这里包括所有记录，单击“下一步”按钮，弹出“步骤 4-排序记录”对话框。

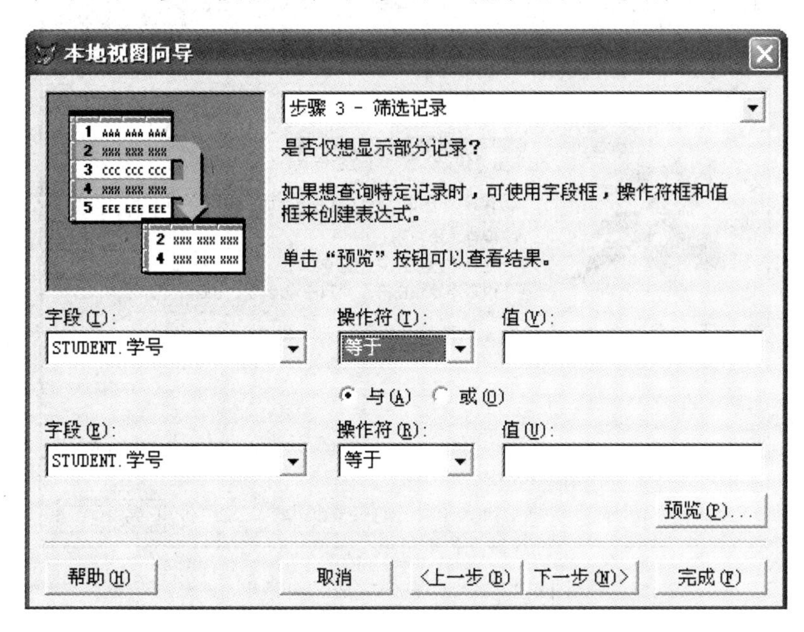

图 4-25　“步骤 3-筛选记录”对话框

⑤ 选择排序字段和排序方式，如图 4-26 所示。这里不选，单击“下一步”按钮，弹出“完成”对话框。

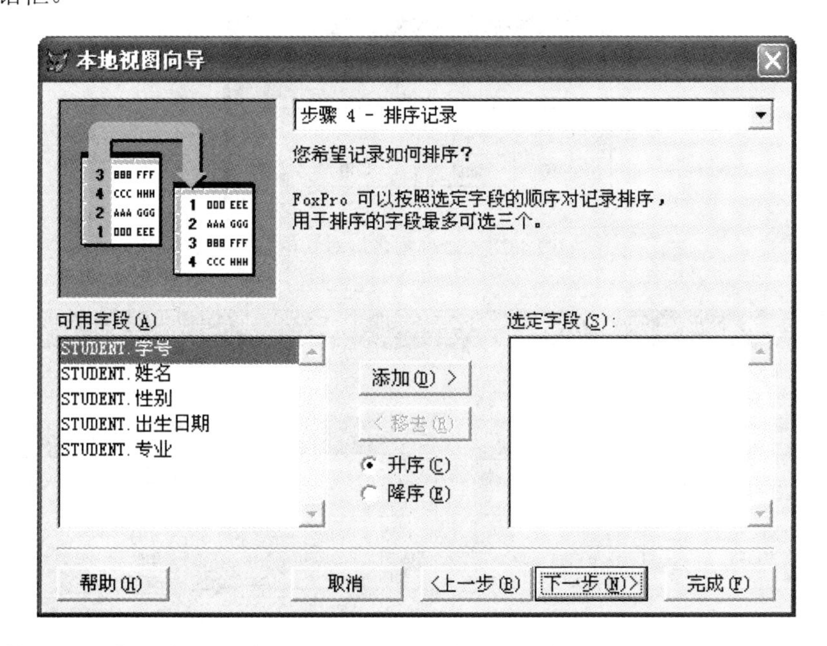

图 4-26　“步骤 4-排序记录”对话框

⑥ 完成。这时可以保存并浏览视图，如图 4-27 所示。

图 4-27 “步骤 5-完成”对话框

⑦ 单击“完成”按钮，出现“视图名”对话框，在“视图名”文本框中输入视图名称：VIEW1，如图 4-28 所示，单击“确定”按钮，保存视图。这样在数据库中增加了一个视图 VIEW1，如图 4-29 所示，从而可以向浏览表一样浏览视图中的数据。

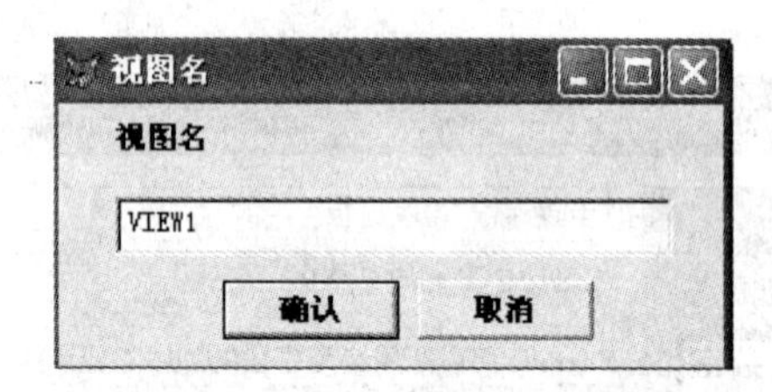

图 4-28 “视图名”对话框

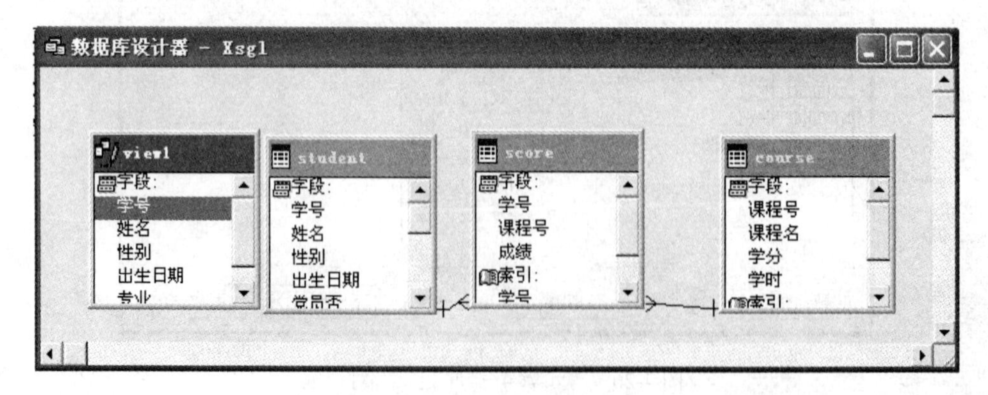

图 4-29 含有视图的数据库

2．利用“视图设计器”创建视图

“视图设计器”的组成如下。

“视图设计器”中有 7 组选项，其中字段、连接、筛选、排序依据、分组依据、杂项与“查询设计器”相同，这里不再多说。下面将着重说明更新条件，如图 4-30 所示。

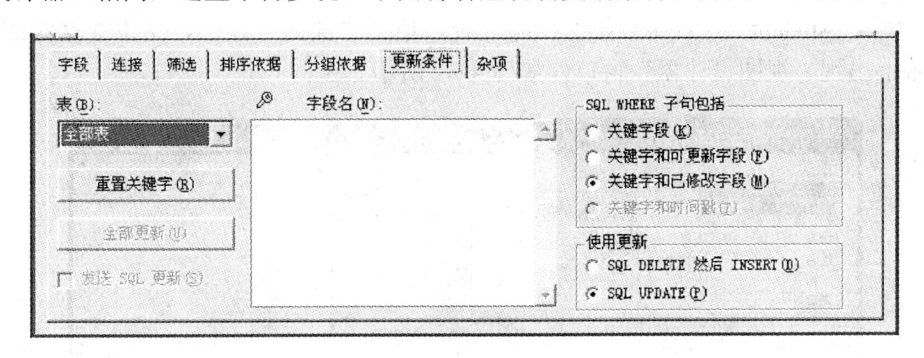

图 4-30 “更新条件”选项

该选项用来设定视图中哪些字段可以修改，具体内容如下。

①“字段名”区域中列出了此视图文件中使用的字段，在字段名前有两个符号。

- 钥匙图形（ ）表示字段为关键字字段。

若要设定某字段为关键字字段，可在此字段前单击使其出现√符号，而再单击一下则可取消设定。在视图文件中修改某项数据时，VFP 会根据关键字字段修改原始数据，因此若要通过视图文件修改原数据表，就必须在视图文件中将其设定为关键字字段。而且设为关键字字段的数据必须是唯一的。

- 铅笔图形（ ）表示字段为可修改的字段。

若选取某字段为可修改字段，则视图数据修改后可自动传回源数据表中。

注意：必须先为数据表设定关键字字段，才能选取可修改字段。

②“表”列表框可用来选取视图文件中要更改的数据表，若仅选取其中一个数据表，则中间的字段名将出现此数据表的字段。

③“重置关键字”按钮用来设定数据表的关键字字段和可修改字段为未选定状态，以便重新进行设定。

④“全部更新”按钮用来将关键字字段以外的所有字段设定为可更新的字段。

⑤“发送 SQL 更新”用来设定是否用视图文件中修改的数据更改源数据表中的对应数据。

⑥“SQL WHERE 子句”用来设定如何检测修改时发生的冲突。当视图文件同时由多个用户使用时，若在修改一个数据的同时该数据已经被另外一个用户改变过，此时将发生冲突问题，在此就是设定对此类冲突的检测。

⑦“使用更新”用来设定使用修改的方法。“SQL DELETE 然后 INSERT”表示修改源数据表时，先删除要修改的数据，再插入新的数据。“SQL UPDATE”表示利用 SQL 的修改记录功能直接将此数据修改。

例 4-51　建立性别为“女”的学生成绩视图 VIEW2，包括学号、姓名、课程名、成绩，按成绩降序排列。

① 选择“文件”/“打开”选项，打开数据库 XSGL。

② 选择“文件”/“新建”选项，在“新建”对话框中选择“视图”，单击“新建文件”按钮，屏幕上出现“添加表或视图”对话框。

③ 添加“student”、“course”、“score”表，单击“关闭”按钮，结束数据源的选取。此时屏幕上出现“视图设计器”窗口，如图 4-31 所示。

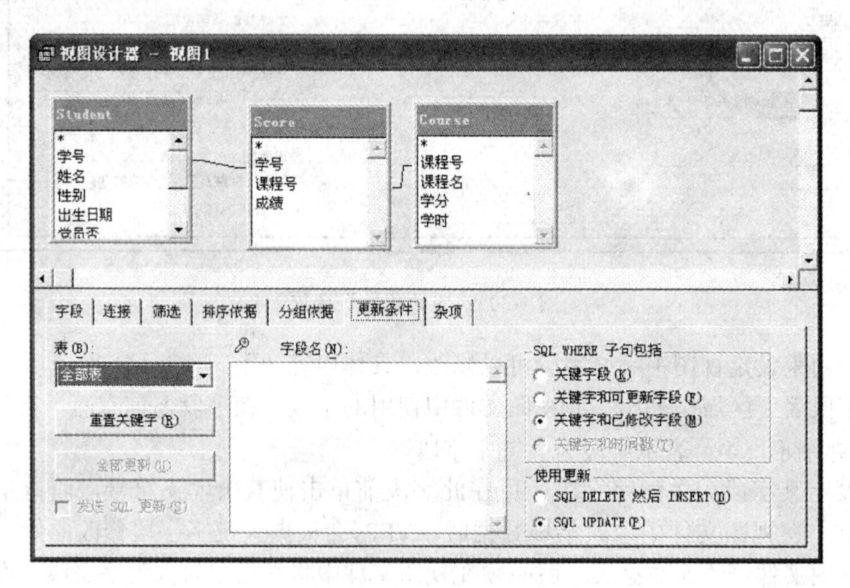

图 4-31　“视图设计器”窗口

④ 选择字段选项，选择相应的字段，如图 4-32 所示。

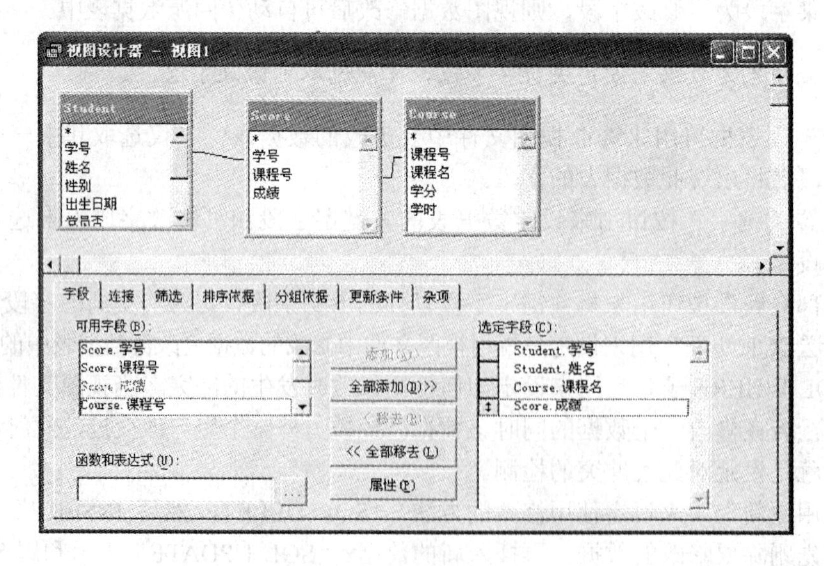

图 4-32　“字段”选项

⑤ “连接”选项应用默认值，不用改。

⑥ 选择“筛选”选项，添加筛选条件，如图 4-33 所示。

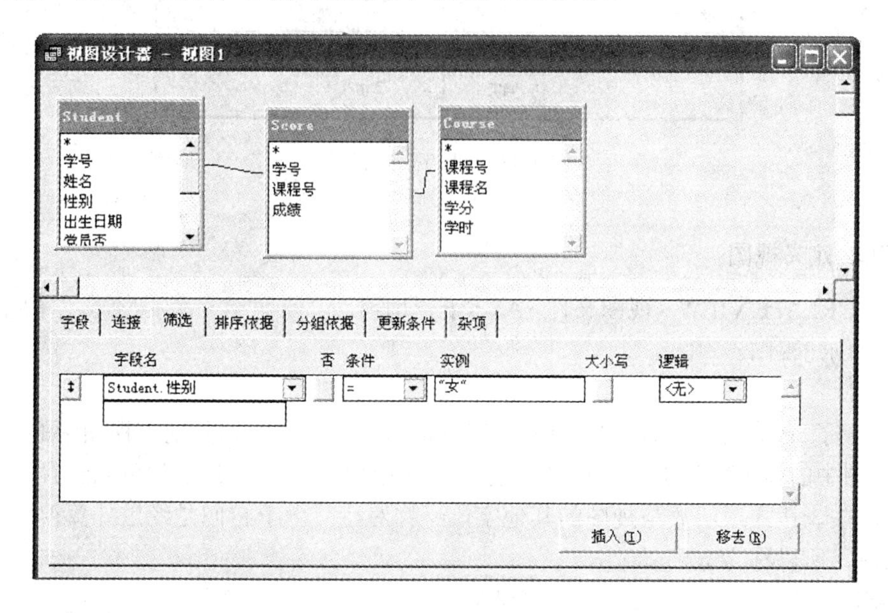

图 4-33 “筛选”选项

⑦ 选择“排序依据”选项，添加排序条件，如图 4-34 所示。

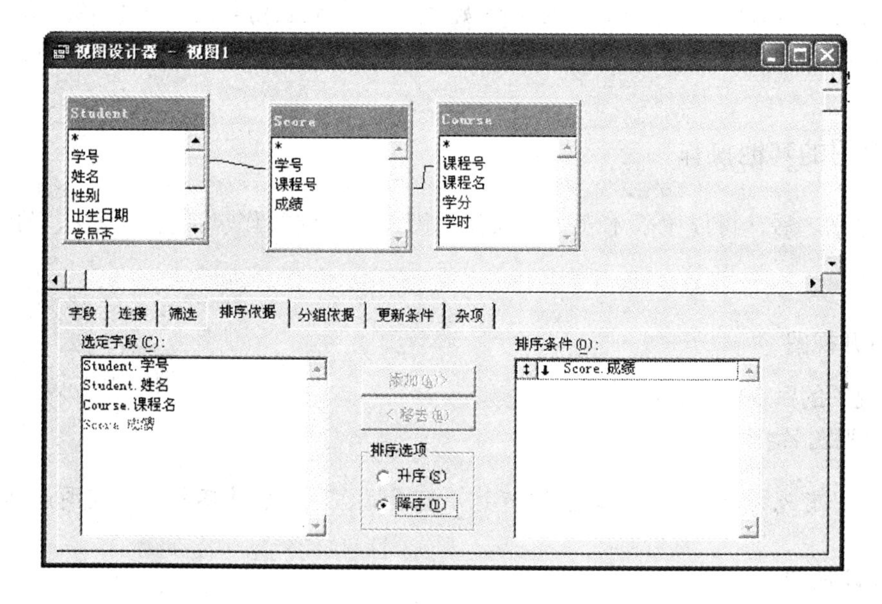

图 4-34 “排序依据”选项

⑧ 选择“文件”/“保存”命令，输入视图名称“VIEW2”，如图 4-35 所示。单击“确定”按钮。

⑨ 运行视图，运行方法与查询的运行方法相同。

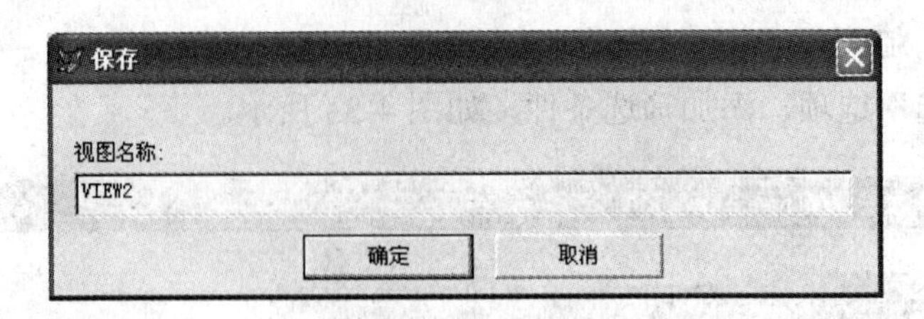

图 4-35 “保存”对话框

3. SQL 定义视图

格式：CREATE VIEW <视图文件> AS <子查询>

功能：创建视图。

说明:

① AS <子查询>可以是任意的 SELECT 查询语句，它说明和限定了视图中的数据。

② 视图中的虚字段是用一个查询来建立一个视图的 SELECT 子句可以包含算术表达式或函数，这些表达式或函数与视图的其他字段一样对待。由于它们是经过计算得来的，并不存在于表内，所以称为虚字段。

例 4-52 创建性别为“女”的学生视图。

```
CREATE VIEW 学生女视图 AS SELECT 姓名,性别 FROM student WHERE 性别="女"
```

例 4-53 利用出生日期反映学生年龄的视图。

```
CREATE VIEW 学生年龄 AS SELECT 姓名,YEAR(DATE())-YEAR(出生日期) AS 年龄;
FROM student
```

4.5.3 视图的其他操作

视图建立之后，可以像基本表一样操作视图，常用的操作包括打开视图、修改视图和删除视图等。

1. 打开视图

打开视图的命令格式为：

USE <视图名>

注意：只有先打开数据库，才能进行打开视图操作，此操作不打开“视图设计器”。

2. 修改视图

打开“视图设计器”窗口命令格式为：

MODIFY VIEW <视图名>

例 4-54 修改 VIEW1 视图，要求设置为专业可以修改，其他字段不能更新。设置完成后，利用视图更新基本表中的数据。

① 打开数据库“XSGL”。

② 打开“视图设计器”修改视图：MODIFY VIEW VIEW1。

③ 在“视图设计器”窗口中选择“更新条件”，设置可以更新的字段，字段对应的铅笔处有一个“ √ ”表示可以更新该字段。选中“发送 SQL 更新”，这样在视图中修改后会反映到源表中，如图 4-36 所示。

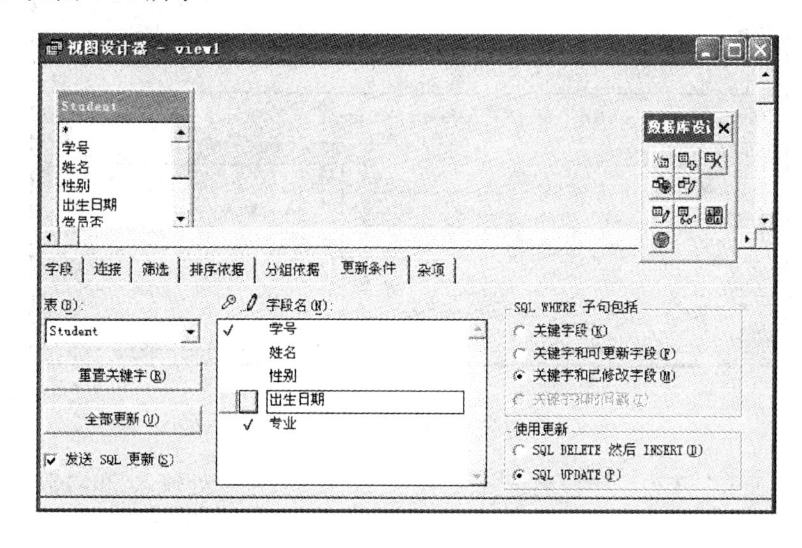

图 4-36 “更新条件”选项

④ 保存视图。运行视图，可以在窗口中进行“专业”的修改，修改后的结果会反映到“student”表中。

3. 删除视图

由于视图是从表中派生出来的，所以不存在修改结构的问题，但是视图可以删除。

格式：DROP VIEW <视图名>

功能：删除视图。

例 4-55 删除视图学生年龄。

```
DROP VIEW 学生年龄
```

4. 参数化视图

视图查询记录满足的条件是在“视图设计器”的“筛选”选项卡中一次性设置好，然后进行查询得到满足条件的记录。查询满足不同条件的记录，则必须重新打开“视图设计器”窗口，在“筛选”选项卡中重新进行设置。为了克服上述不足，VFP 提供了参数化视图。

例 4-56 按学号显示成绩的参数视图 VIEW3。

① 打开数据库“XSGL。

② 打开“视图设计器”窗口，输入：CREATE VIEW，添加“score”表。

③ 选定“字段”选项，单击“全部添加”即可选取所有的字段，如图 4-37 所示。

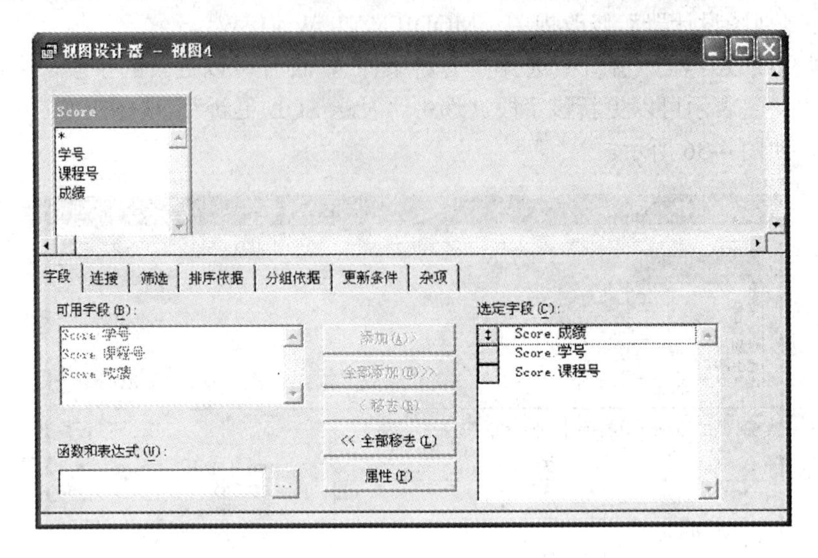

图 4-37 选取“字段”

④ 选择“筛选”选项，字段名选择“学号”，在“实例”处输入?和参数名，如图 4-38 所示。

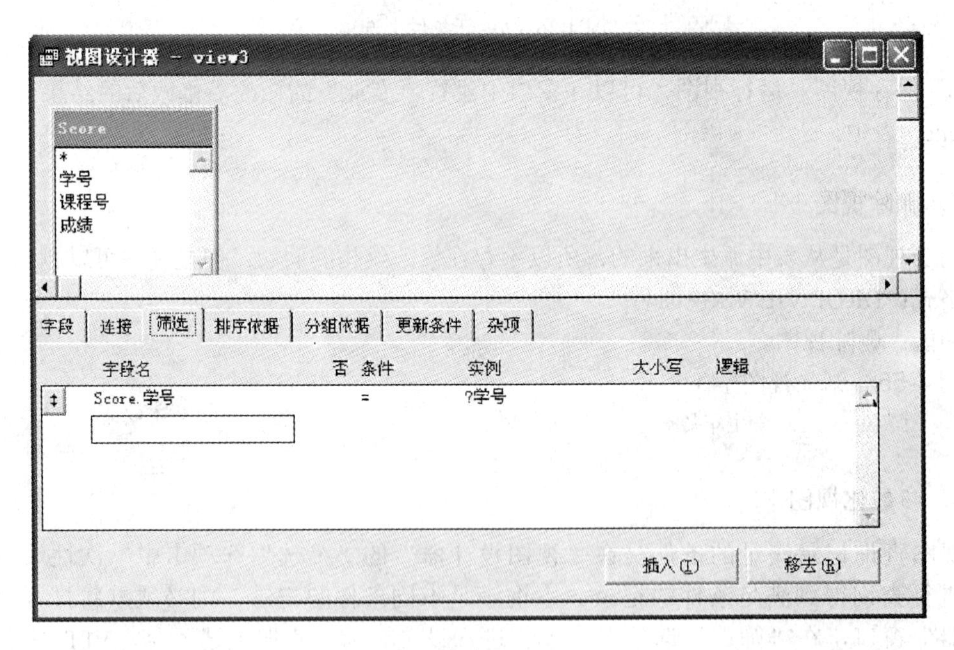

图 4-38 带参数的筛选条件

⑤ 运行视图文件，弹出“视图参数”对话框，输入学号的值，如图 4-39 所示，单击“确定”按钮，即可显示学号为“200501001”的学生成绩，如图 4-40 所示。

⑥ 保存视图 VIEW3。

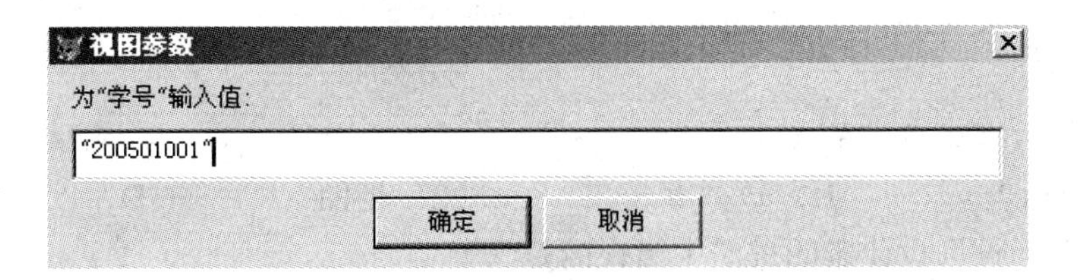

图 4-39　“视图参数”对话框

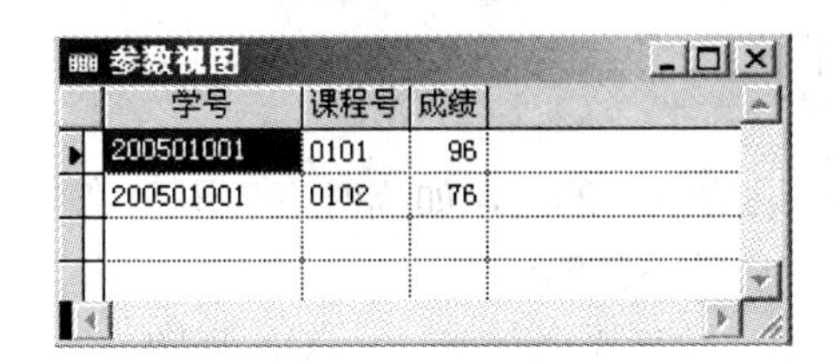

图 4-40　带参数的视图浏览界面

4.6　本章小结

本章介绍了 VFP 用于数据检索的两个对象——查询和视图，内容包括：

- SQL 是结构化查询语言，具有数据定义、数据操纵、数据查询的功能。其中数据查询功能是核心。所有的关系数据库管理系统都支持 SQL。
- 利用查询可以从一个或多个表中检索需要的数据，而且还可以对查询结果进行分组和排序。查询结果将产生一个独立的数据文件，但它仅可作为输出使用。用户不能修改查询结果，且不会影响原来的数据文件。
- 可以通过查询向导和“查询设计器”创建查询。选择相应的表或视图；选择出现在查询结果中的字段；设置选择条件来查找符合条件的记录；设置排序或分组选项来组织查询结果；选择查询结果的输出类型；运行查询，查看查询结果。
- 视图是一个虚拟表。视图的数据是从已有的表（数据库表和自由表）或其他视图中选取出来的。视图中并不存储数据，数据仍然存在原来的表中，但视图一经定义，就成为数据库中的一个组成部分，可以像数据库表一样让用户查询数据。

习题 4

一、思考题

1. 简述 SQL 语言的特点。
2. 比较查询和视图的异同。

二、选择题

1．查询的数据源可以是（　）。

A．自由表　B．数据库表　C．视图　D．以上均可

2．下列关于查询设计器的说法中错误的是（　）。

A．既可对单表查询，也可对多表查询

B．在分组依据选项卡中，可以设置查询结果按某一字段数值的升序排列

C．可以将查询结果保存到扩展名为.QPR 的查询文件中，并可在命令窗口中直接采用 DO 文件名

D．可以设定查询结果的输出形式，如临时表、图形等

3．视图不能独立存在，它必须依赖于（　）。

A．数据库　B．数据库表　C．视图　D．查询

4．视图设计器和查询设计器相比，多出的选项卡为（　）。

A．字段　B．排序　C．连接　D．更新条件

5．使用查询设计器（　）。

A．可以生成所有的查询　B．不能生成复杂的查询

C．不能打开所有的查询文件　D．可以设计视图

6．下列有关查询和视图的说法中，不正确的是（　）。

A．查询文件的扩展名为.QPR

B．视图依赖于数据库表的存在而存在

C．交叉表查询不适用于在多个数据表中进行相关数据的查询

D．不能对视图中的数据进行查询

7．在 VFP 中，建立查询可用（　）方法。

A．查询向导　B．查询设计器　C．SQL 语言　D．以上均可

8．以下关于查询的描述不正确的是（　）。

A．可以根据自由表建立视图　B．可以根据查询建立视图

C．可以根据数据库表建立视图　D．可以根据数据库表和自由表建立视图

9．当关闭数据库后，视图中（　）。

A．不再包含数据　B．仍然包含数据

C．用户可以决定是否包含数据　D．依赖于是否是数据库表

10．SQL 的数据操纵语句不包括（　）。

A．INSERT　B．DELETE　C．UPDATE　D．CREATE

11．SQL 语句中限定查询条件的子句是（　）。

A．WHILE　B．FOR　C．WHERE　D．IN

12．HAVING 子句不能单独使用，必须写在（　）子句之后。

A．ORDER BY　B．FROM　C．WHERE　D．GROUP BY

13．SQL 查询语句中 ORDER BY 子句的功能是（　）。

A．对记录排序　B．分组总汇

C．连接查询结果　　　　　　　D．限定查询条件

14．SQL 中修改表结构的命令是（　　）。

A．MODIFY TABLE　　　　　　B．MODIFY STRUCTURE

C．ALTER TABLE　　　　　　D．ALTER STRUCTURE

15．在教师表中含有职称字段，要在浏览窗口中显示该表中所有“教授”和“副教授”的记录，下列命令中错误的是（　　）。

A．USE 教师

BROWSE FOR 职称="教授" AND 职称="副教授"

B．SELECT * FROM 教师 WHERE "教授" $ 职称

C．SELECT * FROM 教师 WHERE 职称 IN（"教授","副教授"）

D．SELECT * FROM 教师 WHERE 职称 LIKE（"%教授"）

习题 16~21 使用如下数据表：

学生.DBF：学号(C，8)，姓名(C，6)，性别(C，2)，出生日期(D)

选课.DBF：学号(C，8)，课程号(C，3)，成绩(N，5，1)

16．查询所有 1982 年 3 月 20 日以后（含）出生、性别为男的学生，正确的 SQL 语句是（　　）。

A．SELECT * FROM 学生 WHERE 出生日期>={ ^ 1982-03-20} AND 性别="男"

B．SELECT * FROM 学生 WHERE 出生日期<={ ^ 1982-03-20} AND 性别="男"

C．SELECT * FROM 学生 WHERE 出生日期>={ ^ 1982-03-20} OR 性别="男"

D．SELECT * FROM 学生 WHERE 出生日期<={ ^ 1982-03-20} OR 性别="男"

17．计算刘明同学选修的所有课程的平均成绩，正确的 SQL 语句是（　　）。

A．SELECT AVG(成绩) FROM 选课 WHERE 姓名="刘明"

B．SELECT AVG(成绩) FROM 学生,选课 WHERE 姓名="刘明"

C．SELECT AVG(成绩) FROM 学生,选课 WHERE 学生.姓名="刘明"

D．SELECT AVG(成绩) FROM 学生,选课 WHERE 学生.学号=选课.学号 AND 姓名="刘明"

18．假定学号的第 3 位和第 4 位为专业代码。要计算各专业学生选修课程号为“101”课程的平均成绩，正确的 SQL 语句是（　　）。

A．SELECT 专业 AS SUBS(学号,3,2),平均分 AS AVG(成绩) FROM 选课;
WHERE 课程号="101" GROUP BY 专业

B．SELECT SUBS(学号,3,2) AS 专业, AVG(成绩) AS 平均分 FROM 选课;
WHERE 课程号="101" GROUP BY 1

C．SELECT SUBS(学号,3,2) AS 专业, AVG(成绩) AS 平均分 FROM 选课;
WHERE 课程号="101" ORDER BY 专业

D．SELECT 专业 AS SUBS(学号,3,2),平均分 AS AVG(成绩) FROM 选课;
WHERE 课程号="101" ORDER BY 1

19．查询选修课程号为"101"课程得分最高的同学，正确的 SQL 语句是（　　）。

A．SELECT 学生.学号,姓名 FROM 学生,选课 WHERE 学生.学号=选课.学号 ;
AND 课程号="101" AND 成绩>=ALL(SELECT 成绩 FROM 选课)

B．SELECT 学生.学号,姓名 FROM 学生,选课 WHERE 学生.学号=选课.学号;
AND 成绩>=ALL(SELECT 成绩 FROM 选课 WHERE 课程号="101")

C．SELECT 学生.学号,姓名 FROM 学生,选课 WHERE 学生.学号=选课.学号;
AND 成绩>=ANY(SELECT 成绩 FROM 选课 WHERE 课程号="101")

D．SELECT 学生.学号,姓名 FROM 学生,选课 WHERE 学生.学号=选课.学号;
AND 课程号="101" AND 成绩>=ALL(SELECT 成绩 FROM 选课 WHERE 课程号="101")

20．插入一条记录到“选课”表中，学号、课程号和成绩分别是“02080111”、“103”和 80，正确的 SQL 语句是（　）。

A．INSERT INTO 选课 values("02080111"，"103"，80)

B．INSERT values("02080111"，"103"，80) TO 选课(学号，课程号，成绩)

C．INSERT values("02080111"，"103"，80)INTO 选课(学号，课程号，成绩)

D．INSERT INTO 选课(学号，课程号，成绩) FORM values("02080111","103",80)

21．将学号为“02080110”、课程号为“102”的选课记录的成绩改为 92，正确的 SQL 语句是（　）。

A．UPDATE 选课 SET 成绩 WITH 92 WHERE 学号= "02080110" AND 课程号="102"

B．UPDATE 选课 SET 成绩=92 WHERE 学号="02080110" AND 课程号="102"

C．UPDATE FROM 选课 SET 成绩 WITH 92 WHERE 学号="02080110" AND 课程号= "102"

D．UPDATE FROM 选课 SET 成绩=92 WHERE 学号="02080110" AND 课程号="102"

三、填空题

1．在 VFP 中，打开“查询设计器”的命令是__________。

2．查询文件扩展名为__________。

3．在运行视图时，由用户根据参数提示，对设定的输入参数给予不同的值，从而得到不同的查询结果，这种功能称为__________。

4．默认查询的输出形式是_________。

5．查询设计器的“筛选”选项卡用来指定查询的________。

6．若用视图中修改的数据更改源数据表中的对应数据，则应选中________复选框。

7．SELECT 后面使用*表示显示______。

8．使用 SQL 实现在“系”表(系号 C(2)、系名 C(20))中添加一个新字段：系主任 C(8)。

______TABLE 系______系主任 C(8)

9．使用 SQL 实现将一条新的记录插入“系”表中。

INSERT ______系(系号,系名) ______("04", "英语")

10．将是党员的学生成绩加 5 分。

______成绩______成绩=成绩+5 WHERE 学号 IN;
(SELECT 学号 FROM 学生信息 WHERE 党员否)

四、操作题

1．在数据库 XSGL 中，建立成绩大于等于 60 分、按学号升序排序的本地视图 V_SC，该视图按顺序包含字段学号、姓名、成绩和课程名，然后查询视图中的全部信息，并将结果存入表 v_grade。

2．设有一个 SPJ 数据库，包括 4 个表，分别为：
供应商（供应商代码，姓名，所在城市）
零件（零件代码，名称，颜色，重量）
工程（工程代码，工程名，所在城市）
供应情况（供应商代码，零件代码，工程代码，数量）

记录由学生自己填写，其中供应商代码包括 S1、S2 等，零件代码包括 J1、J2 等，工程代码包括 P1、P2 等。

试用 SQL 语言完成以下各项操作：
（1）找出所有供应商的姓名和所在城市。
（2）找出所有零件的名称、颜色和重量。
（3）找出供应商代码为 S1 所供应的零件的工程代码。
（4）找出工程代码为 J2 使用的各种零件的名称及其数量。
（5）找出上海供应商的所有零件代码。
（6）找出使用上海产的零件的工程代码。
（7）找出没有使用天津产的零件的工程号码。
（8）把全部红色零件的颜色改成蓝色。
（9）由 S3 供应商供给 J2 的零件 P4 改为由 S2 供应，请进行必要的修改。
（10）从供应商关系中删除 S2 的记录，并从供应商情况中删除相应的记录。
（11）请将（S2，J3，P1，200）插入供应情况表。

第5章 程序设计基础

VFP 程序设计包括结构化程序设计和面向对象程序设计。其中结构化的程序设计主要采用传统的程序设计方法，它是面向对象程序设计的基础。

本章主要介绍程序的建立和执行过程，讲述结构化程序设计思想，介绍程序的 3 种基本控制结构：顺序结构、分支结构和循环结构的实现，最后讲述模块化程序设计的实现。

5.1 程序设计概述

5.1.1 程序的概念

使用菜单或在命令窗口中输入命令是 VFP 常用的两种交互式操作方式。VFP 的另一种工作方式是把相关的操作命令组织在一起，存放在一个文件中，以完成一定的功能，这个文件称为程序。当发出执行程序的命令后，VFP 就会自动地依次执行程序中的命令，这就是 VFP 的程序工作方式。

例 5-1 显示所有性别为女的学生信息。

```
* PRO51.PRG
CLEAR                   &&工作区清屏
USE student             &&打开 student 表
LIST FOR 性别="女"      &&显示性别为女的学生信息
USE                     &&关闭 student 表
```

说明：

① 在程序中，以“*”开头的代码行称为注释行，一般用于说明程序的功能，注释行也可以以 NOTE 命令开头；“&&”后面的内容是对本行命令的注释。

② 一行只能书写一条命令。若命令很长需要分行书写时，应在行末尾输入续行符“;”，回车后在下一行接着书写程序。

上述命令可以在“命令”窗口中逐条执行，也可以放在一个程序文件中以程序方式执行，这样的 VFP 命令序列就是程序，其文件扩展名为.PRG。

5.1.2　程序文件的建立与运行

VFP 中的程序文件是以.PRG 为扩展名的文本文件，可以使用各种文本编辑软件来创建或编辑程序。这里使用 VFP 内置的文本编辑器来编写程序。

1. 建立和修改程序文件

格式：MODIFY COMMAND <文件名>

说明：执行该命令时，先检查磁盘上是否存在该文件，若文件不存在，建立文件；若文件存在，打开已有的文件进行修改编辑。默认的扩展名为.PRG。

例 5-2　显示所有性别为女的学生信息。

在“命令”窗口输入命令：MODIFY COMMAND PRO51，打开“文本编辑器”窗口，输入命令序列，如图 5-1 所示。注释语句以绿色显示。输入完命令后，按“Ctrl+W”存盘。若想修改程序，也是在命令窗口输入相同的命令，可以调出程序进行修改，之后再保存。

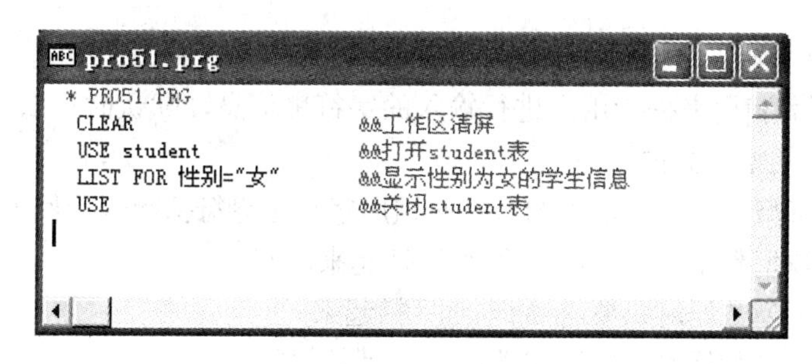

图 5-1　文本编辑窗口

2. 运行程序

格式：DO <文件名>

说明：该命令既可以在“命令”窗口中执行，也可以在程序中使用，从而可以实现一个程序调用另一个程序。

选择“程序”/“运行”选项或单击常用工具栏上的“!”按钮也可以运行程序。

例如：

```
DO PRO51
```

运行结果如图 5-2 所示。

5.1.3　程序中的一些常用命令

1. 输入语句

（1）INPUT 语句

格式：INPUT [提示信息] TO <内存变量>

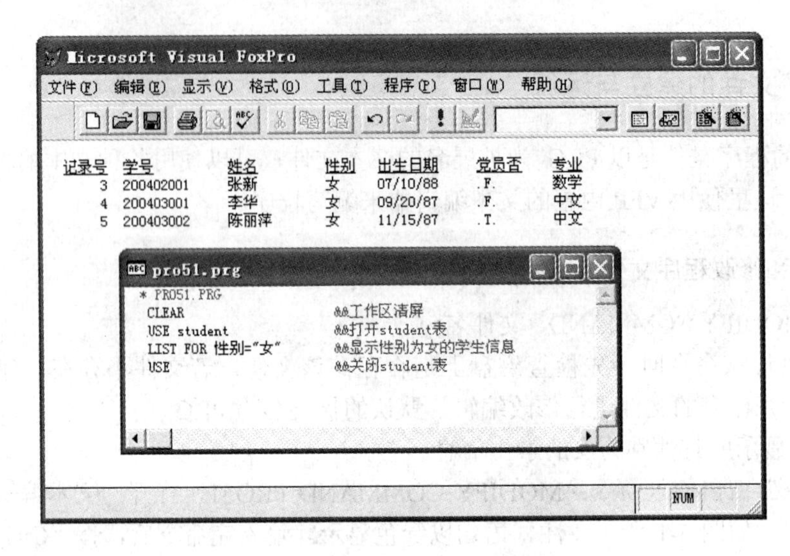

图 5-2 程序运行结果示意图

功能：从键盘上输入数据，存入内存变量。

说明：[提示信息]用来提示用户进行输入的字符串信息，默认时什么也不显示。INPUT 命令可以接受各种类型的数据。

- 当输入字符型数据时，输入的数据必须用字符定界符括起来，例如："ABC"。
- 当输入逻辑型数据时，要用两个“.”括起来，例如：.t.。
- 当输入日期型数据时，要用“{^ }”括起来。
- 当输入货币型数据时，需要在数字前加“$”。
- 当输入的数据无任何限制时，为数值型数据。

例如：

```
INPUT "姓名" TO XM     &&可输入："李红"
INPUT "年龄" TO AGE    &&可输入：19
```

（2）ACCEPT 语句

格式：ACCEPT [提示信息] TO <内存变量>

功能：从键盘上输入字符型数据，存入内存变量。

说明：与 INPUT 语句相同，但它只能接受字符型数据，在输入时，不需要加定界符。

例如：

```
ACCEPT "姓名" TO XM  &&可输入：李红
ACCEPT  TO  A        &&可输入：18
```

注意：这里的 18 是字符型的。

（3）暂停语句

格式：WAIT[提示信息][TO<内存变量>][WINDOWS [AT 行,列]][NOWAIT][TIMEOUT n]

功能：暂停程序执行并显示提示信息，直到按下任意键或单击鼠标后继续执行程序。

注意：该命令只能接受一个字符。

说明：

① 提示信息：指定要显示的自定义信息。默认时显示信息："按任意键继续…"。

② TO <内存变量>：将按键值以字符形式存入内存变量，若不选择此项，则不保留输入的字符。

③ WINDOWS：指定是否有提示信息窗口。

④ AT 行,列：指定提示信息窗口在屏幕上的位置。若省略，在屏幕的右上角显示。

⑤ NOWAIT：信息被显示后立即继续执行程序；若无此选项，程序直到用户按键时才继续执行。

⑥ TIMEOUT n：用来设定等待时间，n 为秒数。一旦超过该秒数，系统将自动执行后面的程序。

例如：

```
WAIT "请检查输入内容" TO A WINDOWS
```

说明：命令执行时在屏幕右上角出现一个提示窗口，并进入等待状态，当按下任意键后提示窗口关闭，程序继续执行，把按键值保存到变量 A 中。

2. 格式输入输出语句

格式：@ <行,列>[SAY<表达式 1>] [GET<变量名>][DEFAULT<表达式 2>]

功能：在当前窗口中指定的位置处显示信息并可以接受数据。

说明：

① <行,列>：表示在窗口中显示的位置。

② SAY<表达式 1>：用于显示信息。

③ GET<变量名>：用于给变量赋值。要求该变量有初值或通过 DEFAULT <表达式 2> 给变量指定值。要求变量的类型和长度在编辑期间不能改变。

④ 通过 GET 给变量赋值必须通过 READ 语句来激活，即在若干带有 GET 语句的后面必须有一个 READ 语句才能编辑 GET 变量。

例如：

```
a=0                              && 变量 a 赋初值为 0
@ 2,3 say "输入数据：" get a      && 在 2 行 3 列显示输入数据：
read                             && 等待编辑变量
```

执行结果如下：

```
输入数据        0
```

3. 程序结束的专用语句

程序结束的专用语句如下。

① RETURN：结束当前程序的执行并返回调用它的上级程序，继续执行上级程序后面的语句，若无上级程序则返回到 VFP 的系统状态。RETURN 语句可以省略，程序在执行结

束时也将自动执行一个隐含的 RETURN 语句。

② CANCEL：终止程序的运行，并返回到 VFP 的命令窗口状态。

③ QUIT：结束程序的运行，退出 VFP 系统，并返回操作系统状态。

5.1.4 程序调试

程序调试通常分 3 步进行：检查程序是否有错，确定出错的位置，纠正错误。

1. 程序中常见的错误

（1）语法错误

系统执行命令时都要进行语法检查，不符合语法规定就会提示出错信息。常见的问题有：命令字拼写错误、使用了未定义的变量、数据类型不匹配、操作的文件不存在等。

（2）运行错误

运行错误是指运行程序代码时发生的错误，如除数为零、使用不存在的对象等。

（3）逻辑错误

在调试的时候没有发现有错误，但运行的结果不正确。此类错误系统不能自动检测，要根据具体情况具体分析。

2. 查错技术

查错技术可分为两类：静态检查，如阅读程序；动态检查，通过执行程序来查看程序是否符合要求。

3. 调试器

VFP 提供了一个称为“调试器”的程序调试工具，用户可通过调试程序、执行程序和修改程序来完成程序调试。

（1）打开“调试器”窗口

“调试器”窗口如图 5-3 所示，打开“调试器”的方法有多种：

① 选择“工具”/“调试器”选项。

② 在“命令”窗口输入：DEBUG 或 SET STEP ON 或 SET ECHO ON。

（2）“调试器”窗口的组成

在“调试器”窗口中可以打开 5 个子窗口，可以通过该窗口的“窗口”/“跟踪”、“监视”、“局部”、“调用堆栈”和“输出”选项，打开相应的子窗口。

① 跟踪窗口：在跟踪窗口左端的竖条中可显示某些符号，常见的符号及其含义如下所示。

➪：正在执行的代码行。

●：断点。

选择的程序出现在跟踪窗口中，以便调试和观察。在跟踪窗口中可为程序设置断点。双击某代码行行首，竖条中便显示一个红色圆点，表示该语句被设置为断点。双击圆点则取消断点。

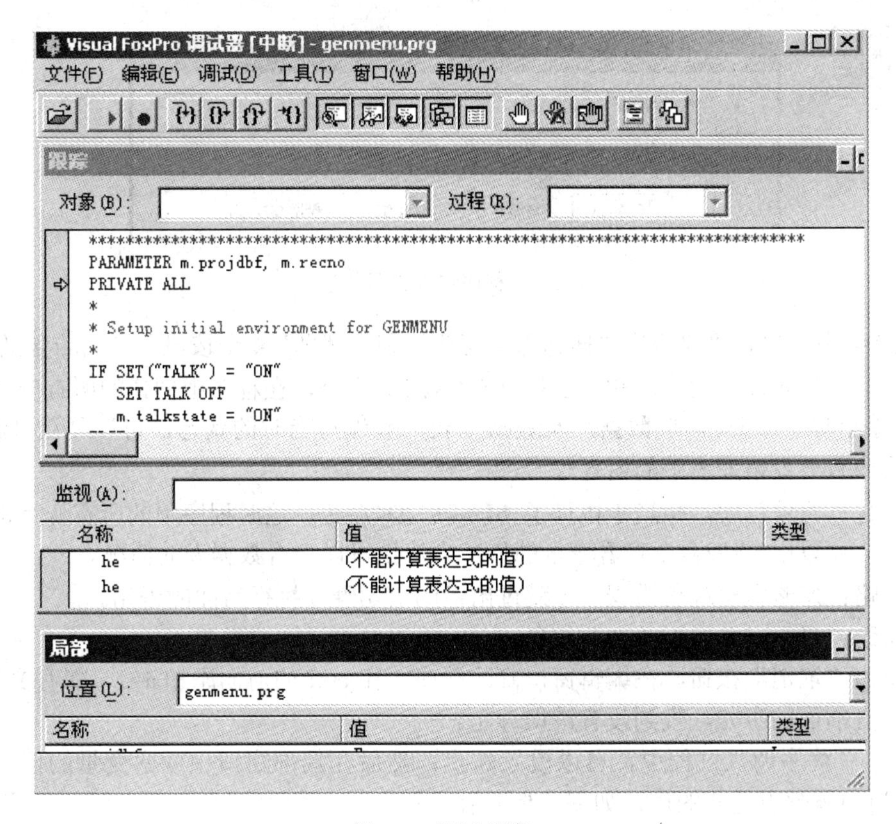

图 5-3　调试器窗口

② 监视窗口：监视窗口用于监视表达式，并能显示监视表达式及其当前值。要设置的表达式可在监视文本框中输入，按回车键后表达式便填入文本框下方的列表框中，该列表框将显示当前监视表达式的名字、值与数据类型。

③ 局部窗口：该窗口用于显示程序、过程或方法程序中的所有变量、数组、对象及对象成员。位置文本框显示用于局部窗口的程序或过程的名字，该文本框下的列表框用于显示变量的名称、值与数据类型。

④ 调用堆栈窗口：该窗口可以显示正在执行的过程、程序和方法程序。若一个程序被另一个程序调用，则两个程序的名字均显示在调用堆栈窗口中。

⑤ 调试输出窗口：该窗口用于显示活动程序、过程或方法程序代码的输出。

例 5-3　通过调试器调试如下程序，程序的功能是求两个数的和。

```
*pro52.prg
b=2
c=a+b
?c
```

① 选择“工具”/“调试器”选项，打开调试器窗口。

② 选择“文件”/“打开”选项，选择文件 pro52.prg，使文件内容显示在跟踪窗口中。

③ 选择“调试”/“运行”选项，运行程序，弹出程序错误对话框，如图 5-4 所示。

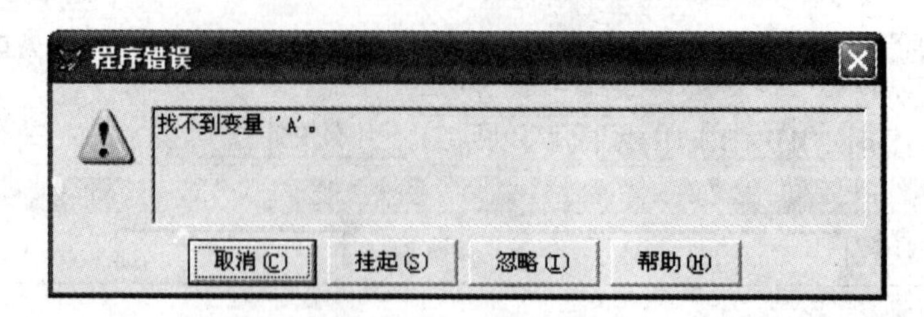

图 5-4　程序错误提示信息

在图 5-4 中，包含“取消”、“挂起”、“忽略”和“帮助”4 个按钮，它们的含义如下。

- 取消：终止程序运行，相当于执行 CANCEL 命令，在程序中创建的所有变量被释放（除全局变量外），但数据库及数据库表一般保持当时的状态，可以使用 BROWSE 命令查看数据库表中的内容。
- 挂起：暂停程序，相当于执行了 SUSPEND 命令，这时程序中的所有变量都保持原值，可以用?或??命令查看变量的值，当然也可以查看数据表的情况。
- 忽略：忽略所出现的错误，即跳过出错的语句继续执行后面的语句。
- 帮助：显示有关错误的帮助信息，对于错误做更详细的说明。

④ 单击“取消”按钮，在编辑窗口修改程序，在 b=2 的前面添加 a=1，保存文件。

⑤ 重复前面的步骤，直到没有错误为止。

另外，在程序调试过程中，可以设置断点，然后在局部窗口中观察变量的值。也可以在监视窗口中观察表达式的值，如图 5-5 所示。

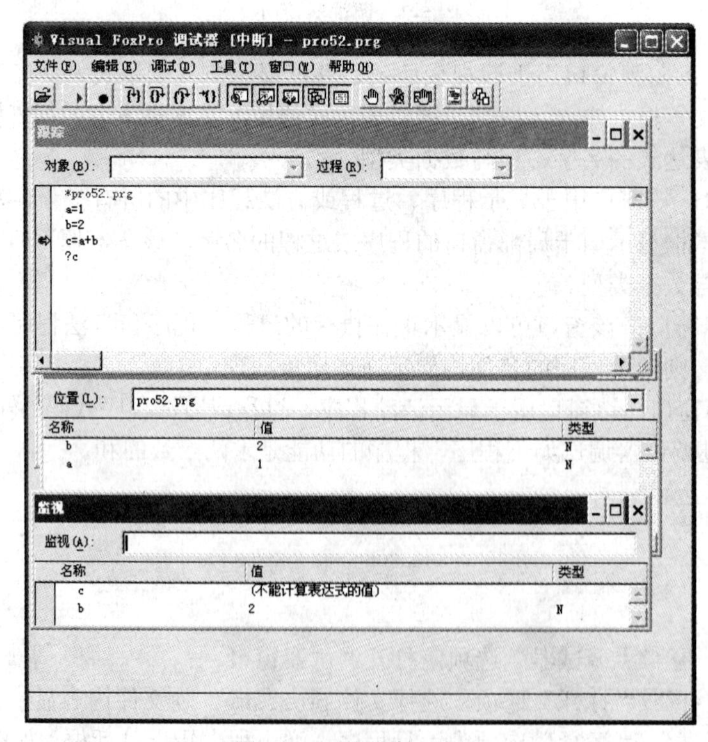

图 5-5　调试程序示意图

5.2　程序基本结构

在进行程序设计时，应遵循结构化程序设计的原则与方法。结构化程序设计采用自顶向下、逐步求精的设计方法以及顺序、分支、循环 3 种基本的程序控制结构来设计和编写程序，使程序具有良好的结构，以增强程序的可读性、可测试性与可维护性，并降低程序的复杂性，从而提高程序设计和维护工作的效率。

结构化程序设计所采用的 3 种基本控制结构的流程图如图 5-6 所示。在流程图中，矩形表示处理，菱形表示判断，有向线段表示控制流。

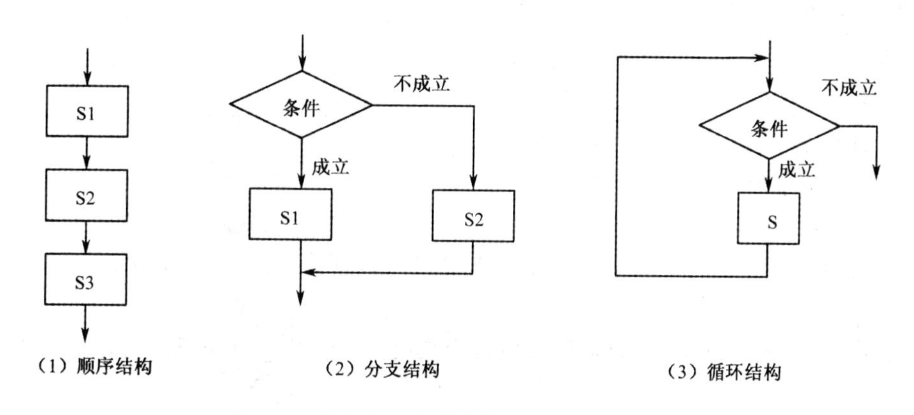

图 5-6　结构化程序设计的 3 种基本控制结构

结构化程序设计所规定的 3 种基本控制结构有一个共同的特点，也就是只有一个入口和一个出口。通过对这 3 种基本控制结构的组合与完整嵌套，即可形成更加复杂的控制流程，并应用于各种具体问题的解决之中。

5.2.1　顺序结构

顺序结构是程序中最基本、最简单的结构。顺序结构的程序运行是按照语句排列的先后顺序一条一条地依次执行的。

例 5-4　求任意两数之和。

```
* PRO53.PRG
INPUT "输入被加数：" TO A        && 输入被加数
INPUT "输入加数：" TO B          && 输入加数
C=A+B                            && 求和
? C                              && 输出结果
RETURN
```

运行结果为：

```
输入被加数：3
输入加数：5
8
```

5.2.2 分支结构

分支结构程序可根据指定的判定条件在两条或多条程序分支中选择其一予以执行。为此，VFP 提供了相应的条件语句与多分支语句来实现分支结构程序的设计。

1. 条件语句

格式：IF <条件表达式>
　　　<语句序列 1>
　　　[ELSE
　　　<语句序列 2>]
　　　ENDIF

功能：如果条件表达式为真，执行语句序列 1，否则执行语句序列 2。

说明：

① 如果 ELSE 子句省略，则条件表达式为真时，执行语句序列 1，否则实行 ENDIF 后面的语句。

② IF 语句可以嵌套。嵌套时，ELSE 和 ENDIF 总是与它前面且离它最近的且尚未配对的 IF 匹配。

该语句的执行顺序如图 5-7 所示。

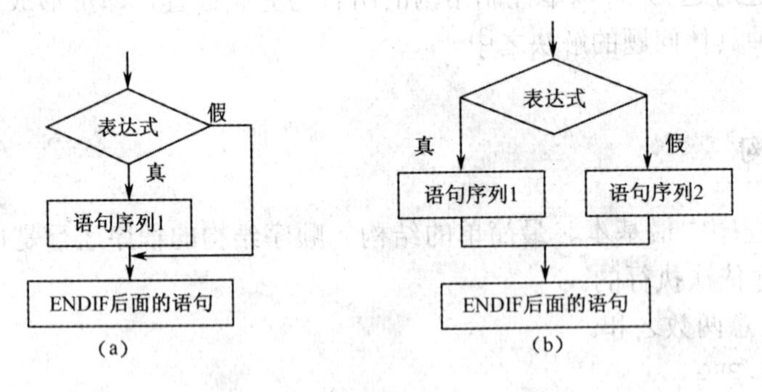

图 5-7 分支语句执行流程图

例 5-5 编写程序，按学号查找 student 表中的学生。若查询成功，则显示该学生的姓名和性别；若查询失败，则显示“查无此人!”。

```
* PRO54.PRG
CLEAR
SET TALK OFF
```

```
USE student
ACCEPT "请输入学号" TO XH
LOCATE FOR 学号=XH
IF FOUND()              &&找到 FOUND()为真，否则为假
    @ 7,10 SAY "姓名 "+姓名
    @ 8,10 SAY "性别 "+性别
ELSE
    @ 8,10 SAY "查无此人!"
ENDIF
USE
SET TALK ON
RETURN
```

运行结果为：

```
    请输入学号 200501001
姓名  王小岩
性别  男
```

例 5-6　试编写程序，从键盘上任意输入一个字符，并判断所输入字符的类型。

```
* PRO55.PRG
CLEAR
SET TALK OFF
ACCEPT "请输入一个字符" TO A
IF A>="0" .AND. A<="9"
    @ 8,20 SAY "输入的是数字字符"
ELSE
    IF UPPER(A)>="A" .AND. UPPER(A)<="Z"
        @ 8,20 SAY "输入的是英文字符"
    ELSE
        @ 8,20 SAY "输入的是其他字符"
    ENDIF
ENDIF
SET TALK ON
RETURN
```

运行结果为：

```
请输入一个字符 1
输入的是数字字符
```

2．条件函数

格式：IIF(条件表达式,表达式 1,表达式 2)

说明：如果条件表达式为真，函数返回表达式 1 的值，否则函数返回表达式 2 的值。本函数可以嵌套。

例如：

```
? IIF(X<0,-1,IIF(X=0,0,1))
```

其含义为：如果 X 的值小于 0，输出−1，否则如果 X 等于 0，输出 0，否则输出 1。与下面的语句等价。

```
IF X<0
  ? "-1"
ELSE
  IF X=0
    ? "0"
  ELSE
    ? "1"
  ENDIF
ENDIF
```

3. 多路分支

格式：

```
DO CASE
    CASE <条件表达式 1>
      <语句序列 1>
    CASE <条件表达式 2>
      <语句序列 2>
    ⋮
    CASE <条件表达式 n>
      <语句序列 n>
    [OTHERWISE
      <语句序列 n+1>]
ENDCASE
```

功能：执行多分支语句时，系统依次判断条件表达式值是否为真，若某个条件表达式为真，则执行 CASE 后面的语句序列，然后执行 ENDCASE 的后续语句。

说明：

在各条件表达式值均为假时，如果有 OTHERWISE 子句，就执行语句序列 n+1，否则直接执行 ENDCASE 的后续语句。

该语句的执行顺序如图 5-8 所示。

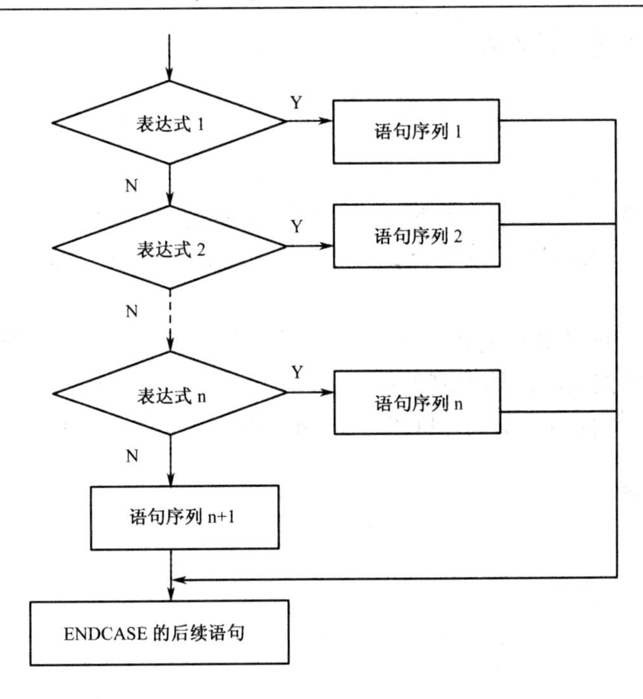

图 5-8　多分支语句执行流程图

例 5-7　编写一个程序，功能是输入一个数，若为正数求平方根，若为负数求绝对值，若为零则直接输出该数。

```
* PRO56.PRG
  CLEAR
  SET TALK OFF
  INPUT "请输入一个数" TO N
  DO CASE
    CASE N>0
      ? STR(N)+[平方根为]+STR(SQRT(N),7,1)
    CASE N<0
      ? N,[的绝对值为],ABS(N)
    OTHERWISE
      ? [N=],N
  ENDCASE
  SET TALK ON
  RETURN
```

运行结果为：

```
请输入一个数 1
1 平方根为    1.0
```

注意：IF 语句与 CASE 语句可以相互嵌套。在使用 IF 语句与 CASE 语句的相互嵌套时，不允许出现相互交叉的情况。

5.2.3 循环结构

在处理实际问题时，有时需要重复执行相同的操作，即对一段程序进行循环操作。显然，顺序结构和分支结构并不适合处理这样的问题。对于此类问题，可采用循环结构来完成。

在循环结构中，这种被重复执行的语句序列称为循环体。当然，循环体是否能够重复执行是由指定的条件控制的，该控制条件称为循环条件。在 VFP 中，实现循环结构的语句有 3 种，即 WHILE 条件循环语句、FOR 步长循环语句与 SCAN 扫描循环语句。

1. 条件循环语句

格式：

DO WHILE <条件表达式>

<语句序列>

ENDDO

功能：当条件表达式为真时，循环执行语句序列，直到条件表达式为假时退出循环体，如图 5-9 所示。

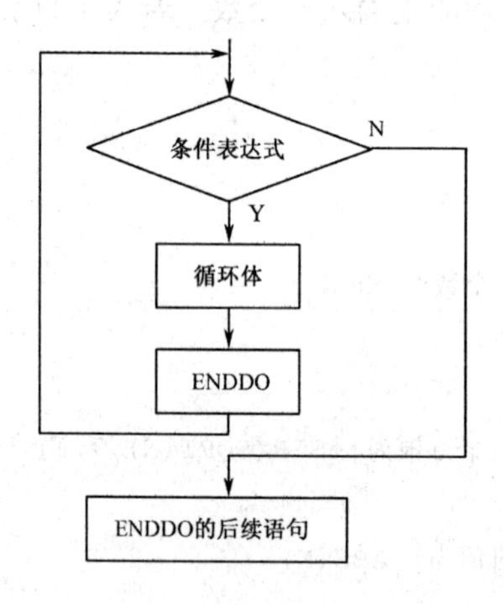

图 5-9 WHILE 循环语句的执行流程图

例 5-8 在 student 表中，显示所有性别为“女”的学生姓名。

```
* PRO57.PRG
    USE  student
    I=10
    DO WHILE .NOT. EOF( )
        IF 性别="女"
        @ I,10 SAY "姓名"+姓名
```

```
        I=I+1
        ENDIF
        SKIP
    ENDDO
    USE
    RETURN
```

运行结果为：

　　姓名张新

　　姓名李华

　　姓名陈丽萍

2．步长循环

格式：

FOR <循环变量>=<初值> TO <终值> [STEP <步长值>]

　　<语句序列>

ENDFOR|NEXT[循环变量]

功能：首先对循环变量赋值，判断是否超过终值。如果不超过终值，执行循环体，循环变量加步长，继续执行；否则，执行 ENDFOR|NEXT 后面的语句，如图 5-10 所示。

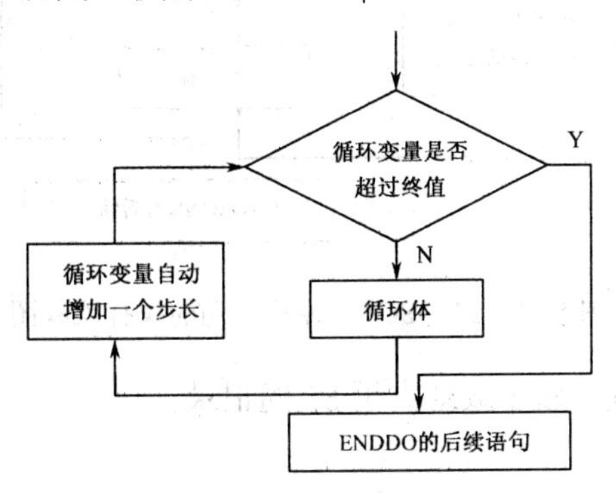

图 5-10　FOR 循环语句的执行流程图

例 5-9　编写计算 S=1+2+3+…+n 的程序。

```
* PRO58.PRG
S=0
    INPUT "请输入 n 的值：" TO n
    FOR I=1 TO n
        S=S+I
    ENDFOR
    ? "S=",S
    RETURN
```

运行结果为：

```
s=      15
```

注意：步长值可正、可负，默认为 1。

3. 扫描循环

格式：

SCAN [<范围 >][FOR<条件表达式 1>]
  <语句序列>
ENDSCAN

功能：在当前表中指定记录范围内，默认为所有的记录，依次寻找满足条件的记录，并对这些记录依次执行语句序列的命令，如图 5-11 所示。

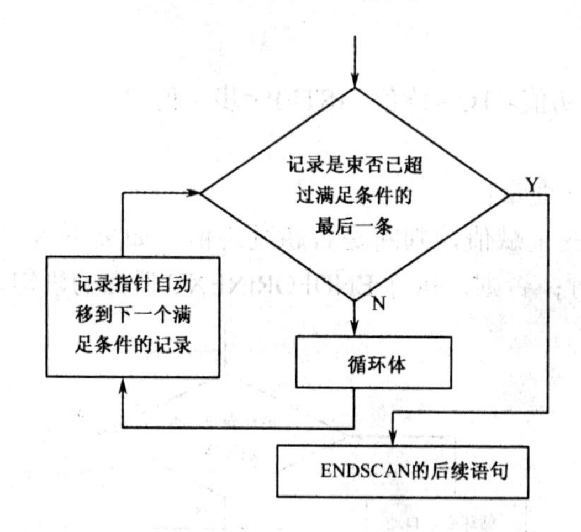

图 5-11　ENDSCAN 循环语句的执行流程图

例 5-10　扫描 score 表，显示成绩大于 85 的记录。

```
* PRO59.PRG
    USE score
    SCAN FOR 成绩>85
        DISPLAY
    ENDSCAN
    USE
    RETURN
```

运行结果为：

```
记录号  学号        课程号  成绩
    1  200501001   0101    96
记录号  学号        课程号  成绩
    2  200501002   0101    87
```

4．循环辅助语句

在循环体中，可以出现 LOOP 或 EXIT 语句，前者能使执行转向循环语句判断条件处；后者则立即退出循环体，转去执行 ENDFOR、ENDDO 或 ENDSCAN 后面的语句。如图 5-12、图 5-13 所示。

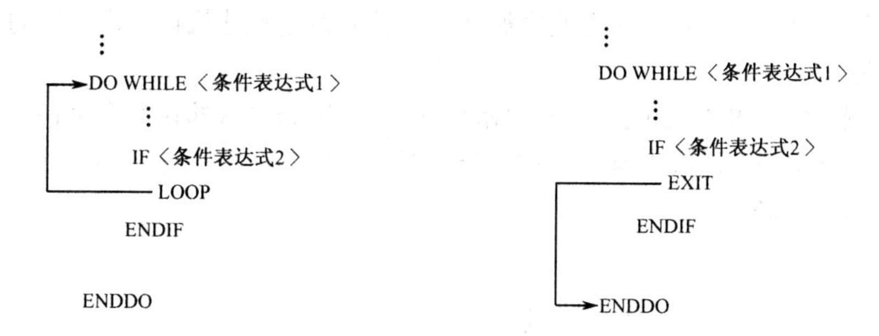

图 5-12　LOOP 语句的转向功能示意图　　图 5-13　EXIT 语句的转向功能示意图

例 5-11　从键盘上输入数据，求所有奇数的和，输入 0 结束。

```
* PRO510.PRG
CLEAR
SET TALK OFF
SUM=0
DO WHILE .T.
    INPUT "请输入一个数" TO NUM
IF NUM=0
        EXIT
    ENDIF
    IF MOD(NUM,2)=0
        LOOP
    ENDIF
    SUM=SUM+NUM
ENDDO
? SUM
SET TALK ON
RETURN
```

运行结果为：

```
请输入一个数 6
请输入一个数 5
请输入一个数 9
请输入一个数 0
        14
```

5．多重循环

多重循环又称为循环嵌套，即在一个循环语句的循环体内包含其他一个或多个循环语句。其中，处于外层的循环称为外循环，而被包含的循环则称为内循环。

使用多重循环结构可处理更为复杂的问题。多重循环程序的执行过程也较为复杂，外循环的循环体每执行一遍，其所包含的内循环语句就要被完整地执行一次，即内循环的循环体要执行若干遍。

例 5-12 求 100～999 之间的所有“水仙花数”。所谓“水仙花数”是指一个三位数，其各个数字的立方和等于该数本身。例如：$153=1^3+5^3+3^3$。

```
* PRO511.PRG
CLEAR
SET TALK  OFF
FOR I=1 TO 9
    FOR J=0 TO 9
       FOR K=0 TO 9
           M=100*I+10*J+K
           N=I^3+J^3+K^3
           IF M=N
               ? N
           ENDIF
        NEXT K
    NEXT J
NEXT I
SET TALK ON
RETURN
```

运行结果为：

```
153.00
370.00
371.00
407.00
```

例 5-13 编程求一个两位数，这个数的十位数与个位数数字之差的绝对值等于 5，十位数字与个位数字之和等于该数的三分之一。

```
* PRO512.PRG
CLEAR
SET TALK OFF
FOR M=1 TO 9
   FOR N=0 TO 9
      IF(M+N)*3=10*M+N .AND. ABS(M-N)=5
```

```
        ?"该数为",10*M+N
      ENDIF
    ENDFOR
ENDFOR
RETURN
```

运行结果为：

```
该数为　27
```

注意：在设计多重循环程序时，要注意处理好外循环与内循环的嵌套关系，不能出现相互交叉的情况。最好采用缩进的方式编写程序。

5.3　程序的模块设计

在进行结构化程序设计时，通常采用自顶向下、逐步求精的方法。该方法按照先整体后局部、先抽象后具体的原则，以自上而下的方法将整个系统逐层分解为功能相对独立的模块，并最终形成一个树形的模块层次结构，其中最上层的模块通常称为主控模块，如图 5-14 所示。

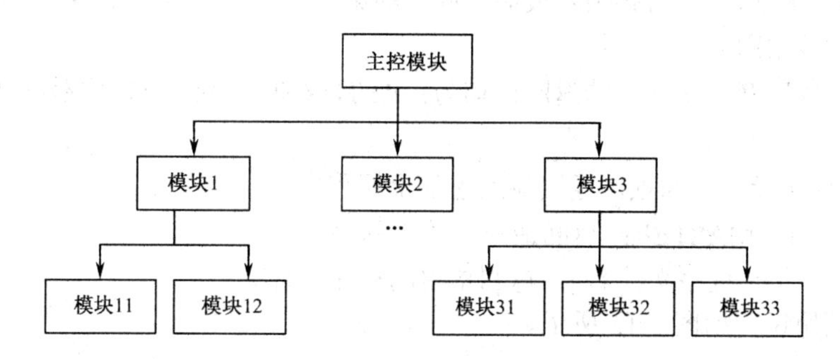

图 5-14　模块层次结构图

主控程序一般都是使用 CASE 语句输入的数值，以执行相应的功能，例如，主控程序由 3 个模块 PRO1、PRO2、PRO3 组成，主控程序可以按如下程序段编写：

```
INPUT TO A
DO CASE
    CASE A=1
        DO PRO1
    CASE A=2
        DO PRO2
    CASE A=3
        DO PRO3
OTHERWISE
```

```
RETURN
ENDCASE
```

自顶向下、逐步求精的方法符合人们解决问题的思路，可有效地将复杂系统化大为小、化繁为简，减少设计中的复杂度与工作量，避免全局性的差错与失误，提高系统设计的质量与效率。此外，由于使用了模块化与层次化的设计手段，可确保所开发出来的程序具有清晰的层次结构，既易于阅读与理解，又易于调试与维护。另外，模块化的设计方式还有利于系统的并行开发与代码重用，缩短系统的开发周期，从而进一步提供系统的开发效率。

所谓程序模块，其实就是已命名的程序段。在 VFP 中，程序模块包括主程序、子程序和过程与自定义函数。

5.3.1 子程序

对于两个具有调用关系的程序文件，常称调用程序为主程序，被调用程序为子程序。

主程序调用子程序使用的命令是在主程序中使用 DO <子程序文件名>，从而跳转到子程序去执行。子程序执行完后，将返回主程序中跳转处的下一条语句继续执行。

在调用过程中可以传递参数。调用语句为 DO<子程序文件名> WITH <参数表>，其中可以有多个参数，参数中间用“,”分隔。子程序必须设置相应的参数接收语句：PARAMETERS <参数表>，它必须是被调用程序的第一个语句，且两个参数表中的参数类型相匹配，参数个数相同。

程序调用可以嵌套，子程序的返回语句为：RETURN[TO MASTER|TO<程序文件名>]。其中：

- 命令中如果没有可选项，返回调用它的上层程序。
- RETURN TO MASTER：返回最外层的主程序。
- RETURN TO <程序文件名>：返回指定的程序文件。

子程序的调用过程如图 5-15 所示。

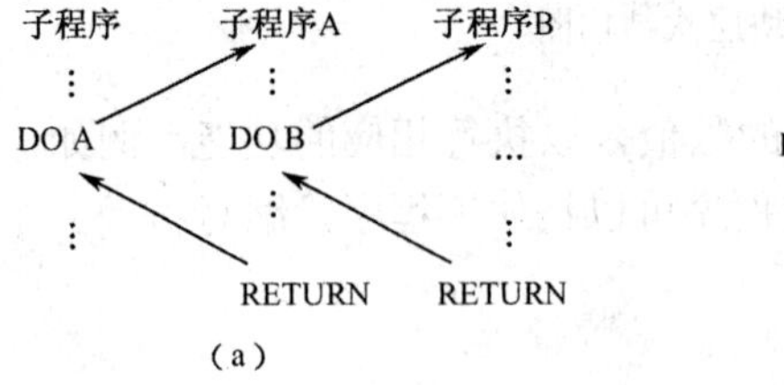

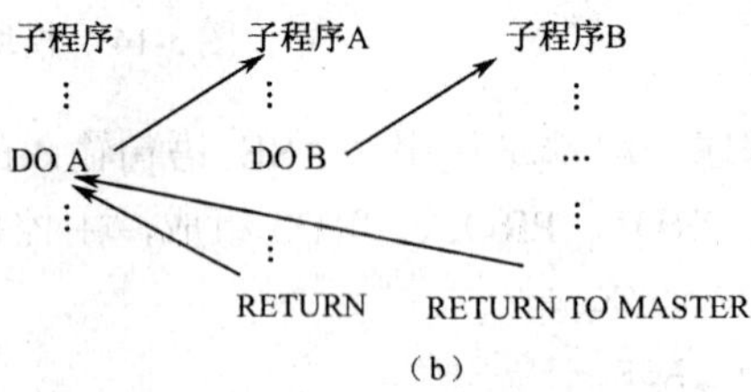

图 5-15 子程序嵌套示意图

例 5-14 设计一个计算圆面积的子程序，要求在主程序中带有参数调用。

```
* 主程序：PRO513_1.PRG
AREA=0
@ 5,10 SAY "请输入半径" GET RADIUS DEFAULT 0
READ
```

```
DO PRO513_2 WITH RADIUS,AREA
? " AREA =", AREA
RETURN

* 子程序：PRO513_2.PRG 计算圆面积
PARAMETERS R,S
S=PI()*R*R
RETURN
```

运行结果为：

```
请输入半径 2
AREA =   12.57
```

注意：从主程序 PRO513_1.PRG 开始运行。

例 5-15　子程序调用中的返回命令的应用示例。

```
* 主程序：PRO514.PRG
DO a1
??"main program"
RETURN

**子程序 a1
DO a2
?"a1a1"
RETURN

**子程序 a2
?"a2a2"
RETURN TO MASTER
```

运行结果为：

```
a2a2main program
```

注意：RETURN TO MASTER 返回主程序 PRO514.PRG 继续执行。

5.3.2　自定义函数

VFP 除了提供标准的系统函数外，还可以由用户来定义函数。

格式：

FUNCTION <函数名>

[PARAMETERS <参数表>]

<语句序列>

RETURN <表达式>

说明：

① 自定义函数名不能和系统函数名相同。

② 语句序列可为空。

③ RETURN 语句用于返回函数值，即表达式的值。若默认表示返回逻辑值.T.。

④ 自定义函数调用与标准函数调用相同，其形式为：函数名([<参数表>])。

例 5-16 设计一个自定义函数，功能是找出两个数中最小的数，用主程序调用自定义函数完成。

```
*PRO515.PRG
CLEAR
INPUT "请输入一个数" TO A
INPUT "请输入另一个数" TO B
X=MIN_VALUE(A,B)
? "最小数为: ",X
RETURN

FUNCTION MIN_VALUE   &&函数 MIN_VALUE
PARAMETERS A,B
IF A<B
    R=A
ELSE
  R=B
ENDIF
RETURN R
```

运行结果为：

```
请输入一个数 3
请输入另一个数 5
最小数为:3
```

5.3.3 过程

如果将多模块程序中的每个模块分别保存在一个程序文件中，则每执行一个模块就要打开一次文件，从而增加系统的运行时间。为此 VFP 设置了一个“过程文件”用于保存除了主程序之外的模块，过程文件的建立过程与程序的建立过程一样，扩展名仍为.PRG。

在过程文件中，把每个子程序定义为过程。过程可以存放在过程文件中，也可以和主程序放在一个文件中。

1．定义过程

格式：

PROCEDURE<过程名>

[PARAMETERS <参数表>]

<语句序列>

RETURN

2．调用过程

格式：

DO <过程名> [WITH <参数表>][IN 过程文件名]

说明：如果过程放在过程文件中，由[IN 过程文件名]选项指定过程文件。

3．打开过程文件

如果过程或自定义函数在过程文件中，除了可以在调用语句 IN 中指出，还可以在调用过程之前使用命令打开过程文件。

格式：SET PROCEDURE TO <过程文件名>

4．关闭过程文件

格式 1：CLOSE PROCEDURE

格式 2：SET PROCEDURE TO

例 5-17　设计一个计算求阶乘的过程并通过过程文件来实现。调用此过程计算 1!+2!+3!+4!+5!的值。

```
* 主程序:PRO516.PRG
CLEAR
SET PROCEDURE TO FACTOR
S=0
F=0
FOR K=1 TO 5
   DO JC WITH K,F
S=S+F
NEXT
? "S=",S
SET PROCEDURE TO
RETURN

* 过程文件:FACTOR.PRG
PROCEDURE JC
```

```
PARAMETERS N,P
P=1
FOR I=1 TO N
P=P*I
ENDFOR
RETURN
```

运行结果为：

```
S=    153
```

5.3.4 参数传递

在调用含有参数的模块时，首先实现的是调用程序和被调程序之间的数据传递，也称为参数传递。

1. 形式参数

出现在过程或自定义函数表中的参数为形式参数，即形参。形式参数是在过程或函数执行时分配存储空间并接受实际参数的内容。

2. 实际参数

由调用程序传递过去的参数称为实际参数，即实参。实参到形参的传递是按顺序进行的，实参与形参一一对应。实参个数不能多于形参个数，对应位置的参数类型要一致。

3. 参数传递方式

实参到形参的传递方式有两种：按值传递参数和按地址传递参数。

（1）按值传递

按值传递就是将实际参数的数值传给形式参数，当形式参数的数值改变时，不会影响实际参数的数值。

（2）按地址传递

按地址传递就是把实际参数所在的内存单元地址传递给形式参数，即它们共用同一个地址空间。因此，在形式参数的数值变化时，自然会使实际参数的数值发生变化。

（3）传递方式

① 调用过程时，如果实参是变量、数组，则为地址传递；如果变量用（）括起来，则为值传递。

② 调用函数时，默认为值传递，也可以重新设置参数传递方式。

- SET UDFPARMS TO REFERENCE：将传递方式设置为地址传递。
- SET UDFPARMS TO VALUE：将传递方式设置为值传递。
- 用（）括起来的变量为值传递，在变量前加“@”符号则为地址传递。

例 5-18　传递参数。

```
CLEAR
X1=1
X2=2
DIMENSION X(3)
X=3                   &&给数组元素赋相同的值 3
DO SUB1 WITH (X1),(X2),X      &&数组名 X 作为实参
? X1,X2,X(1)
RETURN
PROCEDURE SUB1
PARAMETERS T1,T2,T
T1=T1+1
T2=T2+1
T(1)=T(1)+1
RETURN
```

运行结果为：

```
1    2    4
```

说明：X1 和 X2 用括号括起来，为参数值传递。数组作为参数是地址传递，即 X1、X2 的数值不受过程的影响，所以输出的数值应为 1 和 2。数组由于是地址传递，则 X 与 T 占用相同的存储空间，T 数组元素数值的改变将影响 X 数组元素的数值，所以 X(1)的数值为 3+1 的结果，即为 4。

5.3.5　变量作用域

一个变量的作用域是指它起作用的范围。在 VFP 系统中提供了全局变量、私有变量和局部变量 3 种变量的作用范围。

1．全局变量

全局变量是指 VFP 运行期间在所有程序模块中都可以存取的内存变量，通过 PUBLIC 命令来定义。

格式：PUBLIC <内存变量表>

功能：定义全局变量并将这些变量的初值均赋为.F.。

说明：

① 在命令窗口中定义的变量都是全局变量。

② 全局变量在程序终止执行时不会自动清除。

③ 全局变量先定义、后使用。

例 5-19　全局变量的使用。

```
* PRO518.PRG
```

```
CLEAR
DO LL
? A
RETURN

PROCEDURE LL    &&过程 LL
PUBLIC A
A=10
RETURN
```

运行结果为：

```
10
```

2．私有变量

在 VFP 程序中使用的变量，如果没有加以说明，则均属于私有变量。私有变量在本模块和下层模块有效。

在开发应用程序时，主程序中的变量与子程序中的变量可能会同名，这时子程序的运行会改变主程序中变量的取值。如果不希望主程序中的变量值被改变，可以在子程序中使用 PRIVATE 命令，以隐藏主程序中可能存在的变量，使得这些变量在子程序中暂时无效。

格式：PRIVATE <内存变量表>

功能：隐藏上层模块的同名变量或数组，当返回上层模块时，再恢复使用先前隐藏的同名变量。

说明：该语句不具有自动赋初值的作用，只是声明语句。

例 5-20 变量隐蔽示例。

```
*PRO519.PRG
PARAMETERS SJ
PRIVATE MJ
MJ=3.14*SJ*SJ
LIST MEMO LIKE ?J
RETURN
```

在命令窗口输入：

```
RELEASE ALL
MJ=3
BJ=2
LIST MEMO LIKE ?J
DO PRO519 WITH BJ
LIST MEMO LIKE ?J
```

运行结果为：

```
MJ        Pub      N    3              (            3.00000000)
```

```
BJ      Pub     N   2           (         2.00000000)

MJ      (hid)   N   3           (         3.00000000)
BJ      (hid)   N   2           (         2.00000000)
SJ      Priv bj
MJ      Priv    N   12.56           (     12.56000000)    sybl

MJ      Pub     N   3           (         3.00000000)
BJ      Pub     N   2           (         2.00000000)
```

3. 局部变量

局部变量只能在建立它的模块中使用，而且不能在高层或下层模块使用，该模块运行结束时此变量就自动释放。局部变量通过 LOCAL 命令来定义。

格式：LOCAL<内存变量表>

功能：将变量设定为局部变量并将这些变量的初值赋以.F.。

例 5-21　局部变量的使用。

```
* PRO520.PRG
CLEAR
LOCAL X1,X2
X1=2
X2=2
DO ADD
? X1,X2
RETURN

PROCEDURE ADD    &&过程 LL
X1=4
X2=5
? X1+X2
RETURN
```

运行结果为：

```
9
2    2
```

5.4　本章小结

程序设计是为了解决某一具体问题而使用某种程序设计语言编写一系列指令或语句。内容包括：

- 结构化程序设计是一种程序设计方法，提倡采用自顶向下、逐步求精的设计方法以及采用顺序、分支、循环 3 种基本的程序控制结构来设计和编写程序。
- 程序调试的目的就是检查并纠正程序中的错误，以保证程序的可靠运行。调试通常分 3 步进行：检查程序是否有错，确定出错的位置，纠正错误。
- 在 VFP 中，实现分支结构的语句有 IF 条件分支语句和 DO CASE 多分支语句，还可以使用条件函数 IIF()来实现。
- 在 VFP 中，实现循环结构的语句有 3 种，即 WHILE 条件循环语句、FOR 步长循环语句与 SCAN 扫描循环语句。
- 为使程序易于调试与维护，在进行程序设计时，应尽可能使程序结构化或模块化，将相对独立的功能编写为相应的程序模块。
- 一个变量的作用域是指它起作用的范围。在 VFP 系统中提供了 PUBLIC、PRIVATE 和 LOCAL 3 种变量的作用范围。

习题 5

一、思考题

1．何谓结构化程序设计？结构化程序设计的 3 种基本控制结构是什么？
2．何谓多重循环？其设计要点是什么？
3．在 VFP 中，LOOP 语句与 EXIT 语句的功能是什么？在使用上有何限制？
4．参数传递有哪两种形式，各有什么特点？
5．VFP 中 3 种不同作用范围的变量的区别是什么？

二、选择题

1．既不能被上级程序访问、又不能被下级程序访问的变量为（　　）。
　A．局部变量　　B．私有变量　　C．全局变量　　D．个人变量
2．在 VFP 中，PRG 文件的格式是（　　）格式。
　A．WORD　　B．文本文件　　C．超文本　　D．超媒体
3．对于 EXIT 语句，下列说法不正确的是（　　）。
　A．可以出现在 DO WHILE 循环中　　B．可以出现在 FOR 循环中
　C．可以出现 SCAN 循环中　　D．可以出现在非循环语句中
4．若 A=5，B=2，则执行 A=B 和 B=A 两条命令后，A、B 的数值分别为（　　）。
　A．2 和 5　　B．5 和 2　　C．2 和 2　　D．5 和 5
5．在命令窗口中执行命令 X=5，则默认该变量的作用域（　　）。
　A．局部　　B．私有　　C．全局　　D．不定
6．在用户自定义函数或过程中设置形参，应使用（　　）命令。
　A．PROCEDURE　　B．WITH　　C．FUNCTION　　D．PARAMETERS

7．下列命令中，不能使程序跳出循环的是（　　）。

A．LOOP　　B．EXIT　　C．QUIT　　D．RETURN

8．用“调试器”调试程序时，用于显示正在调试的程序文件的窗口是（　　）。

A．局部窗口　　B．跟踪窗口　　C．调用堆栈窗口　D．监视窗口

9．在 SAY 语句中通过 GET 子句给变量赋值必须用（　　）命令激活。

A．ACCEPT　　B．INPUT　　C．READ　　D．WAIT

10．打开过程文件的命令为（　　）。

A．SET PROCEDURE TO <文件名>　B．SET FUNCTION TO <文件名>

C．SET PROGRAM TO <文件名>　D．SET ROUTINE TO <文件名>

三、填空题

1．VFP 系统中，可以用__________命令运行程序。

2．以下是用来求长方形面积的程序，请将它写完整。

```
X=2
Y=5
S=AREA(X,Y)
? S
RETURN

FUNCTION AREA
_______________
S1=M*N
RETURN_____________
```

3．执行下述程序后，变量 X 的值是__________，循环体一共运行了__________次。

```
X=19
DO WHILE .T.
X=X-1
DO CASE
CASE MOD(X,3)=0
LOOP
CASE X<10
EXIT
CASE MOD(X,2)=0
X=X/2
ENDCASE
ENDDO
? X
RETURN
```

4．下面程序计算一个整数的各位数字之和，请将它写完整。

```
SET TALK OFF
INPUT "x=" TO x
s=0
DO WHILE x!=0
s=s+MOD(x,10)
______________
ENDDO
?s
SET TALK ON
```

四、程序改错题。

在一对***** FOUND *****之间的语句中找出错误，写出正确语句。

1．查找 student 表中指定日期以前出生的学生（有一处错误）。

```
SET TALK OFF
CLEAR
INPUT "请输入出生日期：" TO mrq
************ FOUND ************
SELECT 学号,姓名,出生日期 FROM student FOR 出生日期<mrq
************ FOUND ************
SET TALK ON
RETURN
```

2．统计 course 表中选修课程号为 0101 课程的平均成绩（有一处错误）。

```
SET TALK OFF
CLEAR
************FOUND************
SELECT AVG(成绩) FROM COURSE WHERE 课程号="0101" TO ARRAY M
************FOUND************
?M(1)
SET TALK ON
RETURN
```

3．逐条输出 student 表中 1987 年出生的学生记录（有两处错误）。

```
SET TALK OFF
CLEAR
USE student
LOCATE FOR YEAR(出生日期)=1987
************FOUND************
DO WHILE NOT BOF( )
```

```
************FOUND************
   DISPLAY
   WAIT
************FOUND************
   SKIP
************FOUND************
ENDDO
USE
SET TALK ON
RETURN
```

4．STD 表中含有字段：姓名（C，8），课程名（C，16），成绩（N，3，0）。下面一段程序用于显示所有成绩不及格的学生姓名（有一处错误）。

```
SET TALK OFF
CLEAR
USE STD
GO TOP
************FOUND************
DO WHILE NOT EOF( )
   IF 成绩>=60
************FOUND************
      ? "姓名："+姓名
   ENDIF
   SKIP
ENDDO
USE
SET TALK ON
RETURN
```

5．对表 ORDERS.DBF 进行操作，完成如下功能：

（1）创建视图 view1，视图内容为按职工号统计订单金额（每个职工经手的订单总金额），统计结果包括：职工号，总金额。

（2）从视图 view1 中查询订单总金额在 30 000 以上（含 30 000）的职工信息（职工号，总金额），查询结果按总金额降序排序并存入表 order.dbf（有两处错误）。

```
OPEN DATABASE orders
CREATE  VIEW view1  AS  SELECT  职工号,SUM(金额)  AS  总金额;
FROM  orders  GROUP  BY  职工号
************ FOUND ************
SELECT  *  FROM  orders  WHERE  总金额>=30000 ;
 ORDER  BY  总金额
```

```
************ FOUND ************
```

6．输入圆柱体的半径和高，计算圆柱体表面积（有两处错误）。

```
SET TALK OFF
CLEAR
LOCAL carea
INPUT "请输入圆柱体的半径" TO r
INPUT "请输入圆柱体的高" TO h
carea=cya(r,h)
? "圆柱体的表面积为：",carea
RETURN
FUNCTION cya
************ FOUND ************
PARAMETERS a
************ FOUND ************
LOCAL pai
pai=3.14159
c=2*(pai*a^2)+2*pai*a*b
************ FOUND ************
ENDFUNC
************ FOUND ************
```

7．建立一个名称为 S_VIEW 的视图，视图查询学生的班级号、班级名、姓名、性别和班主任名（来自 TEACHER 表的教师名）（有两处错误）。

```
************ FOUND ************
OPEN sdb
CREATE VIEW ;
SELECT Class.班级号, 班级名,姓名,性别,教师名 AS 班主任名;
FROM  Student,Class,Teacher ;
WHERE Student.班级号 = Class.班级号 AND Teacher.教师号 = Class.班主任号
************ FOUND ************
```

8．在 XS.DBF 中找出最高奖学金并输出（有一处错误）。

```
CLEAR
USE XS
A=奖学金
DO WHILE NOT EOF()
************ FOUND ************
   IF A>奖学金
      A=奖学金
************ FOUND ************
```

```
    ENDIF
    SKIP
ENDDO
?A
USE
```

五、操作题

1. 打印 100 以内所有的素数。素数的含义是只能被 1 和本身整除的数。
2. 求 S=A！+B！+C!，A、B、C 从键盘输入，阶乘利用函数实现。
3. 输入一个三位数，将其反向输出。例如，输入 123，输出 321。
4. 输入圆的半径，利用过程文件实现计算圆的面积和周长。

第 6 章 面向对象程序设计

VFP 不但支持结构化的程序设计，而且支持面向对象程序设计，实现可视化编程。表单是 VFP 中最常使用、最重要并具有自己的控件、属性、事件和方法程序的容器对象。各种对话框和窗口是表单不同的外观表现形式，它们为尽可能方便、直观地完成信息管理任务提供了条件。

本章首先介绍面向对象程序设计的特点及基本概念，然后介绍表单的属性、方法、事件及表单的操作方法，最后介绍常用表单控件的使用。

6.1 面向对象程序设计概述

面向对象程序设计（Object Oriented Programming，OOP），是 20 世纪 90 年代出现的一种全新的程序设计方法，它是程序设计在思维和方法上的一次巨大进步。面向对象程序设计通过抽象思维的方式，把日常生活中常见的问题简化成人们易于理解的模型，然后在这些模型之间建立关系，从而最终形成一个完整的系统。与早先面向过程的结构化程序设计不同，面向对象编程主要考虑如何创建对象并利用对象来简化程序设计。

使用面向对象的方法解决问题的首要任务就是要在客观世界里识别出相应的对象，并抽象出为解决问题所需的对象属性和对象方法。属性用来表示对象的状态，方法用来描述对象的行为，是对某个对象接受了某个消息后所采取的一系列操作的描述。在面向对象编程中，对象被定义为由属性和相关方法组成的封装体。

6.1.1 面向对象程序设计方法的特点

面向对象程序设计具有抽象性、封装性、继承性和多态性 4 个特点。

1. 抽象性（Abstract）

抽象就是忽略一个主题中与当前目标无关的因素，以便更充分地注意与当前目标有关的因素。例如，我们设计一个学生管理系统，考察学生对象时，我们只关心学生的学号、所学的课程、成绩等，而无须关心身高、体重等信息。

2. 封装性（Encapsulation）

封装是一种信息隐藏技术。例如，一部手机的内部设计信息是封装的，对用户是隐蔽的，用户也不必了解两部手机是如何通信的。需要知道的只是如何拨号码，如何接电话，如何结束通话即可。

在面向对象程序设计中，封装的基本单位是对象。封装意味着对象的属性和对象执行的方法都包含在对象的定义（类）中，封装的界限定义在类中，而只将使用对象的接口留给外界。封装性体现着模块性，这里的模块不再是过程或函数，而是对象和类。这种模块具有稳定性，并且便于维护。

3. 继承性（Inheritance）

继承性表达了一种从一般到特殊的进化过程。例如，如果了解飞机的一般原理，那么对认识客机就有一个很好的基础。

在面向对象程序设计中，继承是指在基于现有的类创建新类时，新类继承了现有类的方法和属性。此外，还可以为新类添加新的方法和属性。其中，将新类称为现有类的子类，而将现有类称为子类的父类。

继承性为软件的可重用和扩充提供了重要手段。

4. 多态性（Polymorphism）

多态性意味着不同对象可以具有相同的方法名，对象调用时会采用正确的动作，即用相同的方法名调用不同对象的方法。这个判断过程是系统自动将消息传送给相应的对象，调用指定的方法，这就是所谓的多态性。多态性很好地解决了应用程序函数同名的问题。

6.1.2 对象与类

面向对象的程序设计中，现实世界的事物均可抽象为对象。例如，表单中的命令按钮是对象，窗体也是对象。对这些对象的操作是通过它们的属性、事件和方法完成的。

1. 对象（Object）

所谓的对象可以是任何事物。例如，现实生活中的计算机、课桌等，VFP 中的窗口、菜单、表单等均是对象。每一个对象都有对应的属性、方法和事件。

（1）属性（Property）

对象的属性用来表示它的特征，以命令按钮为例，其位置、大小、颜色及按钮上是显示文字还是图形等状态，均为按钮的属性。

（2）事件（Event）

事件是某个特定时刻所发生的事情，它是对对象状态转换的抽象。事件没有持续时间，是瞬间完成的。

事件是由对象识别的一个动作。可以编写相应的代码对此动作进行响应。当事件被触发时，该事件的过程代码将被执行。例如，鼠标单击事件，即当鼠标单击时，激活这个事件。

（3）方法（Method）

方法是对象所能执行的操作，也就是类中定义的服务，可以在应用程序的任何一个地方调用这个对象的方法。

下面语句是调用方法来显示表单，并将焦点设置在文本框 text1 中：

```
THISFORM.Show               && 显示表单。
THISFORM.text1.SetFocus     && 将焦点设置在表单的文本框中。
```

方法与事件有相似之处，都是为了完成某个任务。但同一个事件可以完成不同任务，具体取决于所编写的代码；而方法则是固定的，任何时候调用都是完成同一个任务，所以其中的代码也不需要用户编写，VFP 系统已经完成，用户只需要在必要的时候在程序代码中调用即可。

（4）对象的引用

在 VFP 的面向对象程序设计中，引用对象时使用对象的名称，即对象的 Name 的属性，并遵循一定的格式。

在 VFP 中提供了类与对象的设计、操作平台——表单。表单是一种交互式的操作界面。在表单上可以放置控件，为表单和控件设置属性、选择事件并编写程序代码。

在对象引用格式中，要以 THISFORM、THISFORMSET、THIS 或 THIS.PARENT 关键字开头，其含义如表 6-1 所示。对象名之间用英文的句点“.”分割，并逐层向下引用，不能越过某一层对象。

表 6-1　引用关键字的含义

引用关键字	含　义	引 用 方 式
THISFORM	对当前表单对象的引用	绝对引用
THISFORMSET	对当前表单集对象的引用，存在表单集时使用	绝对引用
THIS	对当前对象的引用	相对引用
THIS.PARENT	对当前对象父对象的引用	相对引用

对象引用分为绝对引用和相对引用。绝对引用总是从当前表单（THISFORM）开始逐层往下引用到达该对象为止，不能跳过某一个层次的对象，若有表单集对象存在，还要从当前表单集（THISFORMSET）开始。相对引用总是从当前对象（THIS）开始逐层往下引用到该对象为止，若被引用的对象处于当前对象的上层，则用关键字（PARENT）来引用父对象，若被引用的对象与当前对象处于同一层，则用关键字 PARENT 先引用父对象，然后再向下引用。

例如，用绝对引用和相对引用两种方法引用表单 Form1 中的文本框 text1。

- 绝对引用。THISFORM.text1
- 相对引用。

代码写在表单中：THIS.text1

代码写在文本框对象中：THIS

代码写在表单中的其他控件中：THIS.PARENT.text1

2. 类

类是已经定义了关于对象的特征和行为的模板。由此可见，类与对象的关系如下：

- 类是对象的抽象。类规定并提供了对象具有的属性、事件和方法。
- 对象通过类来产生。
- 对象是类的实例，把基于某个类生成的对象称为这个类的实例。

（1）基类

基类是 VFP 内部定义的类，可用做其他用户自定义类的基础。常用的基类见表 6-2。

表 6-2　常用的基类

类　名	含　义	类　名	含　义
Active DoC	活动文档	Label	标签
CheckBox	复选框	Line	线条
Column	列	ListBox	列表框
ComboBox	组合框	OleControl	OLE 容器控件
CommandButton	命令按钮	OleBoundControl	OLE 绑定控件
CommandGroup	命令按钮组	OptionButton	选项按钮
Container	容器	OptionGroup	选项按钮组
Control	控件	PageFrame	页框
Custom	定制	ProjectHook	项目挂钩
EditBox	编辑框	Separator	分隔符
Form	表单	Shape	形状
FormSet	表单集	Spinner	微调控件
Grid	表格	TextBox	文本框
Header	列标头	Timer	定时器
HyperLink	超级链接	Toolbar	工具栏
Image	图像	Page	页

（2）子类与父类

子类是由其他类定义的新类。一个子类可以拥有派生它的父类的全部功能，即具有继承性，并且在此基础上，可以添加其他控件或功能。对每个类而言，派生该类的类称为父类，派生出的类为父类的子类。此外，由于继承性的存在，如果某个类中发现问题，则不需要逐个修改它的子类，只需对这个父类本身进行适当修改即可，子类将继承任何对父类所做的修改。

（3）类的划分

VFP 中的类主要有两大类型：容器类和控件类。

容器类是包含其他类的 VFP 基类。它可以包含其他对象，并且允许访问这些对象。常用的容器类有：表单、命令按钮组、表单集、容器类、表格、选项按钮组。

控件类是可以包含在容器类中并由用户派生的 VFP 基类。控件类不能容纳其他对象，它的封装比容器更为严密。

3．自定义类

在 VFP 中，基类是由系统提供的，但 VFP 在规划这些用以产生对象的类时，只考虑了最通用的特性和功能，往往无法满足用户开发应用系统的需要，所以 VFP 中允许用户自己创建自定义类。

创建自定义类有 3 种方法：使用“类设计器”创建类，使用“表单设计器”创建类，使用命令方式创建类。

（1）使用“类设计器”创建类

例 6-1 建立一个新类“关闭按钮”。

① 选择“文件”/“新建”选项，在“新建”对话框中选择“类”，单击“新建文件”按钮。

② 弹出“新建类”对话框，在“类名”处输入新类的名字：“关闭按钮”。在“派生类”下拉列表框中选择派生它的基类：CommandButton。在“存储于”文本框中指定新类库名或已有类库的名字，类库可用来存储以可视方式设计的类，其文件扩展名为.VCX。这里保存在“自定义类”类库中，如图 6-1 所示，单击“确定”按钮，弹出“类设计器”窗口，如图 6-2 所示。

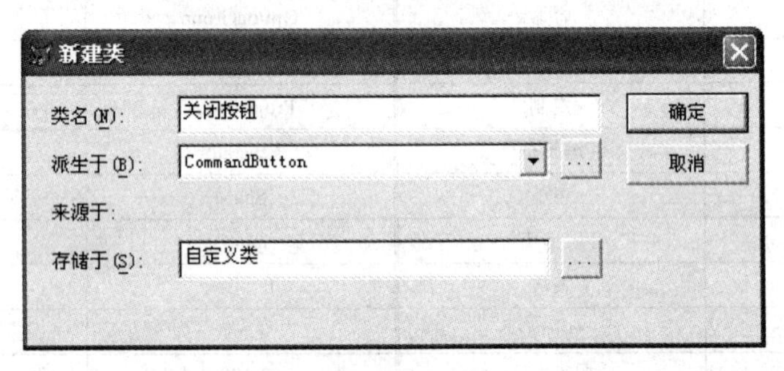

图 6-1 “新建类”对话框

注意：类库可用来存储以设计的类，其扩展名为.VCX。一个类库可容纳多个类。

图 6-2 “类设计器”窗口

③ 单击“属性”窗口，将“关闭按钮”类的 Caption 属性改为“关闭”，结果如图 6-3 所示。

图 6-3　改变 Caption 属性后的类设计器

④ 编写“关闭”按钮事件代码。双击“关闭”按钮，打开代码编辑窗口，输入相应的代码，如图 6-4 所示。

图 6-4　代码窗口

⑤ 关闭“类设计器”窗口。

注意：可以通过“类”/“新建属性”或“新建方法程序”为类添加属性和方法。

（2）在“表单设计器”中创建类

在创建表单或表单集的过程中，将设计的表单、表单集及表单中的控件作为一个新类保存在类库中。在“表单设计器”中设计表单时，如果该表单或其中的某个对象有重用价值，可以直接在“表单设计器”中将表单所选对象保存为类。如何设计表单将在后面详细介绍。

例 6-2　利用“表单设计器”创建 ADD 类。

① 在“表单设计器”中进行表单的设计，即添加控件、设计相应的控件属性，如图 6-5 所示。

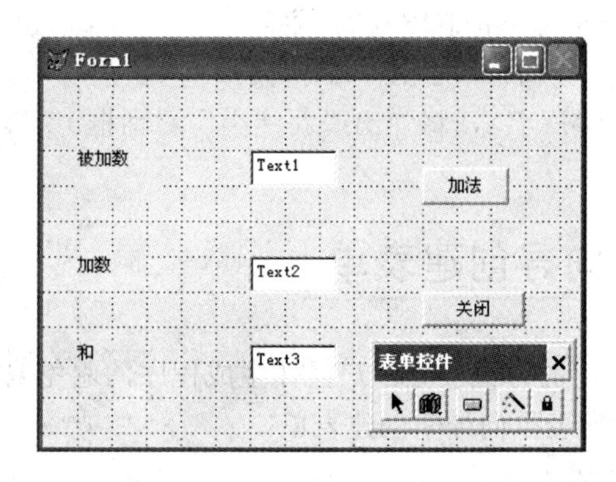

图 6-5　“表单设计器”窗口

图 6-5 中，关闭按钮为例 6-1 所设计的自定义类。添加的方法为：单击表单控件工具箱中的“查看类”，选择“添加”，在“打开”对话框中选择“自定义类”，单击表单控件工具箱中的“关闭按钮”，在表单上单击即可。

注意：单击表单控件工具箱中的“查看类”中的“常用”按钮可以返回常用表单控件。

② 编写代码。

“加法”按钮 Click 事件的代码如下：

```
    ThisForm.text3.Value=alltrim(str(val(ThisForm.text1.Value)+val(ThisFo
rm.text2.Value)))
```

③ 选定要保存为类的对象，在这里选定表单。选择“文件”/“另存为类”选项，弹出“另存为类”对话框，输入类名，选择类库文件名，可以添加类说明，如图 6-6 所示。

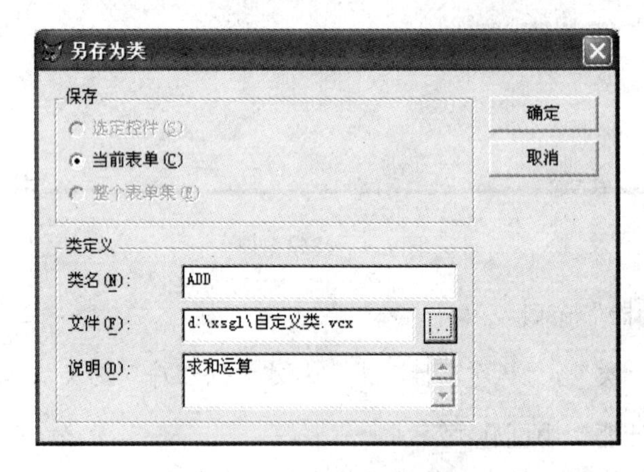

图 6-6 “另存为类”对话框

④ 单击“确定”按钮。整个表单的所有信息都将保存到 ADD 类中。

说明：如果在第③步选择的对象为表单中的某个控件对象，则类中只包含该对象的属性和事件，其他对象不包含在类中。

（3）命令方式

格式：CREATE CLASS <类名> [OF <类库名>]

功能：弹出“类设计器”窗口，创建一个新类。

说明：如果省略 OF <类库名>，将弹出“新建类”对话框。

6.2 使用表单向导创建表单

在 VFP 中，向导以简便的方式引导用户操作生成程序，避免编写代码。

VFP 提供了两种不同的表单向导来创建表单：

- 表单向导：用于单表表单。
- 一对多表单向导：用于具有一对多关系的两个表的表单。

6.2.1 用表单向导创建单个表的表单

例 6-3 创建基于 course 表的表单 form_co。

① 打开“向导选取”对话框。

选择“文件”/“新建”选项，在“新建”对话框中选择“表单”，如图 6-7 所示。单击“向导”按钮，弹出“向导选取”对话框，如图 6-8 所示。

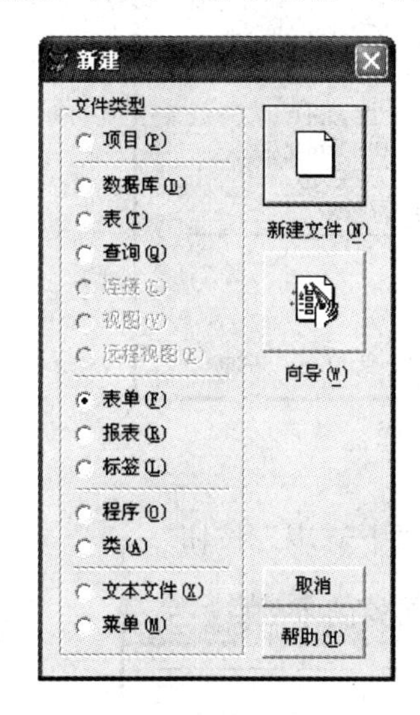

图 6-7 “新建”对话框

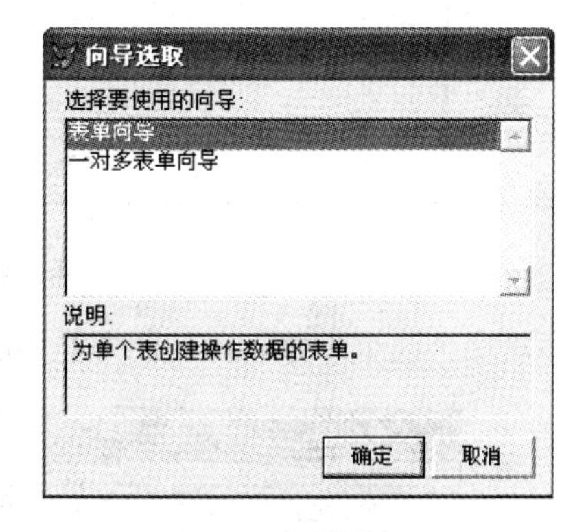

图 6-8 “向导选取”对话框

② 选取向导。在“向导选取”对话框中选择“表单向导”，单击“确定”按钮，弹出“表单向导”对话框。

③ 字段选取。在此选择数据库 XSGL 中的 course 表，选择全部字段，如图 6-9 所示，单击“下一步”按钮。

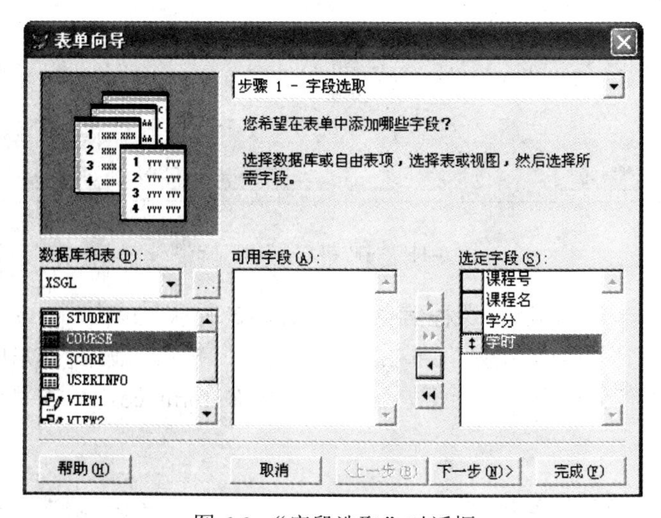

图 6-9 “字段选取”对话框

④ 选择表单样式。选择样式和按钮类型，如图 6-10 所示，单击“下一步”按钮。

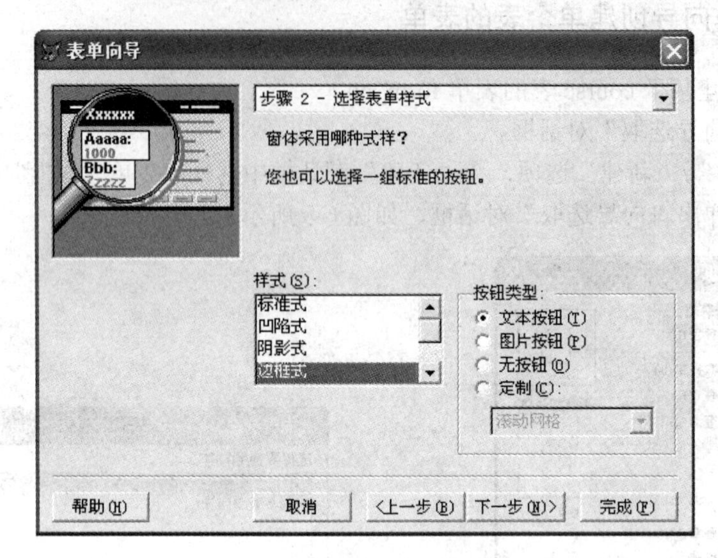

图 6-10 “选择表单样式”对话框

⑤ 排序次序。这里不排序，如图 6-11 所示，单击“下一步”按钮。

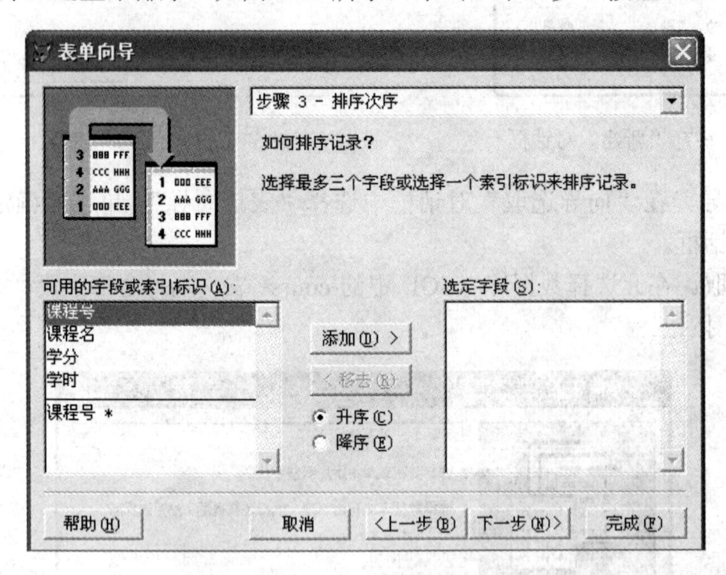

图 6-11 “排序次序”对话框

⑥ 完成。输入表单的标题：课程信息，如图 6-12 所示。单击“预览”按钮，可以查看表单运行的结果，如图 6-13 所示。单击“返回向导”按钮，返回“完成”对话框。单击“完成”按钮，弹出“另存为”对话框，输入表单名称 form_co，单击“保存”按钮，完成表单的创建。

注意：表单文件的扩展名为.scx。

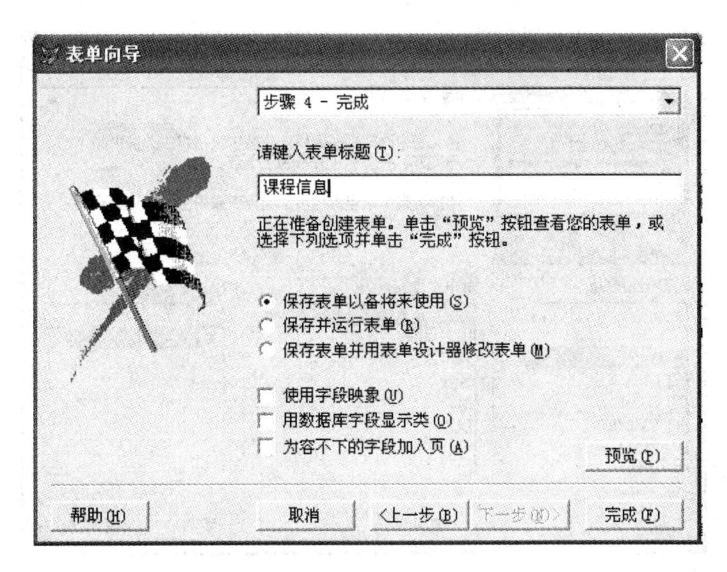

图 6-12　“完成”对话框

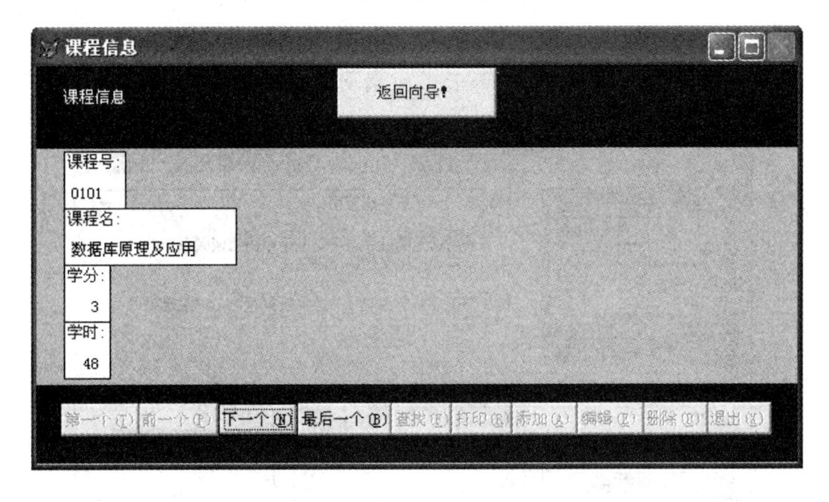

图 6-13　预览结果

注意：在向导操作的过程中，可以直接单击“完成”按钮，跳过中间的操作步骤。

6.2.2　用一对多表单向导创建表单

一对多表单的创建不同于简单表单的创建，在使用一对多表单向导创建表单时，字段既要从主（父）表中选取，也要从子表中选取，还要建立两表之间的关系。一对多表单一般使用文本框来表达父表中的数据，使用表格来表达子表的数据。

例 6-4　创建表单 form_st，显示学生学号、姓名、课程号和成绩。

① 选择向导：选择一对多表单向导。

② 从父表中选择字段。如图 6-14 所示，单击“下一步”按钮。

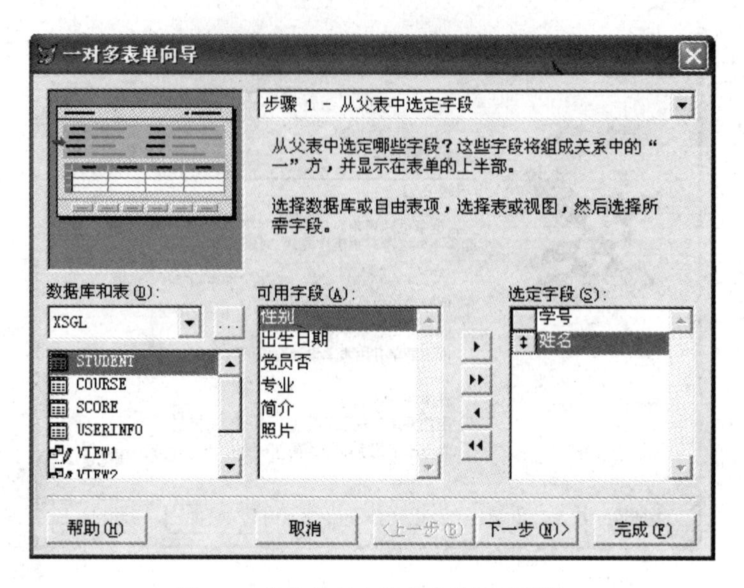

图 6-14 “从父表中选定字段”对话框

③ 从子表中选定字段。如图 6-15 所示，单击“下一步”按钮。

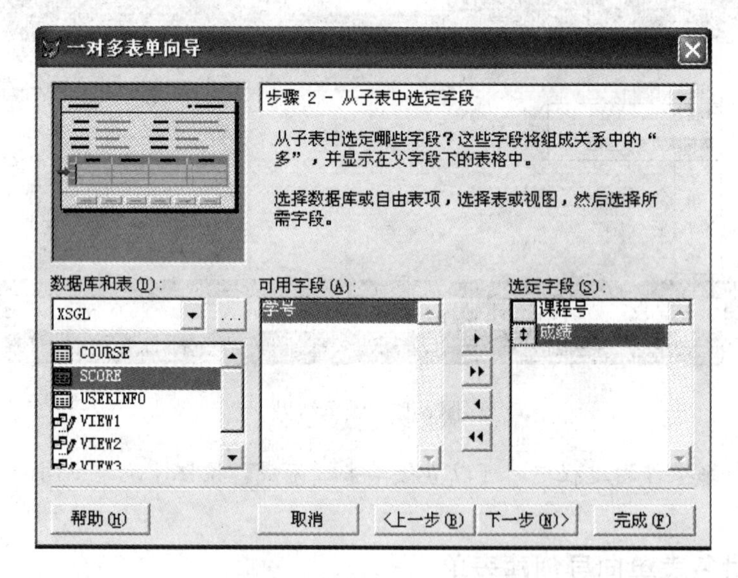

图 6-15 “从子表中选定字段”对话框

④ 建立表之间的关系。如图 6-16 所示，单击“下一步”按钮。

⑤ 选择表单样式。如图 6-17 所示，单击“下一步”按钮。

⑥ 选择排序次序。如图 6-18 所示，这里不排序，单击“下一步”按钮。

⑦ 完成。输入表单标题：学生成绩，如图 6-19 所示。单击“预览”按钮，可以查看表单的运行结果，如图 6-20 所示。单击“完成”按钮，保存表单。

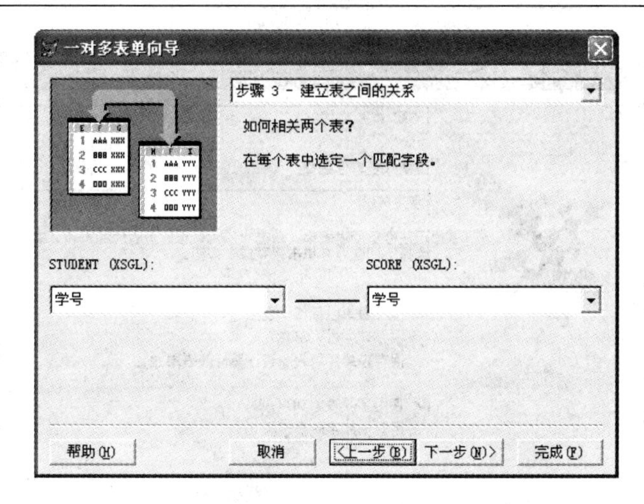

图 6-16 “建立表之间的关系”对话框

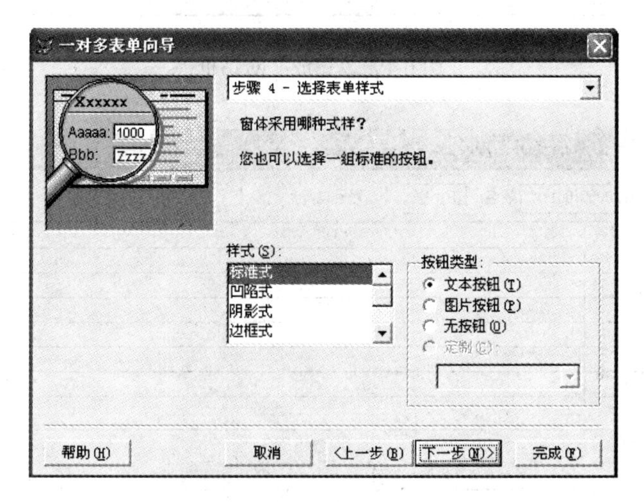

图 6-17 “选择表单样式”对话框

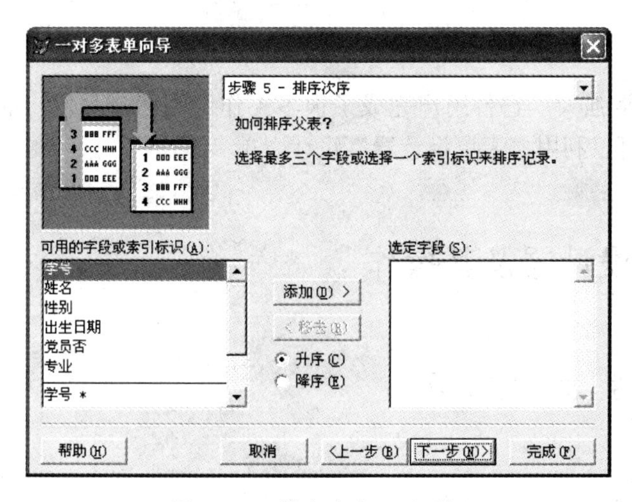

图 6-18 “排序次序”对话框

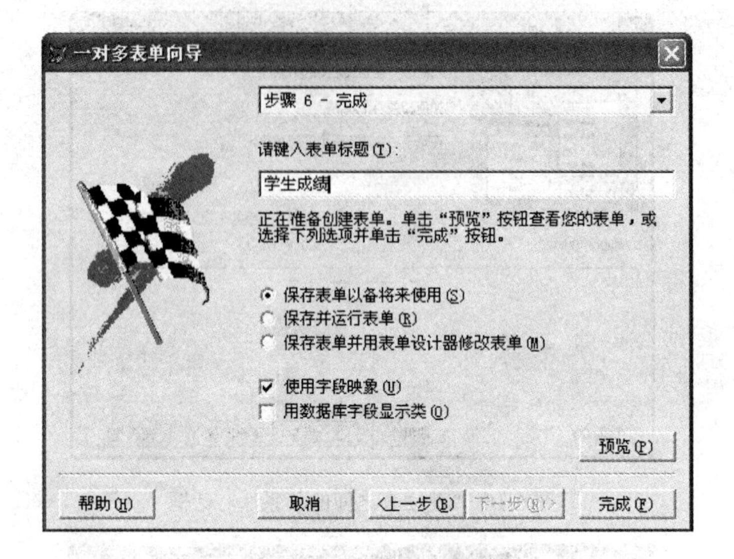

图 6-19 “完成”对话框

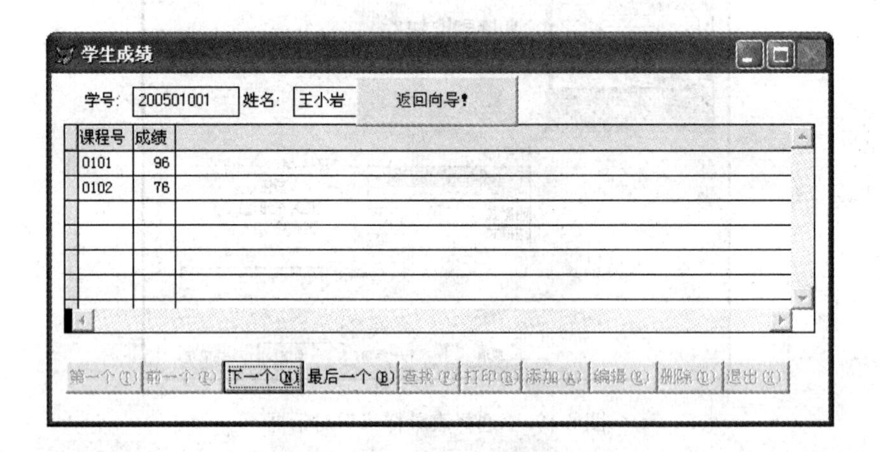

图 6-20 预览结果

向导的功能非常强大，它替用户完成了很多工作。当然，与用户的具体要求可能会有很大差别，因此，可以利用“表单设计器”设计表单。

6.3 表单设计器及其操作

6.3.1 表单的属性、事件和方法

1. 表单的属性

通过设置表单的属性可以设定表单的外观和行为，常见的表单属性如下：

- AlwaysOnTop：指定表单是否总是位于其他打开的窗口之上。
- AutoCenter：指定表单初始化是否自动在 VFP 窗口内居中显示。
- BackColor：指定表单窗口的颜色。
- BorderStyle：指定表单边框的风格。
- Caption：指定表单标题栏上显示的文本。
- Closable：指定表单标题栏上的关闭按钮是否可用。
- MaxButton：指定表单的标题栏上是否有最大化按钮。
- MinButton：指定表单的标题栏上是否有最小化按钮。
- Movable：指定表单是否能够移动。
- Name：指定在代码中用以引用对象的名称。
- ScrollBars：指定表单的滚动条类型。
- WindowState：指定表单窗口的状态。
- WindowType：指定表单是模式表单还是无模式表单。采用模式表单时在关闭该表单之前不能访问其他窗口中任何其他对象。

2．表单的事件和方法

常用的表单事件如下：

- Load：在表单对象建立之前引发。
- Init：在表单对象建立时引发。
- Activate：当表单被激活时引发。
- Destroy：在表单释放时引发。
- Unload：在表单被关闭时引发。

注意：当表单关闭时，先引发 Destroy 事件，然后引发表单中所包含控件的 Destroy 事件，最后引发表单的 Unload 事件。

常用的方法如下：

- Release：释放表单，将表单从内存中清除。
- Refresh：刷新表单，重新绘制表单并刷新它的所有值。
- Hide：隐藏表单。
- Show：显示表单。

6.3.2 “表单设计器”窗口

表单设计器是一个设计表单的可视化工具，表单的设计工作在表单设计器中进行。

1．打开“表单设计器”窗口

（1）菜单方式

选择“文件”/“新建”选项或单击工具栏中的“新建”按钮，在“新建”对话框中选择“表单”，单击“新建文件”按钮，弹出“表单设计器”窗口，如图 6-21 所示。

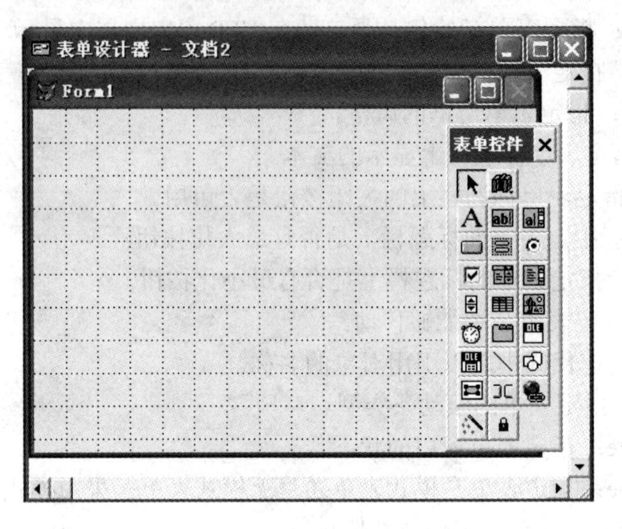

图 6-21 “表单设计器”窗口

（2）命令方式

格式：CREATE FORM <表单文件名>

例 6-5 创建表单 FORM5，当表单建立时设置表单的标题为“第一个表单”。

① 选择“文件”/“新建”选项，或单击工具栏中的“新建”按钮，在“新建”对话框中选择“表单”，单击“新建文件”按钮，弹出“表单设计器”窗口。

② 双击表单，选择过程 Load，编写代码如下：

```
THISFORM.Caption="第一个表单"
```

③ 保存表单。运行效果如图 6-22 所示。

图 6-22 “第一个表单”运行效果

2. 添加控件

控件是组成表单界面的重要元素。可以把“表单控件”工具栏中的控件添加到表单中。

“表单控件”工具栏除了“选定对象”（ ）、“查看类”（ ）、“生成器锁定”（ ）和“按钮锁定”（ ）是辅助按钮外，其他按钮都是控件对象定义按钮。

向“表单设计器”中添加控件的方法为：单击“表单控件”工具栏中的一个控件。例如，如果要添加一个命令按钮控件，则在“表单控件”工具栏中单击 控件，此时该按钮处于被选中状态；在“表单设计器”要放置控件的地方，按下鼠标左键并拖动鼠标绘制一个矩形框。释放鼠标，控件对象就会出现在表单中，如图 6-23 所示。

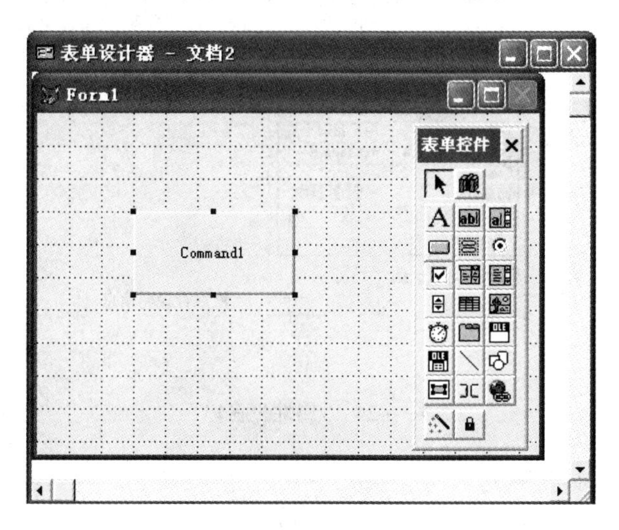

图 6-23　控件对象添加在表单中

在编程方式中，对象的生成可以使用函数来完成。

格式：CREATEOBJECT(<类名> [,<参数 1>,<参数 2>…])

该函数基于指定的类生成一个对象并返回对象的引用。通常可以把函数返回的对象引用赋给某个变量，然后通过这个变量来标识对象、访问对象属性及调用对象方法。

例如：

```
oForm=createobject("Form")        &&创建一个表单对象，表单显示调用 show 方法
oForm.show                        &&表单显示调用 show 方法
```

3. 设置控件属性

控件的属性用来表示它的特征。

（1）在“属性”窗口中设置属性

在“属性”窗口中设置。在“表单设计器”中选定要设置属性的控件对象，选择“显示”/“属性”选项，弹出“属性”窗口，如图 6-24 所示。

（2）通过“生成器”设置属性

生成器是用户设置属性的向导，使用生成器为控件设置属性十分方便。但生成器仅能设置常用的属性，不能设置所有的属性。此外，并非所有的对象都有生成器。在生成器中设置属性的方法是：右键单击控件对象，在快捷菜单中选择“生成器”，进行属性的设置。

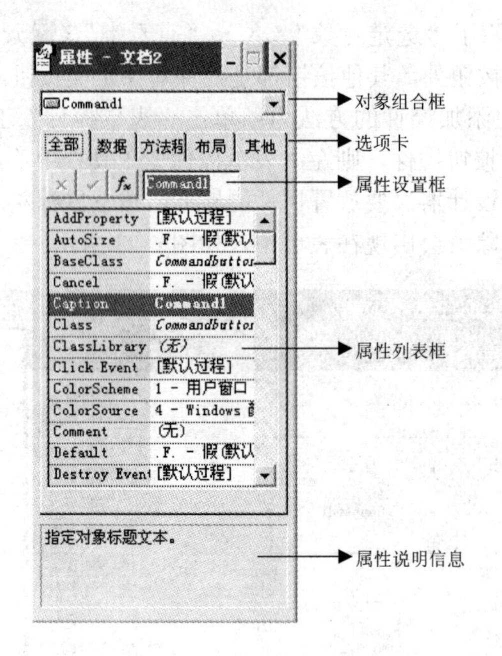

图 6-24 “属性”窗口

（3）通过编写事件代码设置属性

例如，例 6-3 中改变表单的标题栏显示的内容。

4．控件对象的基本操作

（1）选择控件对象

① 选择单个对象：用鼠标单击该对象。

② 选择多个对象：单击每一个对象的同时按住 Shift 键，或用鼠标拖动出一个矩形框，将选择的对象框住。

③ 选择所有对象：选择“编辑”菜单的“全部选定”选项或按 Ctrl+A。

（2）移动控件对象

选定控件对象，用鼠标将控件对象拖到需要的位置。如果选定的是多个控件，它们将同时移动。选定的控件还可用键盘的方向键微调位置。

（3）复制控件对象

首先选定要复制的控件，然后选择“编辑”菜单的“复制”选项，再选择“编辑”菜单的“粘贴”选项，最后将复制产生的控件对象拖到需要的位置。

（4）改变控件对象的大小

选择控件对象后，拖动控件四周的某个句柄可以改变控件对象的宽度和高度。

（5）改变控件对象的位置

用鼠标拖动，可以移动对象在表单中的位置，或选择对象后，按方向键调整对象的位置。对象的位置是由对象的 Left 属性和 Top 属性决定的，在“属性”窗口中通过这两个属性值可以精确设置对象的位置。

（6）删除控件对象

选择控件对象，选择“编辑”/“清除”选项或按 Delete 键即可删除选择的对象。

5．控件对象布局

当表单上有多个控件对象时，要调整表单窗口中被选控件的相对大小或位置有以下两种方法：

① 利用“布局”工具栏调整。如果屏幕上没有显示“布局”工具栏，可以选择“显示”/“布局工具栏”选项，弹出“布局”工具栏，如图 6-25 所示。

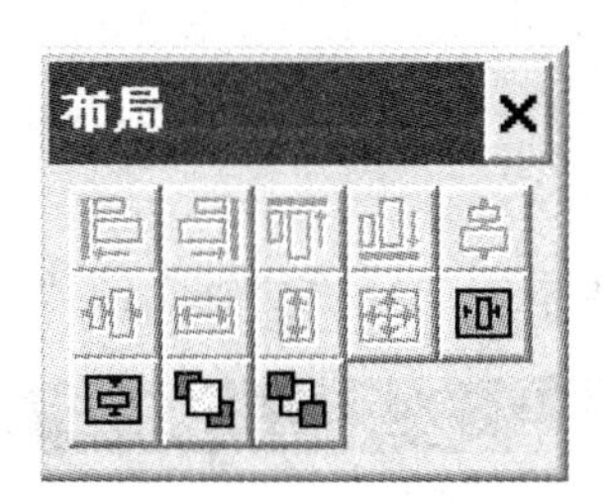

图 6-25 “布局”工具栏

② 选择“格式”/“对齐”选项设置对象之间的相对位置。

6．编写对象事件代码

在表单设计过程中，经常要在“代码”窗口中编写对象的事件代码。

打开“代码”窗口的方法如下：

① 双击指定的对象。

② 在“属性”窗口中双击相应的事件。

③ 单击“表单设计器”工具栏中的“代码窗口”。

④ 选择“显示”/“代码”选项。

代码窗口如图 6-26 所示。

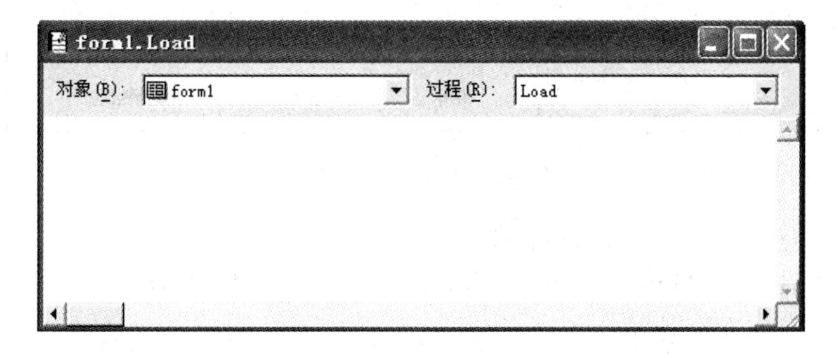

图 6-26 代码窗口

打开“代码”窗口后，在“对象”中选择相应的对象，在“过程”中选择相应的事件。在编辑区编写指定对象相应的事件代码。

“过程”中的事件如果已经设置了代码程序，将会以粗体显示，并排列在所有事件的前面。

7．设置 Tab 键次序

所谓的 Tab 键次序，就是按 Tab 键时，光标经过表单中控件的顺序。当表单运行后，可以按 Tab 键选择表单中的对象，使焦点在对象间移动。对象的 TabIndex 属性决定了对象得到焦点的顺序，默认情况下，第一个添加到表单中的对象 TabIndex 属性值为 1，依次增加。VFP 提供了两种方式设置 Tab 键次序：交互方式和按列表方式。

（1）设置方式

① 选择“工具”/“选项”选项，打开“选项”对话框。

② 单击“表单”选项卡。

③ 在“Tab 键次序”下拉列表框中选择“交互”或“按列表”，如图 6-27 所示。

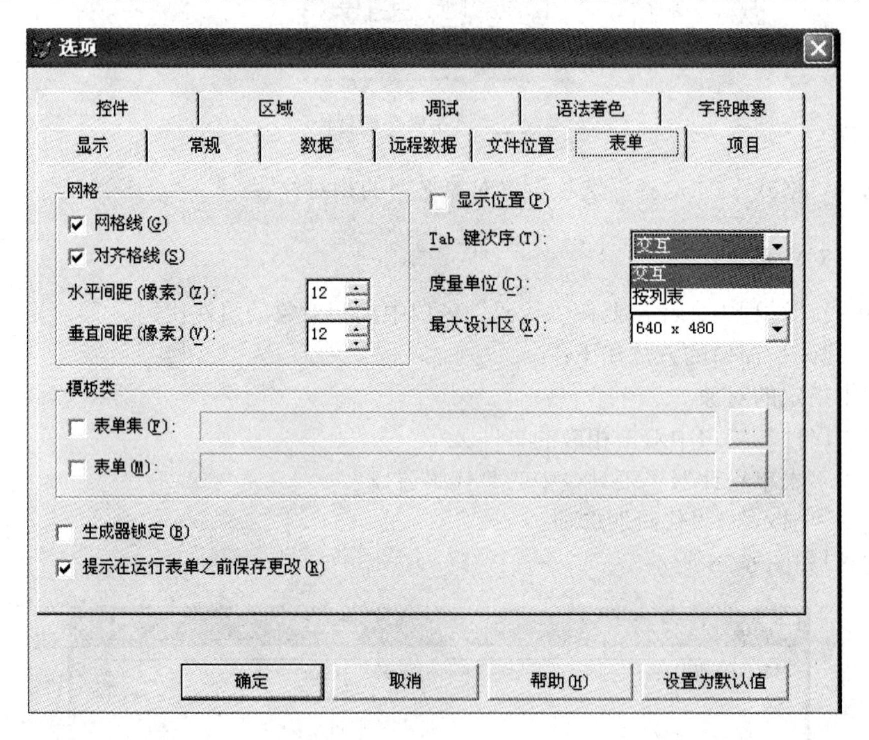

图 6-27 “选项”对话框

（2）在“交互”方式下设置 Tab 键次序

① 选择“显示”/“Tab 键次序”选项，控件左侧出现深色小方块，里面显示该控件的 Tab 键次序号，如图 6-28 所示。

② 双击某个控件的 Tab 键次序方块，该控件将成为 Tab 键次序中的第一个控件。

③ 按希望的顺序依次单击其他控件的 Tab 键次序方块。

④ 单击表单空白处，确认设置并退出设置状态；或按 Esc 键，放弃设置并退出设置状态。

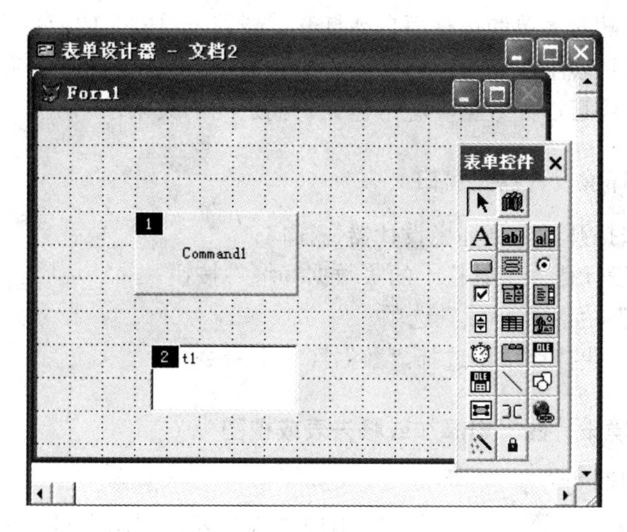

图 6-28 “交互”方式设置 Tab 键次序

（3）在“按列表”方式下设置 Tab 键次序

① 选择“显示”/“Tab 键次序”选项，弹出如图 6-29 所示的“Tab 键次序”对话框，在列表框中按 Tab 键次序显示各控件。

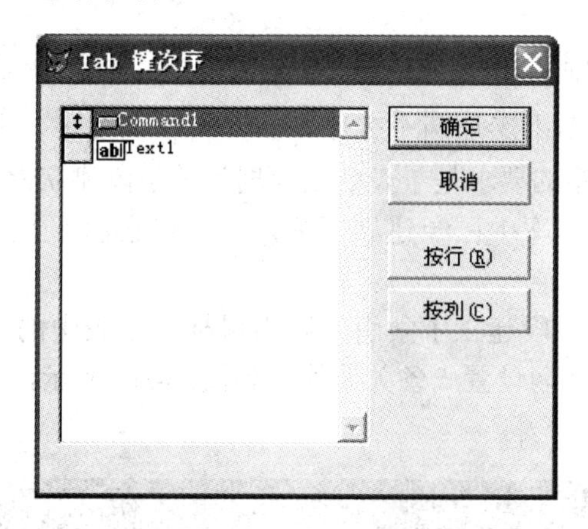

图 6-29 “Tab 键次序”对话框

② 通过拖动控件左侧的移动按钮移动控件，改变控件的 Tab 次序。

③ 单击“按行”按钮，将按各控件在表单上的位置从左到右、从上到下自动设置各控件的 Tab 键次序。单击“按列”按钮，将按各控件在表单上的位置从上到下、从左到右自动设置各控件的 Tab 键次序。

④ 单击“确定”按钮。

6.3.3 设置表单的数据环境

在设计表单的过程中，打开表单的“数据环境设计器”，将表添加到数据环境中。添加到数据环境中的表会随着表单的运行而自动打开，随着表单的关闭而自动关闭。除了可以将表添加到表单的数据环境中，还可以将视图添加到表单的数据环境中，如果表单的数据环境中有两个以上的表，还可以在数据环境中建立它们之间的关系。

1. 打开“数据环境设计器”窗口

有以下几种方法打开“数据环境设计器”窗口：

① 单击“表单设计器”工具栏上的“数据环境”按钮。

② 选择“显示”/“数据环境”选项。

③ 右击表单，在快捷菜单中选择“数据环境”命令。

2. 向“数据环境设计器”中添加或移去表或视图

（1）添加表或视图的方法

选择“数据环境”/“添加”选项，将出现“添加表或视图”对话框，选择表或视图进行添加即可；或右击“数据环境设计器”，在快捷菜单中单击“添加”命令。

（2）移去表或视图的方法

选择表或视图，按 Delete 键；或选择表或视图，选择“数据环境”菜单的“移去”选项；或右击表或视图，在快捷菜单中单击“移去”选项。

3. 在“数据环境设计器”中设置关系

在“数据环境设计器”中添加两个表以后，一个作为父表，一个作为子表，可以在两表之间设置关系。建立关系的要求是子表必须根据相关字段建立索引。

若两个数据库表在数据库中已经建立了关系，则将它们添加到数据环境中时，会自动建立关系。

若父表已经根据相关字段建立了索引，则用鼠标将子表中的相关字段拖到父表中相关的索引上，即可在两个表之间设置一条关系线，如图 6-30 所示，这条关系线就代表了两个表之间的关系。

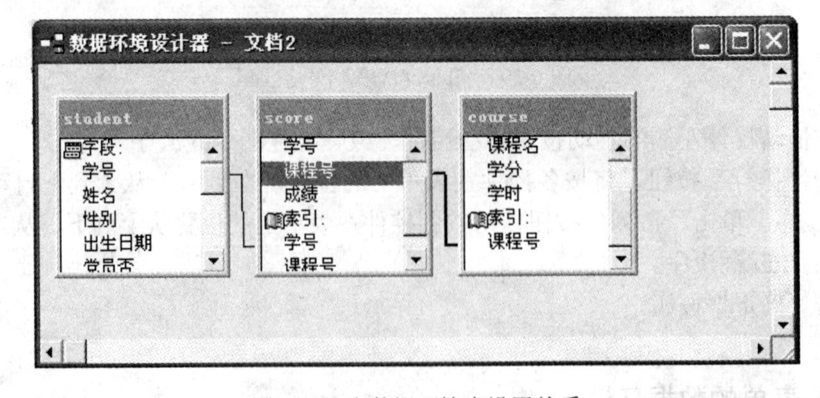

图 6-30　在数据环境中设置关系

要移去表之间的关系，可单击关系线，按 Delete 键。

6.3.4　运行表单

表单建立好之后，要先将表单保存，然后再运行表单。在运行表单时，对表单的功能进行逐项检查，有错误的地方或不满意的地方，还要再打开“表单设计器”进行修改。修改之后再保存并运行，直到满意为止。

1．修改表单

要对表单进行修改，必须打开“表单设计器”。在“表单设计器”中修改表单有以下几种方法打开表单设计器。

（1）菜单方式

选择“文件”/“打开”选项或单击“常用”工具栏中的“打开”按钮，在“打开”对话框中选择要修改的表单，单击“确定”按钮，打开“表单设计器”对表单进行修改。

（2）命令方式

MODIFY FORM <表单文件名>

2．运行表单

（1）在“表单设计器”中运行表单的方法

① 单击“常用”工具栏中的“运行”按钮!。

② 选择“表单”/“执行表单”选项。

③ 在快捷菜单中选择“执行表单”命令。

④ 按 Ctrl+E 快捷键。

（2）关闭“表单设计器”后运行表单的方法

若已经关闭“表单设计器”，可以用以下方法运行表单。

① 菜单方式。

选择“程序”/“运行”选项，在“运行”对话框中选择要运行的表单文件，单击“运行”按钮。

② 命令方式。

DO FORM <表单文件名>

例如，运行表单 form_st 的命令为：DO FORM form_st.scx

注意：表单文件的扩展名.scx 可以省略。

6.4　表单常用控件

1．标签

标签控件是一种能在表单上显示文本的输出控件，常用做提示或说明。常用的属性如下。

- Caption 属性：标签标题，显示在标签上的文字。
- BackColor 属性：标签的背景颜色。
- ForeColor 属性：标签的前景颜色，即文字的颜色。
- FontSize 属性：文字大小。
- FontName 属性：文字的字体。
- FontBold 属性：文字是否加粗。
- FontItalic 属性：文字是否用斜体。
- FontUnderline 属性：文字是否加下画线。
- WordWrap 属性：文字是否可折行显示。
- AutoSize 属性：是否能自动调整大小，以适应文字的大小。
- Alignment 属性：文字的对齐方式。
- BackStyle 属性：标签的背景是否透明。

2. 命令按钮

命令按钮通常用来启动一个事件。常用的属性如下。

- Caption 属性：指定在命令按钮上显示的文本。标题后面跟“\<字符”，该字符为命令按钮的热键。
- Picture 属性：指定命令按钮的图片。
- Default 属性：设置为真（.T.），则可按 Enter 键选择此命令按钮。
- Cancel 属性：设置为真（.T.），则可通过按 Esc 键选择此命令按钮。
- Enabled 属性：控制命令按钮是否能够接受操作。

常用的事件如下。

- Click 事件：鼠标单击事件。

例 6-6 设计“关于系统”表单 about.scx。运行结果如图 6-31 所示。

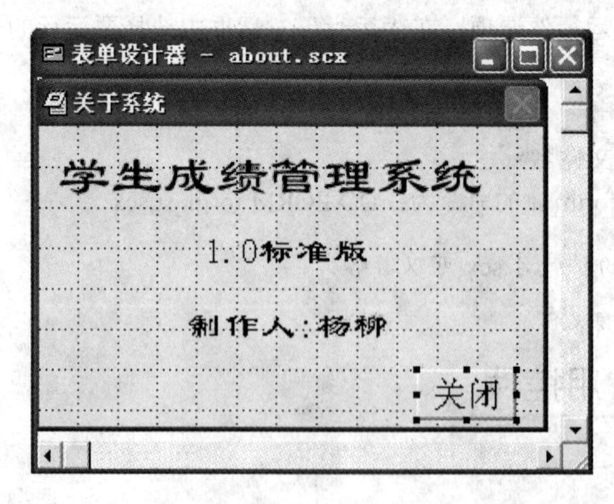

图 6-31 关于系统的表单示意图

① 打开表单设计器，设置表单 Caption 属性为“关于系统”。

② 添加 3 个标签，添加命令按钮。

③ 设置以下属性。

标签 Label1 的 Caption 属性：学生成绩管理系统；字体：隶书；字号：24。

标签 Label2 的 Caption 属性：1.0 标准版；字体：隶书；字号：16。

标签 Label3 的 Caption 属性：制作人：杨柳；字体：隶书；字号：16。

命令按钮的 Caption 属性：关闭。

④ 设置命令按钮的 Click 事件代码：

```
THISFORM.RELEASE  && 释放表单
```

⑤ 保存表单 about.scx。

3. 图像、线条与形状

图像、线条与形状 3 种控件用来在表单上添加图形。

（1）图像

① 图像属性。

利用图像控件的 Picture 属性可在表单上创建图像，图像的文件类型为.BMP、.ICO、.GIF 和.JPG 等。常用的属性如下。

- Picture 属性：指定在控件上的图形文件。
- Stretch 属性：指定如何对图像进行尺寸调整以便放入该控件。

② 创建图像的步骤。

选择“图像”控件，在表单上单击，在“属性”窗口选择 Picture 属性，并通过文本框右侧的对话框按钮选定一个图像文件，该图像即显示在图像控件处。

图像控件对象创建后，表单运行时将通过执行代码来设置。例如，要显示一个狐狸头，可在某一事件中设置以下代码：

```
THISFORM.Image1.Picture="c:\Program Files\vfp8\ fox.bmp"。
```

（2）线条

线条控件是用于在表单上画各种类型的线条，包括斜线、水平线和垂直线。

① 线条控件的常用属性。

- Height 属性：指定控件对象的高度。
- Width 属性：指定控件对象的宽度。
- BorderWidth 属性：指定线的宽度。
- BorderColor 属性：指定线的颜色。

② 斜线。

线条控件创建对象时，默认线条为从控件区域的左上角到右下角显示一条斜线。

斜线倾斜度由控件区域宽度与高度来决定，可拖动控件区域的控制点来改变控件区域的宽度和高度，或通过 Width 属性与 Height 属性来改变。

斜线走向用 LineSlant 属性来指定，键盘字符“\”表示左上角到右下角，而“/”表示右上角到左下角。

③ 水平线与垂直线。

要显示水平线与垂直线，可通过调节线条控件区域对应边使之重合，表 6-3 列出了交互方式与属性设置两种方法。

表 6-3 线条控件水平线与垂直线的表示

线条类型	控件区域操作	属性设置
水平线	拖动控制点至上下重合	Height 设置为 0
垂直线	拖动控制点至左右重合	Width 设置为 0

（3）形状

形状控件用于在表单上画出各种类型的形状，包括矩形、圆角矩形、正方形、圆角正方形、椭圆或圆。形状控制的 Curvature 属性，用来指定形状控件角的曲率。形状设置见表 6-4。

表 6-4 形状控件的形状设置

Curvature 属性	Width 属性与 Height 属性相等	Width 属性与 Height 属性不等
0	正方形	矩形
1～99	小圆角正方形→大圆角正方形→圆	小圆角矩形→大圆角矩形→椭圆

形状控件对象创建时若 Curvature 属性值为 0，Width 属性与 Height 属性不等，显示一个矩形。若要画一个圆，应将 Curvature 属性设置为 99，并使 Width 属性与 Height 属性相等。

例 6-7 设计一个添加“学生成绩管理系统”条幅的表单 form7，运行结果如图 6-32 所示。

图 6-32 “形状”实例

① 打开“表单设计器”窗口，表单的 Caption 属性为“形状的应用”。

② 在“表单控件”工具栏中单击“标签”控件，在表单的合适位置上拖放或单击放置标签，在表单中添加一个“形状”控件对象，选择“格式”/“置后”选项，把它置于标签的后面。

③ 设置属性。

标签属性设置如下：

- Caption="学生成绩管理系统"
- BackStyle=0_透明
- FontName=楷体_GB2312
- FontSize=18

形状属性设置如下：

- Curvature=99

④ 保存表单 form7。

4．文本框与编辑框

文本框和编辑框可以用来输入数据，两者的属性、方法和事件几乎相同。

（1）常用的属性

常用属性如下。

- Value 属性：文本框和编辑框的值属性。
- ControlSource 属性：控制源属性。指定文本框和编辑框与哪个字段或变量绑定。
- ReadOnly 属性：只读属性。设置为.T.时，文本框和编辑框中的数据是只读的，否则为可读写。
- PasswordChar 属性：文本框的口令字符属性。例如，该属性的值为“*”，则文本框中的所有数据都显示为“*”，但 Value 属性还是原来的字符。
- MaxLength 属性：指定在文本框和编辑框中输入字符的最大长度。
- SelLength 属性：指定在文本框和编辑框中选择文本的长度。
- SelStart 属性：指定在文本框和编辑框中选择文本的开始位置。
- SelText 属性：返回文本框和编辑框中选择的文本。
- ScrollBars 属性：指定在编辑框中是否显示垂直滚动条：0-无，2-垂直。

（2）文本框和编辑框的常用方法

文本框和编辑框的常用方法只有一个：SetFocus，调用该方法可以使文本框和编辑框得到焦点，即光标移到控件对象上。

例如，让表单中的文本框 Text1 对象获得焦点：

```
THISFORM.Text1.SetFocus
```

（3）文本框和编辑框的常用事件

- GotFocus 事件：文本框和编辑框将要得到焦点时发生此事件。
- When 事件：文本框和编辑框得到焦点后发生此事件。
- LostFocus 事件：文本框和编辑框失去焦点后发生此事件。
- Valid 事件：文本框和编辑框将要失去焦点时发生此事件。可在该事件代码中用 Return .F.命令阻止文本框和编辑框失去焦点。
- InterActiveChange 事件：值改变事件。当文本框和编辑框的值发生变化时发生此事件。

（4）编辑框与文本框的区别

编辑框只能用于输入或编辑文本数据，即字符型数据，可被用来编辑备注型字段。而文本框则适用于数值型、日期型、字符型或逻辑型数据。

文本框只能供用户输入一段数据，而编辑框则能使用户输入多段文本，即回车符不能终止编辑框的输入。

例 6-8　修改密码表单 setpass.scx。运行结果如图 6-33 所示，其中用户名和密码存入 UserInfo 表中。UserInfo 表的结构为：用户名（字符型，10），密码（字符型，10），记录为（admin，111111）。

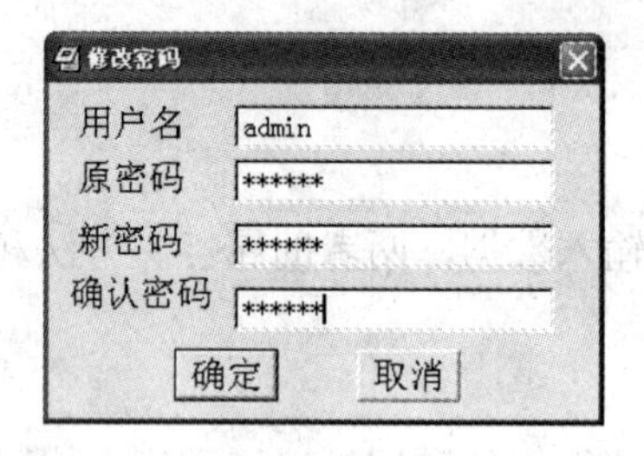

图 6-33　修改密码表单示意图

① 打开“表单设计器”窗口，表单的 Caption 属性为“修改密码”。

② 将“UserInfo”表添加到表单的“数据环境”中。

③ 添加 4 个标签、4 个文本框、两个命令按钮。

④ 设置属性：

4 个标签的 Caption 属性分别为用户名、原密码、新密码、确认密码，字号为 16。

4 个文本框的 Name 属性分别为 txt 用户名、txt 原密码、txt 新密码、txt 确认密码。

3 个密码的文本框 PasswordChar 属性为*。

两个命令按钮的 Caption 属性为确定和取消。

⑤ 添加事件代码。

确定按钮的 Click 事件代码如下：

```
*——精确比较
SET EXACT ON
*——进入数据检查
*——检查原密码
LOCATE FOR ALLTRIM(用户名)=ALLTRIM(THISFORM.txt 用户名.Value);
           .AND. ALLTRIM(密码)=ALLTRIM(THISFORM.txt 原密码.Value)
IF .NOT. FOUND()
    MESSAGEBOX("用户名或原密码错误，请重新输入",48,"修改密码")
    THISFORM.txt 原密码.SetFocus
    RETURN
ENDIF
*——如果“密码”栏为空
```

```
IF EMPTY(ALLTRIM(THISFORM.txt 新密码.Value)) .OR. ;
EMPTY(ALLTRIM(THISFORM.txt 确认密码.VALUE))
    MESSAGEBOX("密码不能为空",48,"修改密码")
    THISFORM.txt 新密码.SetFocus
    RETURN
ENDIF
*——如果两次密码不一致
IF ALLTRIM(THISFORM.txt 新密码.Value) <> ;
ALLTRIM(THISFORM.txt 确认密码.VALUE)
    MESSAGEBOX("新密码与确认密码不一致",48,"修改密码")
    THISFORM.txt 新密码.SetFocus
    RETURN
ENDIF
*——获取表单中各数据项的值
sName=ALLTRIM(THISFORM.txt 用户名.Value)
sPass=ALLTRIM(THISFORM.txt 新密码.Value)
*——确定对话框
YN=MESSAGEBOX("确定保存",4+32,"修改密码")
*——如果确认
IF YN=6
    *——修改密码
    UPDATE UserInfo SET 密码=sPass WHERE 用户名=sName
    MESSAGEBOX("密码修改成功",64,"修改密码")
    THISFORM.RELEASE
ENDIF
SET EXACT OFF
```

取消按钮的 Click 事件代码如下：

```
THISFORM. RELEASE
```

⑥ 保存表单 setpass.scx。

说明：MESSAGEBOX()函数用于制作信息提示对话框。其中包含 3 个参数，第一个参数指定提示信息的内容。第二个参数由“按钮值+图标值+默认按钮值”的和构成，具体数值见表 6-5、表 6-6、表 6-7。第三个参数指定对话框标题栏显示的内容，省略显示“Microsoft Visual FoxPro”。该函数返回值指明了对话框中选择哪一个按钮，其返回值与按钮的对应关系为：1-确定，2-取消，3-终止，4-重试，5-忽略，6-是，7-否。

表 6-5　对话框按钮值

值	按 钮 类 型
0	确定

续表

值	按钮类型
1	确定、取消
2	终止、重试、忽略
3	是、否、取消
4	是、否
5	重试、取消

表 6-6 对话框图标值

值	图标类型
16	停止（×）
32	问题（？）
48	警告（!）
64	信息 （i）

表 6-7 对话框默认按钮值

值	按钮类型
0	第一个按钮
256	第二个按钮
512	第三个按钮

例如：MESSAGEBOX("密码修改成功",34,"修改密码")，显示的信息提示对话框如图 6-34 所示，其中 34 为 2+32+0 的和。

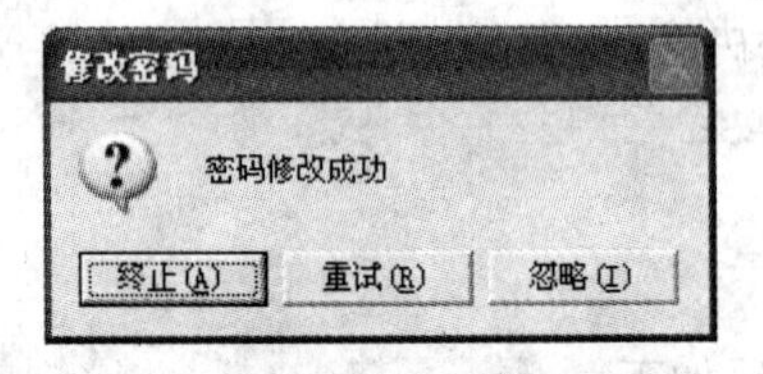

图 6-34 提示信息对话框

5. 组合框与列表框

组合框与列表框都有一个供用户选择的列表，两者功能相似，其属性、方法、事件几乎相同。

（1）常用的属性

组合框与列表框的常用属性如下。

- ControlSource 属性：设置组合框、列表框与表中哪一个字段或变量绑定。
- RowSourceType 属性：设置组合框、列表框选项来源的类型。
- RowSource 属性：设置组合框、列表框选项来源。
- List 属性：按 Index 号访问各数据项的数组。

- ListItem 属性：按 ID 号访问各数据项的数组。

注意：Index 号是数据项在框中显示的顺序号，可以改变；而 ID 号是不变的，类似数据表中的记录号。

- ListIndex 属性：返回选中选项 Index 号。
- ListItemId 属性：返回选中选项 ID 号。
- Selected 属性：返回组合框、列表框的指定 Index 号的选项是否为被选中的逻辑值。
- SelectedId 属性：返回组合框、列表框的指定 ID 号的选项是否为被选中的逻辑值。
- Sorted 属性：指定组合框、列表框中的选项是否按字母顺序存放。
- ColumnCount 属性：设置组合框、列表框的列数。
- ColumnWidths 属性：设置各列的列宽。
- BoundColumn 属性：设置组合框、列表框与哪一列中的数据绑定。
- Value 属性：组合框、列表框的值。
- ListCount 属性：返回组合框、列表框中选项的总数目。
- Style 属性：组合框的类型。其中，0-下拉组合框；2-下拉列表框。
- MultiSelect 属性：设置列表框是否可以进行多重选择的属性。

（2）组合框与列表框的常用方法

组合框与列表框的常用方法如下。

- AddItem 方法：在组合框、列表框中加入一个选项，并可指定选项的 Index 号。
- AddListItem 方法：在组合框、列表框中加入一个选项，并可指定选项的 ID 号。
- RemoveItem 方法：在组合框、列表框中删除指定 Index 号的选项。
- RemoveListItem 方法：在组合框、列表框中删除指定 ID 号的选项。
- Clear 方法：清除组合框、列表框中所有的选项。
- Requery：重新生成组合框、列表框中所有的选项。

（3）组合框与列表框的区别

组合框与列表框的区别如下：

① 列表框任何时候都显示它的列表；而组合框平时只显示一个选项，待用户单击其向下按钮后才能显示可滚动的下拉列表。若要节省空间并且突出当前选项，可使用组合框。

② 组合框又分为下拉组合框与下拉列表框两类，前者允许用户输入数据项，兼有文本框和列表框的功能。而列表框与下拉列表框仅有选项功能。

③ 列表框可以通过 MultiSelect 属性指定可以在列表框中进行多项选择，而组合框则没有 MultiSelect 属性。

例 6-9　设计一个表单 form9，将“student”表中的“学号”放在“可用字段”的组合框中，添加“选定字段”列表框，用于存放从“可用字段”中选定的选项，单击“可用字段”中的学号，添加到“选定字段”中。

① 打开“表单设计器”窗口，表单的 Caption 属性为“列表框与组合框”，将“student”表添加到表单的“数据环境”中。

② 添加两个标签、一个组合框、一个列表框、一个命令按钮。

③ 设置属性。

两个标签的 Caption 属性分别为：可用字段、选定字段，字号为 16。

组合框：

- RowSouceType=6-字段
- RowSource=学号
- ControlSource=学号
- Style=2-下拉列表框

命令按钮：

Caption="添加"

④ 编写事件代码。

“添加”按钮的 Click 事件代码如下：

```
THISFORM.List1.AddItem(THISFORM.Combo1.Value)
```

（5）保存表单并运行。运行结果如图 6-35 所示。

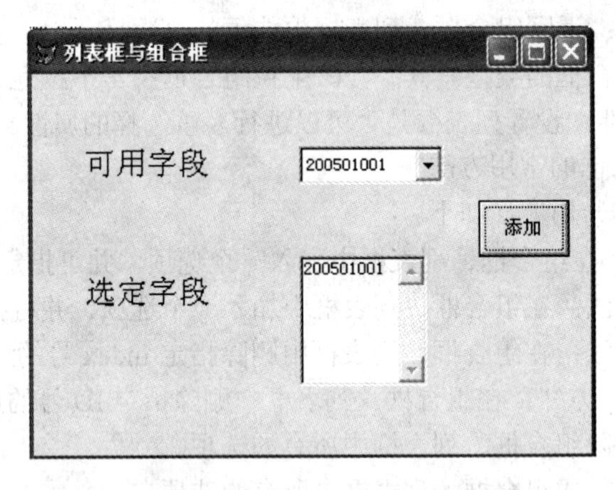

图 6-35 “列表框与组合框”实例

6．命令按钮组

可使用命令按钮组控件创建一组命令按钮，并且可以单个或作为一组操作其中的按钮。而使用命令按钮控件只能创建单个命令按钮。

命令按钮组的常用属性如下。

- BottonCount 属性：指定命令组或选项组中的按钮数。
- Buttons 属性：访问一个控件组中每个按钮的数组。
- Enabled 属性：设置命令按钮组的有效性。
- Value 属性：值。默认为 1。如单击命令按钮组第 2 个命令按钮，Value 值为 2。

例 6-10　建立一个表单 FORM10，浏览“student”表中的记录。

① 打开“表单设计器”窗口，表单的 Caption 属性为“命令按钮组”。将“student”表添加到表单的“数据环境”中，将表中的字段拖到表单中。

② 添加命令按钮组。

③ 设置属性：右击“命令按钮组”，单击快捷菜单中的“生成器”命令，弹出“按钮组生成器”，选择“1.按钮”选项卡，“按钮个数”输入为 5，标题分别为：第一条、上一条、下一条、最后一条、退出，如图 6-36 所示。选择“2.布局”选项卡，按钮布局选择“水平排列”，单击“确定”按钮。

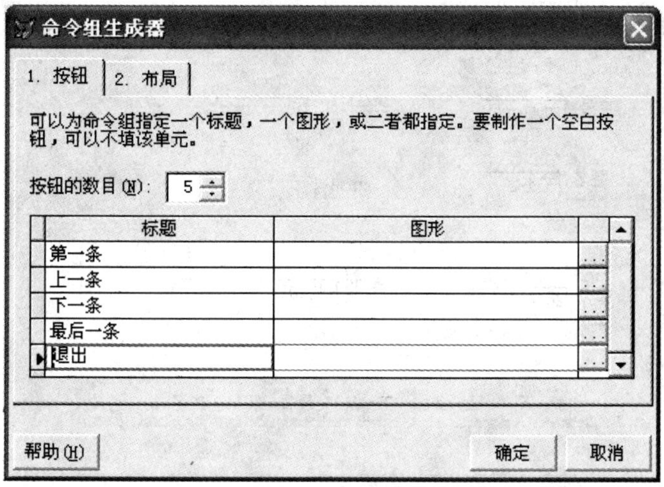

图 6-36 “命令组生成器”对话框

④ 编写命令按钮组的 Click 事件代码如下：

```
DO CASE
    CASE THIS.Value=1
GOTO TOP
THISFORM.Refresh
CASE THIS.Value=2
SKIP -1
IF BOF()
    GOTO TOP
ENDIF
THISFORM.Refresh
CASE THIS.Value=3
SKIP
IF EOF()
    GOTO BOTTOM
ENDIF
THISFORM.Refresh
CASE THIS.Value=4
GOTO BOTTOM
THISFORM.Refresh
```

```
CASE THIS.Value=5
        THISFORM.Release
ENDCASE
```

⑤ 保存表单 FORM10。运行结果如图 6-37 所示。

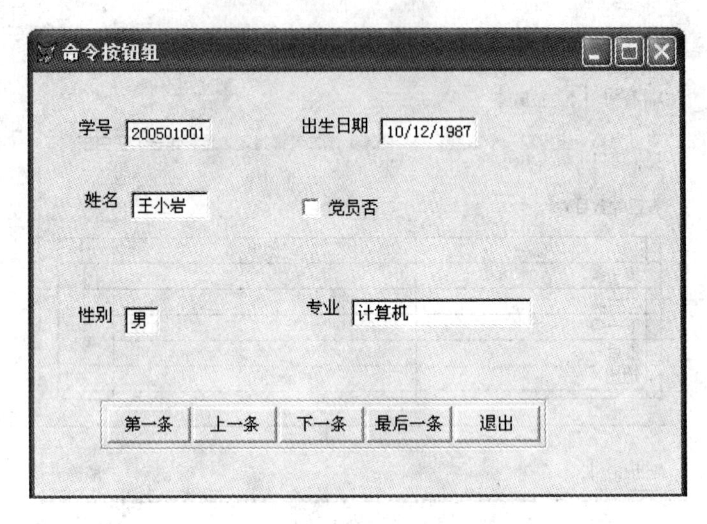

图 6-37 表单运行结果

7. 复选框与选项按钮组

复选框与选项按钮组是对话框中常见的对象，复选框允许选择多项，选项按钮则只能在多个选项中选择一项，所以复选框可以在表单中独立存在，选项按钮只存在于它的容器选项按钮组中。

（1）复选框

多个复选框组成一组，从中可选择多项。也可用来编辑表中的逻辑型字段。常用的属性如下。

- Caption 属性：指定复选框的标题（显示在复选框旁边的文本）。
- Alignment 属性：设置复选框的文本对齐方式。
- Value 属性：用来标识 3 种状态：.T.、.F.和 Null。0 或.F.表示未选中状态，1 或.T.表示选中状态，大于等于 2 或 Null 表示不确定状态。
- ControlSource 属性：设置选项按钮组与表中哪一个字段绑定或哪一个变量绑定。
- Picture 属性：指定复选框显示的图形。

（2）选项按钮组

选项按钮组是包含选项按钮的容器。选项按钮组只允许从中选择一个按钮。选定某个选项按钮将释放以前的选择，同时使该选项按钮成为当前选定按钮。选项按钮旁边的圆点指示当前的选择。

① 选项按钮组的常用属性如下。

- Value 属性：表明被选定按钮的序号，默认值为 1。若 Value 值为 0，表示没有一个按钮会呈现选定状态。

- ButtonCount 属性：设置选项按钮组中包含的选项按钮的个数。
- Buttons 属性：是一个数组属性，存储选项按钮组中每一个选项按钮。
- ControlSource 属性：设置选项按钮组与表中哪一个字段绑定或哪一个变量绑定。
- Enabled 属性：设置选项按钮组的有效与无效。
- BorderStyle 属性：边框类型属性，选项有“1-固定单线（默认值），0-无”。

② 选项按钮的常用属性如下。

- Caption 属性：选项按钮的标题。
- Style 属性：设置选项按钮的外观：0-标准，1-图形。
- Picture 属性：设置在图形方式下的选项按钮上显示的图片。

例 6-11　通过表单输入记录到“student”表。

① 打开“表单设计器”窗口，表单的 Caption 属性为“输入记录”，将“student”表添加到表单的“数据环境”中。添加控件，设置控件对象属性，如图 6-38 所示。

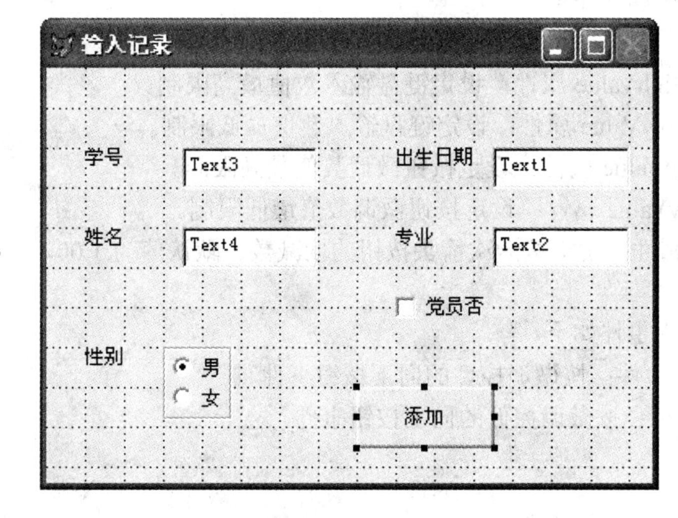

图 6-38　表单设计界面

② 编写“添加”命令按钮的 Click 事件代码如下：

```
A=THISFORM.TEXT3.VALUE
B=THISFORM.TEXT4.VALUE
C=CTOD(THISFORM.TEXT1.VALUE)
D=THISFORM.TEXT2.VALUE
IF(THISFORM.Optiongroup1.value=1)
E=THISFORM.Optiongroup1.Option1.Caption
ELSE
E=THISFORM.Optiongroup1.Option2.Caption
ENDIF
IF THISFORM.Check1.Value=1
```

```
        F=.T.
    ELSE
        F=.F.
    ENDIF
    INSERT INTO student(学号,姓名,出生日期,专业,性别,党员否)VALUES(A,B,C,D,E,F)
```

③ 保存表单 FORM11。

注意：出生日期输入格式为“月/日/年”。

8. 微调控件

微调控件用于接收给定范围之内的数值输入。它既可用键盘输入，也可单击该控件的上箭头或下箭头按钮来增减其当前值。

（1）常用的属性

微调控件的常用属性如下。

- Value 属性：表示微调控件的当前值。
- KeyBoardHighValue 属性：设定键盘输入数值最高限制。
- KeyBoardLowValue 属性：设定键盘输入数值最低限制。
- SpinnerHighValue 属性：设定按钮微调数值最高限制。
- SpinnerLowValue 属性：设定按钮微调数值最低限制。
- Increment 属性：设定按一次箭头按钮的增减数。默认值为 1.00。

（2）常用的事件

微调控件的常用事件如下。

- DownClick 事件：按微调控件的向下按钮事件。
- UpClick 事件：按微调控件的向上按钮事件。

9. 计时器

计时器控件能周期性地按时间间隔自动执行它的 Timer 事件代码，在应用程序中用来处理可能反复发生的动作。由于在运行时不必看见它，因此 VFP 将其隐藏起来，变成不可见的控件。

（1）常用的属性

计时器控件的常用属性如下。

- Interval 属性：表示 Timer 事件的触发时间间隔，单位为毫秒。
- Enabled 属性：当该属性为.T. 时，计时器被启动。

（2）常用的事件

计时器控件的常用事件如下。

- Timer 事件：表示执行的动作。

例 6-12 显示时间，时间间隔由微调控件。

① 打开表单设计器，添加一个标签、一个计时器、一个微调控件，如图 6-39 所示。

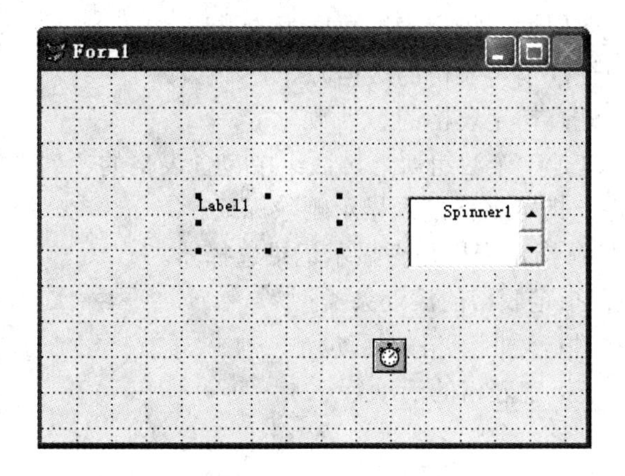

图 6-39　定时器实例

② 设置属性。

微调控件 Spinner1 的属性如下。

- KeyBoardHighValue 属性：1000
- KeyBoardLowValue 属性：100
- SpinnerHighValue 属性：1000
- SpinnerLowValue 属性：100
- Increment 属性：100
- Value 属性：100
- 时钟的 Interval 属性：100
- 标签的 Caption 属性：空

③ 编写代码：计时器的 Timer()事件代码如下。

```
THISFORM.Timer1.Interval=THISFORM.Spinner1.Value
THISFORM.Label1.Caption=Time()  &&标签显示当前时间。
```

④ 保存表单 FORM12。

10. 表格

表格控件可以设置在表单或页面中，用于显示表中的字段。用户可以修改表格中的数据。

（1）表格的组成

表格组成如下。

- 表格：由若干列组成。
- 列：一列可显示表的一个字段，列由列标题和列控件组成。
- 列标题：默认显示字段名，可以修改。
- 列控件：一列必须设置一个列控件，该列中的每个单元格都可用此控件来显示字段值。

（2）表格的常用属性

表格的常用属性如下。

- RecordSourceType 属性：指定表格数据源的类型。
- RecordSource 属性：指定表格的数据源。
- ColumnCount 属性：指定表格的总列数。
- Columns 属性：这是一个数组属性，数组中包含表格的各列对象。
- DeleteMark 属性：指定表格是否显示删除标记。
- RecordMark 属性：指定表格是否显示记录选择器。
- ScrollBars 属性：指定表格的滚动条类型。
- ActiveColumn 属性：返回表格的活动列。
- ActiveRow 属性：指定表格的活动行。

（3）列的常用属性

列的常用属性如下。

- ControlSource 属性：指定列的数据源。
- CurrentControl 属性：指定列中的当前控件。
- Sparse 属性：指定列中的当前控件是显示在当前单元格中，还是显示在所有单元格中。
- Caption 属性：指定列标题。
- ColumnOrder 属性：指定列的顺序。
- Alignment 属性：指定列中文本的对齐方式。

例 6-13　课程查询表单 search_co，运行效果如图 6-40 所示。

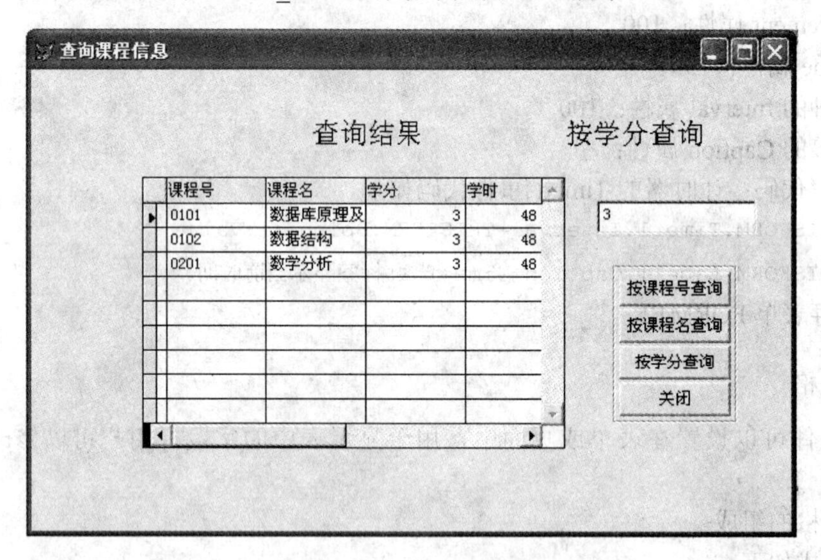

图 6-40　表格设计实例

① 打开“表单设计器”窗口，表单的 Caption 属性为“查询课程信息”。

② 将“course”表添加到表单的“数据环境”中。将整个表拖动到表单中，添加命令按钮组，添加标签、文本框，设置标签的 Caption 属性分别为：查询结果、请输入查询内容。

③ 设置命令按钮组中的 Click 事件代码如下：

```
do case
 case thisform.commandgroup1.value=1
   thisform.label2.caption="按课程号查询"
   set filter to 课程号=alltrim(thisform.text1.value)
 case thisform.commandgroup1.value=2
   thisform.label2.caption="按课程名查询"
   set filter to 课程名=alltrim(thisform.text1.value)
 case thisform.commandgroup1.value=3
   thisform.label2.caption="按学分查询"
   set filter to 学分=val(thisform.text1.value)
 case thisform.commandgroup1.value=4
    thisform.release
endcase
thisform.text1.setfocus
thisform.refresh
```

④ 保存表单 search_co。

例 6-14　统计学生成绩表单 count_sc，运行效果如图 6-41 所示。

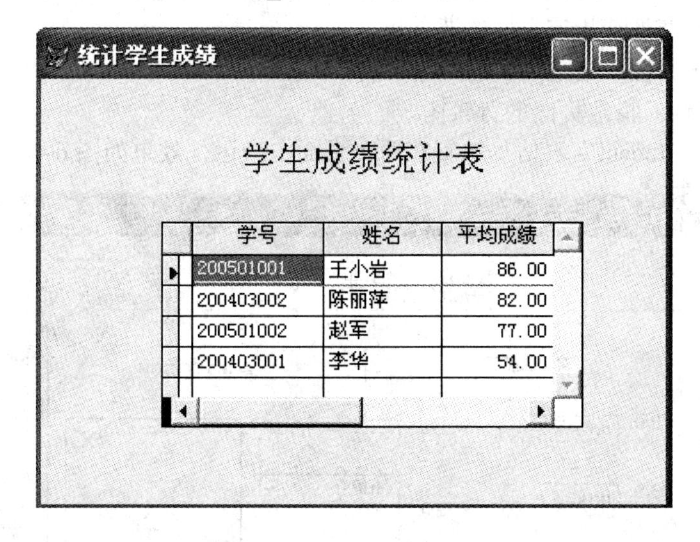

图 6-41　统计学生成绩表单

① 打开“表单设计器”窗口，Caption 属性为“统计学生成绩”，添加一个标签控件 Caption 属性为“学生成绩统计表”，添加一个表格控件。

② 表格控件的 RecordSocureType 为：0-表；RecordSocure 为 a。

③ 编写代码。

表单的 Load 事件代码如下。

```
select student.学号,姓名,avg(成绩) as 平均成绩 from student,score where
student.学号=score.学号 group by  score.学号 order by 3 desc into dbf a
```

表单的 UnLoad 事件：

```
drop table a
```

④ 保存表单 count_sc。

11. 页框

页框是一个容器型控件，其中包含页面，而页面控件本身也是一个容器型控件，在页面中可以添加其他控件对象。

（1）页框的常用属性

页框的常用属性如下。

- PageCount 属性：设置页框中的页面数。
- Pages 属性：存放页面对象的数组属性。
- ActivePage 属性：活动页面的编号。
- TabStretch 属性：页的排列方式：0-单行，1-多重行。
- TabStyle 属性：指定页框中页面的显示类型：0-两端（默认值），1-非两端。

（2）页面的常用属性

页面的常用属性如下。

- Caption 属性：指定页面的标题。
- BackColor 属性：指定页面的背景色。
- PageOrder 属性：指定页面的顺序。
- Picture 属性：指定页面的背景图。

例 6-15　将“student”表信息放置在两个页面中，运行效果如图 6-42 所示。

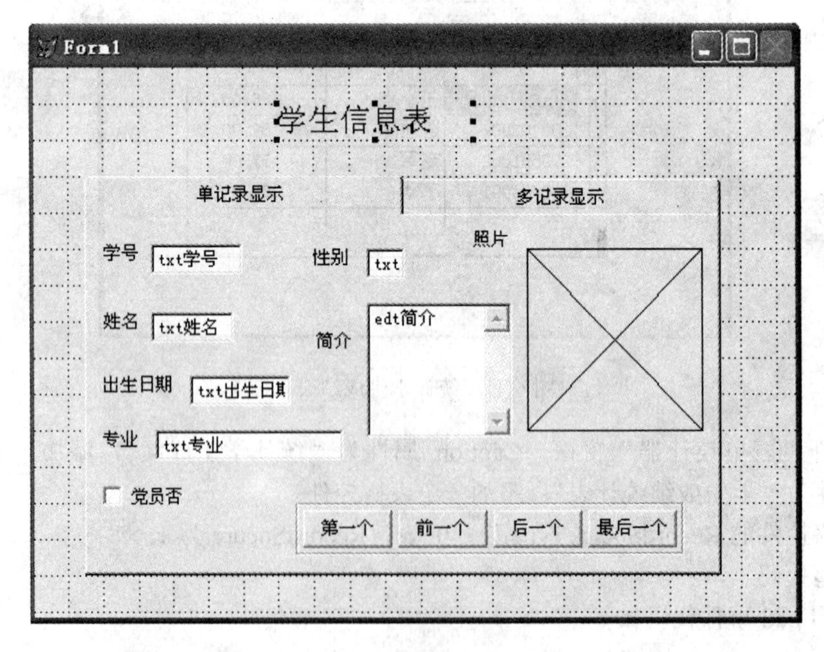

图 6-42 “页框”实例

① 打开“表单设计器”窗口，添加一个标签控件和页框控件。

② 选择“页面”进行设计。首先，单击页框选择整个页框控件，然后在“属性”窗口中选择 Page1，此时该页框的周围有一圈绿线框，Caption 属性为“单记录显示”，采用同样方法将 Page2 的 Caption 属性改变为“多记录显示”。

③ 添加“数据环境”，加入“student”表，将各字段拖到 Page1 中，将整个表拖到 Page2 中。

④ 在 Page1 中添加命令按钮组，设置 Caption 属性为：第一个、前一个、后一个、最后一个。

⑤ 编写命令按钮组的 Click 事件代码如下：

```
DO CASE
    CASE THIS.Value=1
GOTO TOP
THISFORM.Refresh
CASE THIS.Value=2
SKIP -1
IF BOF()
    GOTO TOP
ENDIF
THISFORM.Refresh
CASE THIS.Value=3
SKIP
IF EOF()
    GOTO BOTTOM
ENDIF
THISFORM.Refresh
CASE THIS.Value=4
GOTO BOTTOM
THISFORM.Refresh
ENDCASE
```

⑥ 保存表单 FORM15。

6.5　多表单设计

在开发应用程序的过程中，经常要设计多个窗口来共同完成一个比较复杂的操作，而一个表单对象只显示一个窗口，因此需要设计多个表单，组成表单集。

6.5.1 表单集

1．表单集概述

表单集是一个容器对象，其中可包含一个或多个表单。在运行表单集时，它所包含的所有表单将被加载。利用表单集可实现多窗口操作。表单集具有以下优点：

① 可显示或隐藏表单集中的表单。运行表单时，表单集中的表单能相互切换。

② 能可视地调整各表单的相对位置。

③ 由于表单集及其所有的表单都存储在同一个.SCX 文件中，因而这些表单共享一个数据环境，只要经过适当连接，就能使各表单中表的记录指针同步移动。

2．表单集的创建

打开“表单设计器”窗口，选择“表单”/“创建表单集”选项。

3．表单集的删除

可用“表单”/“移去表单集”选项删除表单集。

注意：只有当表单集只有一个表单时才可删除表单集，表单集删除后表单还存在。

4．表单集的释放

释放只是从内存中删除表单集，但文件仍然存在。释放表单集的方法有两种：

① 使用 RELEASE THISFOREMSET 命令释放表单集并关闭其中所有的表单。

② 表单集随最后一个表单的释放而自动释放，此时应设置表单集的 AutoRelease 属性为.T.。

5．表单集的编辑

（1）编辑表单集或其中的表单

要编辑表单，可通过选择相应的表单窗口，或在“属性”窗口的对象列表框中选定某表单来打开它；但要编辑表单集，则只能在“属性”窗口的对象列表中选定。

（2）添加表单

表单集创建后，就可选择“表单”/“添加新表单”选项来添加表单了。

注意：此时加入的表单集只能是新表单，不能将已存在的表单加入表单集。

（3）移去表单

若要从表单集中移去表单，应先选择相应的表单窗口，然后选择“表单”/“移除表单”选项。

例 6-16 建立一个表单集，其中包含一个学生信息表单、一个课程信息表单和一个主窗口，运行效果如图 6-43 所示。

主窗口
学生信息表
课程信息表
显示
关闭

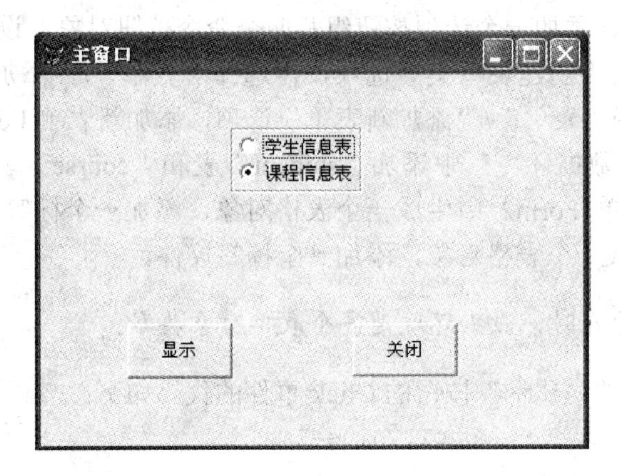

图 6-43　主窗口

选择“学生信息表”，单击“显示”按钮，显示内容如图 6-44 所示。

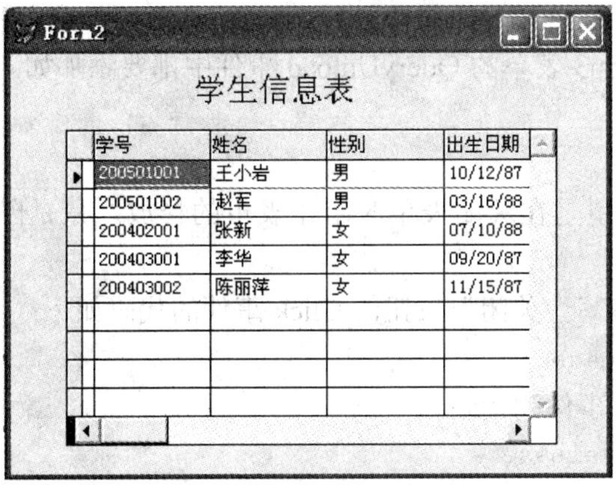
Form2
学生信息表
学号 姓名 性别 出生日期
200501001 王小岩 男 10/12/87
200501002 赵军 男 03/16/88
200402001 张新 女 07/10/88
200403001 李华 女 09/20/87
200403002 陈丽萍 女 11/15/87

图 6-44　“学生信息表”表单

选择主窗口中的“课程信息表”，单击“显示”按钮，显示内容如图 6-45 所示。

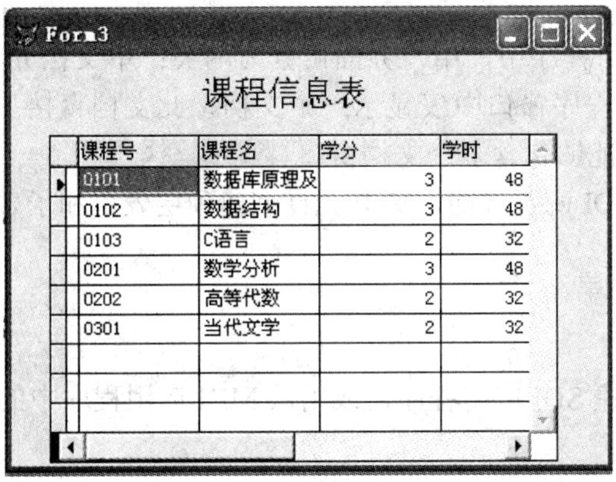
Form3
课程信息表
课程号 课程名 学分 学时
0101 数据库原理及 3 48
0102 数据结构 3 48
0103 C语言 2 32
0201 数学分析 3 48
0202 高等代数 2 32
0301 当代文学 2 32

图 6-45　“课程信息表”表单

① 创建一个表单，添加一个选项按钮组和两个命令按钮对象，设置相应的属性。

② 选择“表单”/“创建表单集”选项，再选择“表单”/“添加新表单”选项，添加新表单 Form2；再选择“表单”/“添加新表单”选项，添加新表单 Form3。

③ 在表单集的“数据环境”中添加“student”表和“course”表，将“数据环境”中“student”表拖到该表单 Form2 中生成一个表格对象，添加一个标签控件将“course”表拖到该表单 Form3 中生成一个表格对象，添加一个标签控件。

注意：有表单集存在时，数据环境是多个表单对象共享。

④ 编写主窗口中的“显示”按钮的 Click 事件的代码如下：

```
IF THISFORM.OptionGroup1.Value=1
    THISFORMSET.Form2.Show
ELSE
    THISFORMSET.Form3.Show
ENDIF
```

⑤ 在 Form2 和 Form3 表单的 QueryUnload 事件中都要添加如下代码：

```
THIS.Hide
NODEFAULT
```

说明：该代码的作用是在关闭表单时阻止表单的释放，只是隐藏表单，这样可以反复显示或隐藏表单。

⑥ 在主窗口中，编写“关闭”按钮的 Click 事件的代码如下：

```
THISFORM.Release。
```

在该表单的 Unload 事件的代码如下：

```
THISFORMSET.Release
```

⑦ 保存表单 FORM16。

6.5.2 单文档界面和多文档界面

在 VFP 创建的应用程序中，用户界面可分为两类：单文档界面（SDI）和多文档界面（MDI）。SDI 是指应用程序窗口中仅显示一个文档，此文档直接显示在应用程序窗口内；MDI 指应用程序窗口中能够包含多个文档窗口。

为了支持 SDI 与 MDI 两类界面，VFP 允许创建顶层表单和子表单。

1. 顶层表单与子表单

（1）顶层表单

顶层表单适用于创建 SDI 应用程序，或用做 MDI 应用程序中的父表单。

（2）子表单

子表单用于创建 MDI 应用程序的文档窗口，子表单又可分为非浮动表单和浮动表单。

非浮动表单是不可移动到父表单之外的表单，它最小化时将显示在父表单的底部。

浮动表单则可移动到桌面，但不能置于父窗口之后，它最小化时将显示在桌面底部。若要使子表单能浮动，可将其 Desktop 属性设置为.T.。

（3）顶层表单或子表单的确定

表单的 ShowWindow 属性用来指定该表单为顶层表单还是子表单。该属性值的含义如下。

- 0：本表单作为 VFP 主窗口的子表单。
- 1：本表单作为顶层表单的子表单。
- 2：本表单作为顶层表单显示在桌面上。

2. 子表单的操作

（1）子表单的最大化

若要使子表单最大化后与父表单组合成一体，即包含在父表单中并共享父表单的标题栏、标题、菜单及工具栏，可将表单的 MDIForm 属性设置为.T.。

如果希望子表单最大化后成为一个独立窗口，即保留它本身的标题和标题栏并占据父表单的全部用户区域，则应将表单的 MDIForm 属性设置为.F.。

（2）子表单的调用

若要显示子表单，可在顶层表单相应事件代码中写入：DO FORM <表单文件名>。

注意：不能在顶层表单的 Init 事件中调用子表单，因为此时顶层表单本身尚未激活。

例 6-17　设计多文档界面，当单击顶层表单时，弹出子表单。运行效果如图 6-46 所示。

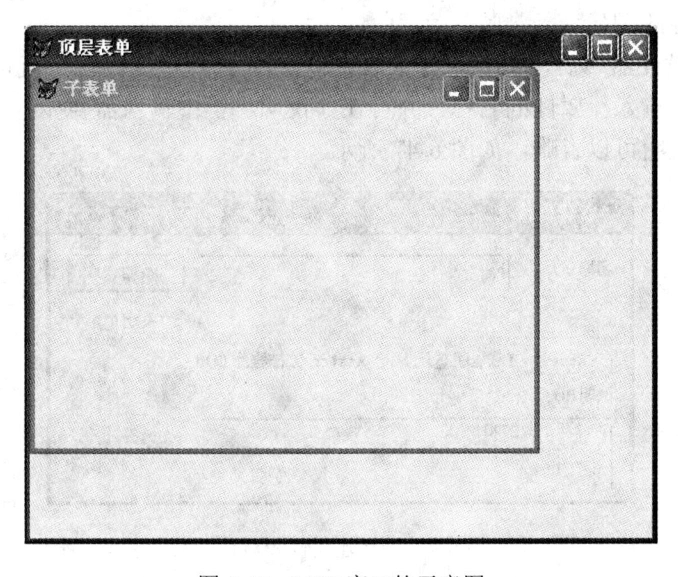

图 6-46　MDI 窗口的示意图

① 打开“表单设计器”窗口，Caption 属性设置为“子表单”，ShowWindow 设置为“1-在顶层表单中”，MDIForm 属性设置为.T.。

② 打开“表单设计器”窗口，设置 ShowWindow 属性为“2-作为顶层表单”，表单的 Caption 设置为“顶层表单”。

③ 设置顶层表单的 Click 事件代码如下：

```
do form zi.scx
```

④ 保存表单 FORM17。

6.6 用户定义属性与方法程序

根据 VFP 系统的规定，表单有自己的属性、事件和方法程序，这些对象特性为设计表单提供了方便。此外，VFP 还允许用户为对象定义属性和方法程序。

用户定义的属性类似于变量，用户定义的方法程序则相当于过程。用户定义属性或方法程序的作用范围是整个表单文件。用户定义的属性和方法程序的用法与系统给出的属性、方法程序一致。

6.6.1 用户定义属性

不言而喻，定义属性包括属性名与属性值。用户定义的属性可分为变量属性和数组属性。

1. 变量属性

（1）变量属性的创建

打开“表单设计器”后，只要选择“表单”/“新建属性”选项，就可以在弹出的“新建属性”对话框中输入新属性的名称，并可在“说明”框中输入需要显示在“属性”窗口底部的属性说明，说明可以省略，如图 6-47 所示。

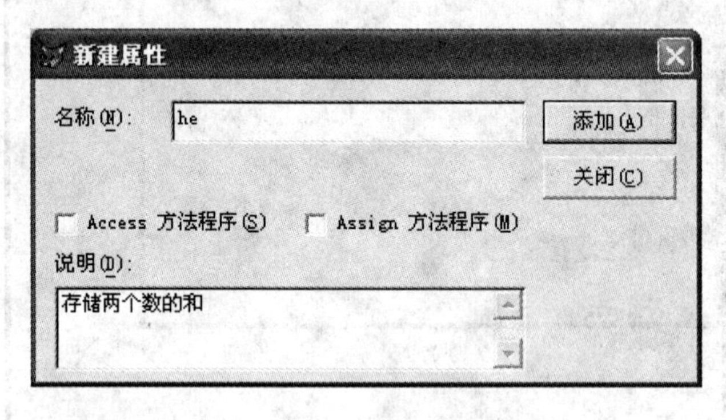

图 6-47 “新建属性”对话框

单击“添加”按钮，再单击“关闭”按钮，创建的变量属性将显示在“属性”窗口的“全部”选项卡中，其初值为.F.。与其他属性一样，用户可以在“属性”窗口更改变量属性的值。

（2）变量属性的编辑

选择“表单”/“编辑属性/方法程序”选项，打开“编辑属性/方法程序”对话框，如图 6-48 所示。该对话框可以用于修改用户定义的属性或方法的名称与说明，也可以删除属性与方法程序的功能。

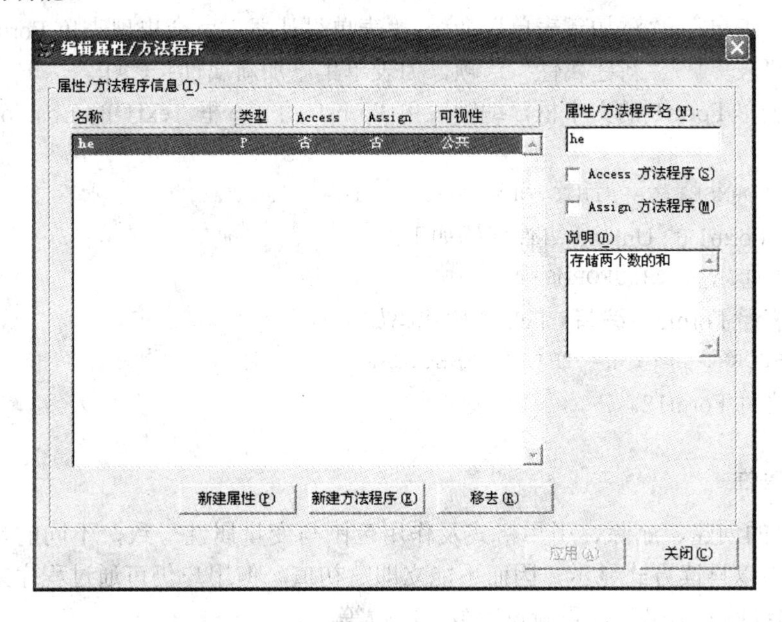

图 6-48 “编辑属性/方法程序”对话框

（3）变量属性的引用格式

变量属性的引用格式如下。

- 凡在表单集存在时创建的变量属性对表单集中的所有表单都有效，其引用格式为：THISFORMSET.变量属性名
- 对于单表单的表单文件，所创建的变量属性仅在该表单中有效，其引用格式为：THISFORM.变量属性名

例 6-18 用表单集实现，在表单 Form1 的文本框中输入的内容作为表单 Form2 的标题，用变量属性来实现这一功能，运行效果如图 6-49、图 6-50 所示。

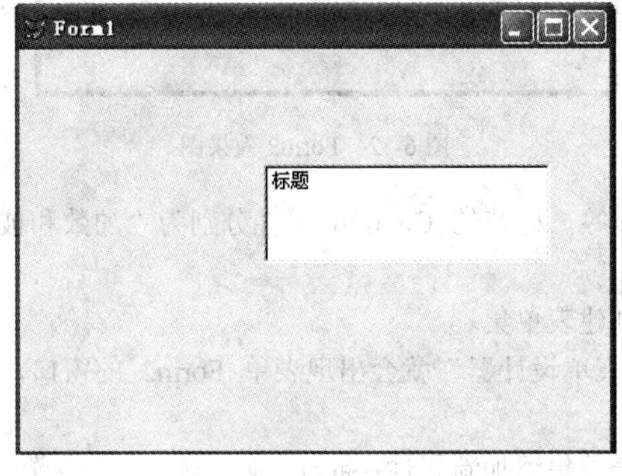

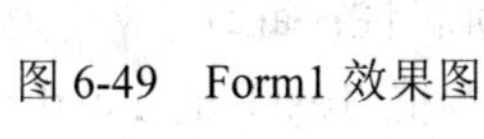

图 6-49　Form1 效果图

图 6-50　Form2 效果图

① 创建表单 Form1，添加一个文本框。

② 选择“表单”/“创建表单集”选项，创建表单集。

③ 选择“表单”/“添加新表单”命令，“表单设计器”就会出现表单 Form2 窗口。

④ 选择“表单”/“新建属性”选项，为表单集添加新属性：CAP。

⑤ 选择表单 Form1 的文本框，编写表单 Form1 的文本框 Text1 的 LostFocus 事件代码如下：

```
THISFORMSET.CAP=THISFORM.Text1.value
```

编写表单 Form1 的 Unload 事件代码如下：

```
RELEASE THISFORMSET
```

⑥ 选择表单 Form2，编写 Click 事件代码如下：

```
THISFORM.Caption= THISFORMSET.CAP
```

⑦ 保存文件 Form18。

2．数组属性

数组属性的创建、删除、引用格式及作用范围与变量属性一致，不同的是数组属性在“属性”窗口中以只读方式显示，因而不能立即赋初值。但用户仍可通过程序来管理数组，包括对数组属性的元素赋值、重新设置数组维数等。

例 6-19 应用数组变量实现在表单 Form1 的文本框中输入两个数，在表单 Form2 中求和。运行效果如图 6-51、图 6-52 所示。

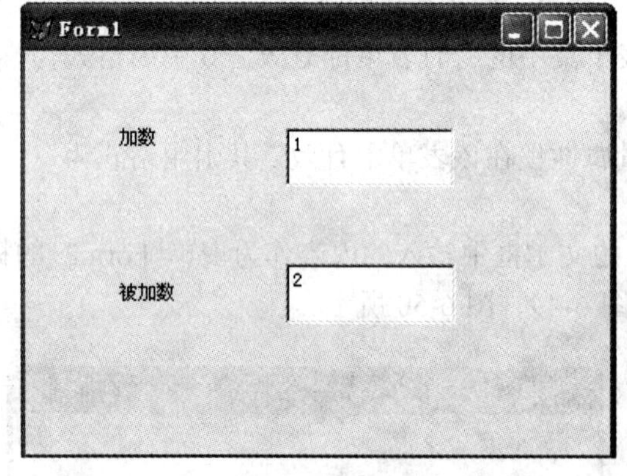

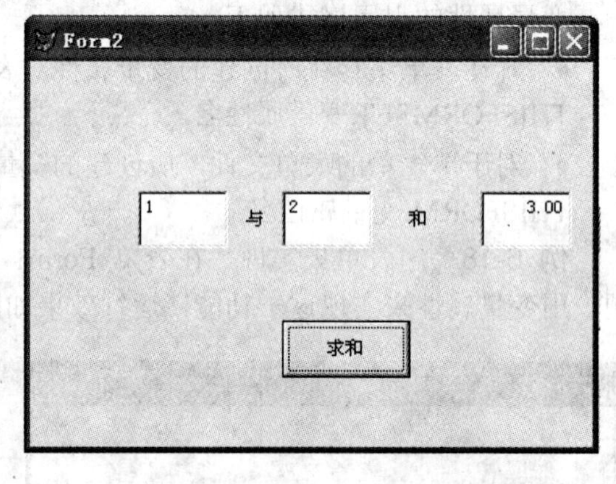

图 6-51 Form1 效果图　　图 6-52 Form2 效果图

① 创建表单 Form1，添加两个文本框和标签，标签的 Caption 属性分别为“加数和被加数”。

② 选择“表单”/“创建表单集”选项，创建表单集。

③ 选择“表单”/“添加新表单”命令，“表单设计器”就会出现表单 Form2 的窗口，添加 2 个标签、3 个文本框和 1 个按钮。

④ 选择“表单”/“新建属性”选项，为表单集添加新属性：a(2)。

⑤ 选择表单 Form1 的文本框，编写表单 Form1 的文本框 Text1 的 LostFocus 事件代码如下：

```
THISFORMSET.a(1)=THISFORM.Text1.value
```

编写文本框 Text2 的 LostFocus 事件代码如下：

```
THISFORMSET.a(2)=THISFORM.Text2.value
```

编写表单 Form1 的 Unload 事件代码如下：

```
RELEASE THISFORMSET
```

⑥ 选择表单 Form2，编写命令按钮求和的 Click 事件代码如下：

```
THISFORM.Text1.value=THISFORMSET.a(1)
THISFORM.Text2.value=THISFORMSET.a(2)
THISFORM.Text3.value=val(THISFORMSET.a(1))+val(THISFORMSET.a(2))
```

⑦ 保存文件 Form19。

6.6.2　用户定义方法程序

所谓用户定义方法程序，就是用户为表单或表单集定义的过程。

1．方法程序的创建

若要在表单中创建一个新方法，选择“表单”/“新建方法程序”命令，弹出如图 6-53 所示的对话框。在“新建方法程序”对话框中输入方法程序的名称，并在需要时输入有关的程序说明。单击“添加”按钮。

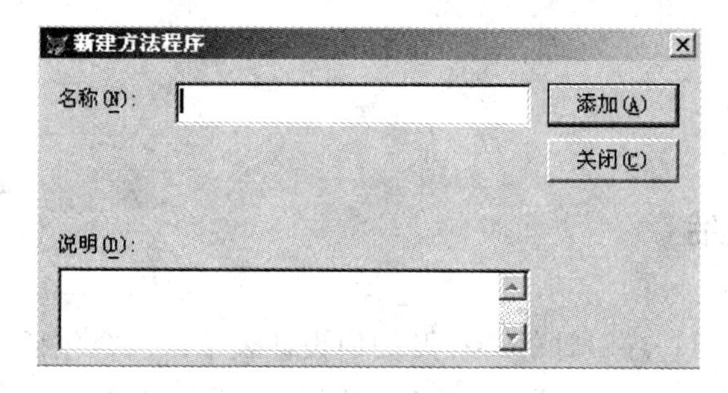

图 6-53　“新建方法程序”对话框

2．代码编辑

选择相应的对象，双击“属性”窗口中的列表中相应的用户定义方法程序名，即可打开代码编辑窗口并对其进行编辑。

3．用户定义方法程序的调用

对于整个表单集有效的用户定义方法程序，其调用的基本格式为：

THISFORMSET.方法程序名

仅对当前表单有效的用户定义方法程序，其调用的基本格式为：

THISFORM.方法程序名

例 6-20 创建一个表单集包含两个表单，单击表单 Form2，调用用户定义方法程序，在表单 Form1 的标签中显示系统时间。

① 打开“表单设计器”Form1，添加一个标签 Label1 和一个计时器 Timer1，Interval 属性为 500，标签的 Visible 属性为.F.。

② 选择“表单”/“创建表单集”选项，创建表单集 Formset1。

③ 选择“表单”/“添加新表单”选项，“表单设计器”就会出现表单 Form2 的窗口。

④ 选择“表单”/“新建方法程序”选项，为表单集添加新方法，名称输入为：clock。说明输入为：显示时间。单击“添加”按钮，再单击“关闭”按钮。

⑤ 输入 clock 方法程序的代码如下：

```
THISFORMSET.Form1.Label1.Visible=.T. &&使标签可见，显示时钟。
THISFORMSET.Form1.Label1.Caption=time()
```

⑥ 编写其他控件的代码。

Label1 的 Click 事件代码如下：

```
THISFORM.Label1.Visible=.F.                 &&使标签隐藏。
```

Form2 的 Click 事件代码如下：

```
THISFORMSET. clock                          &&调用 clock 方法程序。
```

编写表单 Timer1 的 Timer 事件代码如下：

```
THISFORMSET.Form1.Label1.Caption=time()
```

编写表单 Form1 的 Unload 事件代码如下：

```
RELEASE THISFORMSET
```

⑦ 保存表单 Form2。

6.7 本章小结

本章介绍了面向对象程序设计的特点及如何设计表单，内容包括：

- 面向对象程序设计，即所谓的 OOP（Object Oriented Programming），它是将程序写在对象中，通过对象的事件和方法来执行程序。面向对象程序设计具有抽象性、封装性、继承性和多态性 4 个特点。
- 每一个对象都有对应的属性、方法和事件。类是已经定义了关于对象的特征和行为的模板。类是对象的抽象。类规定并提供了对象具有的属性、事件和方法。对象通过类来产生，对象是类的实例。
- 在 VFP 的面向对象程序设计中，对对象的引用使用对象的名称，即 Name 的属性，并遵循一定的格式。对象的引用分为绝对引用和相对引用。
- VFP 为用户提供了操作数据信息的交互式界面——表单。创建表单可以通过表单向导和表单设计器来实现。表单向导分为表单向导和一对多表单向导。
- 控件是组成表单界面的重要元素。可以把“表单控件”工具栏中的控件添加到表单中。本章介绍了常用控件的属性、事件和方法，并通过实例说明了控件的使用方法。

- 表单集是一个容器对象，其中可包含一个或多个表单。在运行表单集时，它所包含的所有表单将被加载。利用表单集可实现多窗口操作。

习题6

一、思考题

1．类与对象有何不同？

2．对象属性有几种引用方法？

3．利用 VFP 中的形状控件可以产生几种形状？

4．复选框 Value 的属性值有哪几种？

二、选择题

1．下面关于“类”的描述中，错误的是（　　）。

A．一个类包含了相似的有关对象的特征和行为方法

B．类只是实例对象的抽象

C．类并不实施任何行为操作，它仅仅表明该怎么做

D．类可以按所定义的属性、事件和方法实施行为操作

2．以下关于事件的说法中不正确的是（　　）。

A．事件是系统预先定义好的动作

B．事件可以由用户或系统触发

C．接收的事件可以由系统预先定义，也可由用户扩充

D．事件作用于对象，对象可以识别事件

3．下面对于 OOP 的描述错误的是（　　）。

A．OOP 用方法表现处理事物的过程

B．OOP 以对象及其数据结构为中心

C．OOP 用对象表现事物，用类表示对象的抽象

D．OOP 工作的中心是程序代码的编写

4．下面属于方法名的是（　　）。

A．GotFocus　　B．SetFocus　　C．LostFocus　　D．Activate

5．要引用一个控件所在的直接容器对象，可以使用下列（　　）关键字。

A．THIS　　B．THISFORM　　C．PARENT　　D．都可以

6．假定表单里有一个文本框对象 Text1 和一个命令按钮组对象 Com1，Com1 包含 C1 和 C2 两个命令按钮。如果要在 C1 命令按钮的某个事件中访问文本框的属性值，下列引用正确的是（　　）。

A．THIS.PARENT.PARNET.Text1. Value

B．THIS.THISFORM.Text1.Value

C．PARENT.PARENT.Text1.Value

D．THIS.PARENT.Text1.Value

7．下面关于数据环境与数据环境中关系的陈述中，正确的是（　　）。

A．数据环境是对象，关系不是对象

B．数据环境不是对象，关系是对象

C．数据环境和关系都不是对象

D．数据环境是对象，关系是数据环境中的对象

8．下面关于列表框和下拉列表框的叙述中，正确的是（　　）。

A．列表框与下拉列表框都可设置成多重选择

B．列表框可以设置成多重选择，而下拉列表框不能

C．下拉列表框可以设置成多重选择，而列表框不能

D．列表框和下拉列表框都不能设置成多重选择

9．不能作为文本框控件数据来源的是（　　）。

A．数值型字段　　B．内存变量　　C．字符型字段　　D．备注型字段

10．在表单中有一个命令按钮对象，它的 Click 事件代码为：

```
THIS.PARENT.BackColor=RGB(255,0,0)
```

将表单的 Enabled 属性数值设置为.F.，运行表单后，单击命令按钮，则下列说法正确的是（　　）。

A．命令按钮的背景色变成红色

B．表单的背景色变成红色

C．表单和命令按钮的背景色都为红色

D．表单和命令按钮的背景色保持不变

11．在 VFP 中创建表单主要有两种方法，它们分别是（　　）。

A．表单编辑器和快速表单　　B．表单设计器和表单对话框

C．表单设计器和表单向导　　D．表单设计工具栏和表单对话框

12．文本框对象不具有的属性为（　　）。

A．Caption　　B．ForeColor　　C．Value　　D．ControlSource

13．设置对象的 Tab 键次序有（　　）两种方式。

A．交互方式和按列表方式　　B．组合方式和按列表方式

C．交互方式和对话框方式　　D．编辑方式和运行方式

14．表单文件的扩展名和表单备注文件的扩展名分别是（　　）。

A．.DBF 和.FPT　　B．.DBC 和.DBT

C．.PRG 和.QPR　　D．.SCX 和.SCT

15．若要将形状对象设置为圆或椭圆，则要设置它的 Curvature 属性值为（　　）。

A．0　　B．1　　C．2　　D．99

16．命令按钮组中含有 5 个命令按钮，在表单运行时，单击第 4 个按钮，下列说法正确的是（　　）。

A．命令按钮组的 Value 属性和 ButtonCount 属性的数值都是 4
B．命令按钮组的 Value 属性和 ButtonCount 属性的数值都是 5
C．命令按钮组的 Value 属性是 4，ButtonCount 属性的数值是 5
D．命令按钮组的 Value 属性是 5，ButtonCount 属性的数值是 4

三、填空题

1．对象是_______的实例。

2．任何对象都具有自己的特征和行为。对象的特征由它的_______来描述，对象的行为则由它的_______和______来完成。

3．OOP 的中文含义为_______。

4．VFP 中表单文件以________扩展名存储，通过________属性来应用表单对象，而__________属性是设置表单标题栏中的信息。

5．复选框控件可以有 3 种状态，其 Value 属性值分别为.F.、.T.或__________。

6．如果要让表单第一次显示时自动位于主窗口中央，则应该将表单的__________属性设置为.T.。

7．组合框的数据源由 RowSource 属性和 RowSourceType 属性决定，如果 RowSource 属性中写入一条 SELECT-SQL 语句，则 RowSourceType 属性应设置为__________。

四、操作题

1．建立学生管理数据库 stu_3，数据库中建立 score_fs 表，其表结构是学号 C(10)、物理 I、高数 I、英语 I 和平均分 N(6.2)。成绩如果用–1 表示，则说明学生没有选学该门课程。

设计一个名为 form_my 的表单，表单中有两个命令按钮，按钮的名称分别为 CmdYes 和 CmdNo，标题分别为“统计”和“关闭”。

（1）单击“统计”按钮应完成：计算每一个学生的平均分并存入平均分字段。注意：分数为–1 不记入平均分。例如，一个学生的 3 门课成绩存储的是 90、–1、70，平均分应是 80。 根据上面的计算结果，生成一个新的表 P，该表只包括学号和平均分两项，并且按平均分的降序排序，如果平均分相等，则按学号的升序排序。

（2）单击“关闭”按钮，程序终止运行。

2．两个表分别为：X(产品编号，产品名，需求量，进货日期)，Y(产品名，规格，单价，数量)。

在表单向导中选取一对多表单向导创建一个表单。要求：从父表 X 中选取字段产品编号和产品名，从子表 Y 中选取字段规格和单价，表单样式选取“阴影式”，按钮类型使用“文本按钮”，按产品编号升序排序，表单标题为“产品介绍”，表单文件名是 form2。

第7章 报表

报表是数据打印输出的对象。在 VFP 中打印数据，一般先建立一个报表，从数据表中提取内容，然后再打印报表。

本章首先介绍如何利用向导设计报表，然后介绍如何利用“报表设计器”设计报表，最后介绍如何输出报表。

7.1 利用报表向导创建报表

对于初学者而言可以使用报表向导很容易地创建报表。报表向导自动列出创建报表的步骤，并在每一个步骤向用户提出各种问题，用户按步骤回答向导提出的各种问题，就可以正确地创建自己所需的报表。如果对设计不太满意，还可以通过“报表设计器”来修改。

报表向导分为以下两类。

- 报表向导：用于创建基于单张表的报表。
- 一对多报表向导：创建包含一组父表记录及相关子表记录的报表。

7.1.1 启动报表向导

启动“报表向导”有3种方法：

① 选择“文件”/“新建”选项，弹出“新建”对话框，在文件类型中选择“报表”，然后单击“向导”按钮，弹出“向导选取”对话框，如图7-1所示。

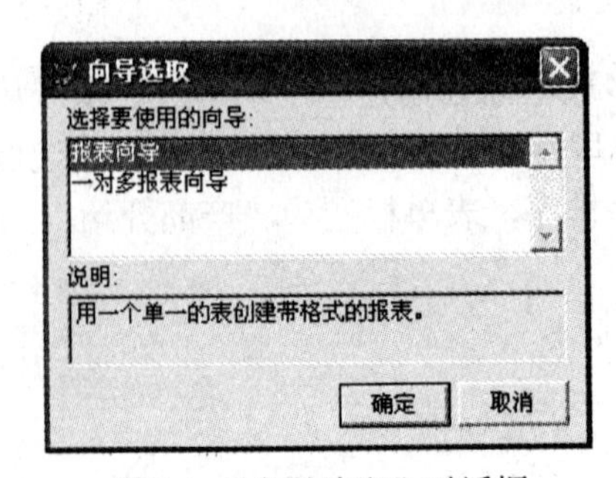

图7-1 “向导选取”对话框

② 单击工具栏上的“新建”按钮，弹出“新建”对话框，在文件类型中选择“报表”，然后单击“向导”按钮，弹出“向导选取”对话框。

③ 选择“工具”/“向导”选项，单击“报表”选项，弹出“向导选取”对话框。

7.1.2 利用报表向导创建报表

例 7-1 利用一对多报表向导创建学生信息表和成绩表的报表。

① 打开“向导选取”对话框。选择“文件”/“新建”选项，打开“新建”对话框，在文件类型中选择“报表”，然后单击“向导”按钮，弹出“向导选取”对话框，选择“一对多报表向导”，单击“确定”按钮。

② 从父表选择字段。在“一对多报表向导”对话框中，首先确定“步骤 1-从父表选择字段”。选择 XSGL 数据库，选择父表：STUDENT，选定字段：学号、姓名，如图 7-2 所示。单击“下一步”按钮。

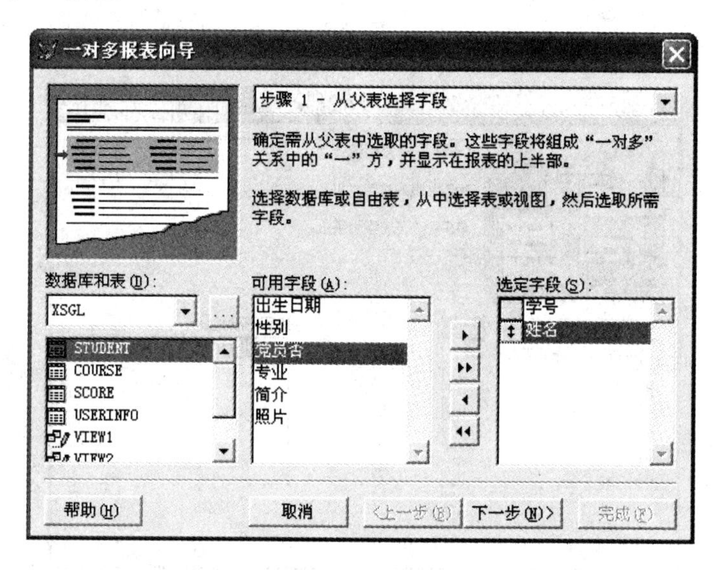

图 7-2 “步骤 1-从父表选择字段”对话框

③ 从子表选择字段。选择“SCORE”表作为子表，选定字段：学号、成绩，如图 7-3 所示。单击“下一步”按钮。

④ 为表建立关系。两个表按学号建立关系，这里保持不变，单击“下一步”按钮。

⑤ 选择排序顺序。从父表中选择学号作为排序的字段并按升序排序，如图 7-4 所示。单击“下一步”按钮。

⑥ 选择报表样式。选择报表样式：经营式。单击“总结选项”，弹出对话框，如图 7-5 所示。选择“只包含总结”，对成绩求平均值。单击“确定”按钮，返回“步骤 5-选择报表样式”，单击“下一步”按钮。

⑦ 完成。输入报表标题：学生成绩报表。单击“预览”按钮，出现如图 7-6 所示的报表打印效果。单击“完成”按钮，保存报表文件“学生成绩报表”。

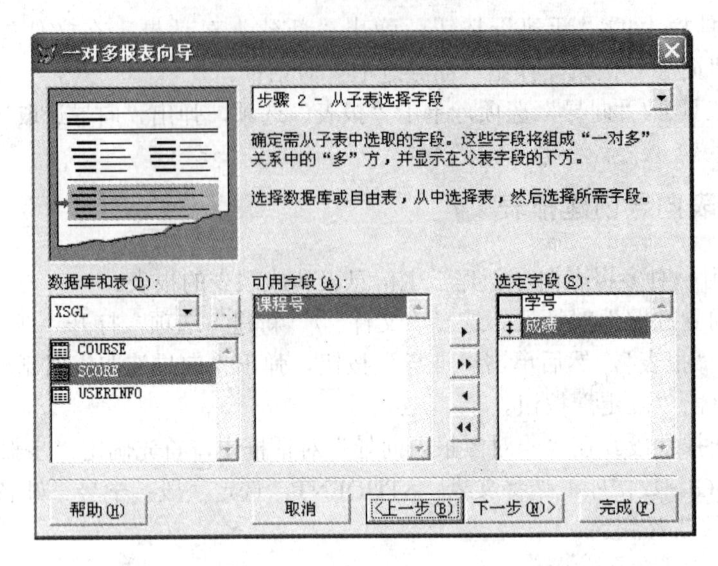

图 7-3 “步骤 2-从子表选择字段”对话框

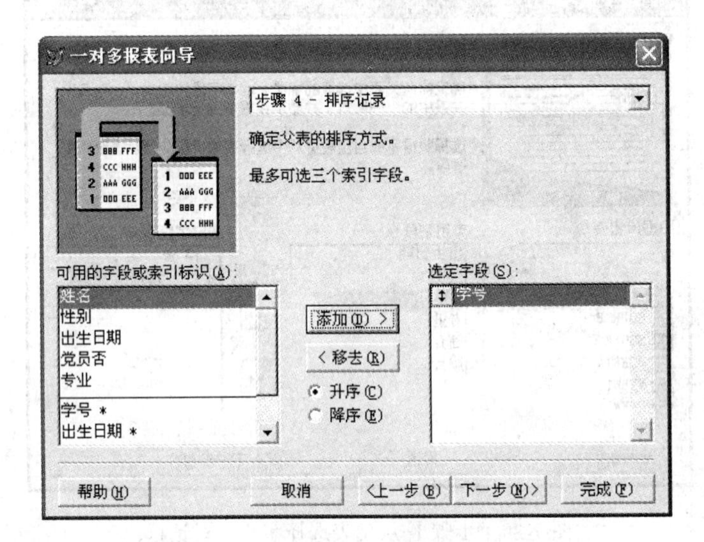

图 7-4 “步骤 4-排序记录”对话框

图 7-5 “总结选项”对话框

注意：报表文件的扩展名为.FRX。

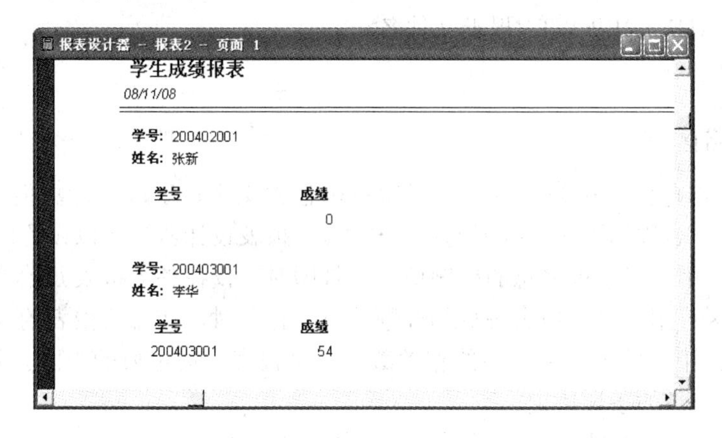

图 7-6 “报表预览”界面

7.2　利用报表设计器创建报表

7.2.1　报表设计器简介

1．打开“报表设计器”窗口

（1）菜单方式

选择“文件”/“新建”选项，在“新建”对话框中选择“报表”，单击“新建文件”按钮，打开“报表设计器”窗口，如图 7-7 所示。

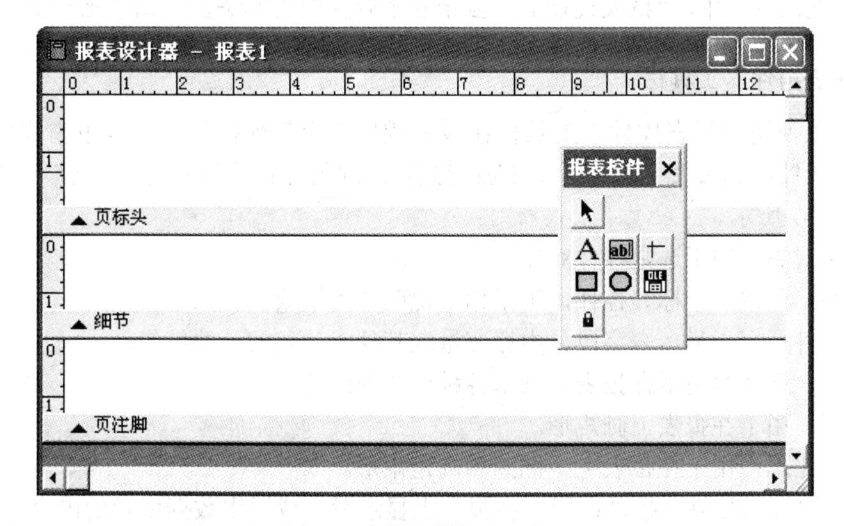

图 7-7 “报表设计器”窗口

（2）命令方式

格式：CREATE REPORT <报表文件名>

功能：创建报表。

2. 报表的带区

报表中每个白色区域称为带区。带区中可以包含文字、字段、计算值、用户自定义函数、图片等。带区名称标识在带区下的标识栏上。“报表设计器”可以设置以下带区。

① 标题区：用于显示报表总的标题信息。打印时，仅在整个报表开始处打印一次。

② 页标头区：用于显示报表每页的标题信息。打印时，在每页报表的开头打印一次。

③ 细节区：用于输出数据表中的相关数据，是报表中最主要的带区。打印页数的多少主要由数据表中记录的条数决定。

④ 页注脚区：用于显示报表每页最底部的说明信息。打印时，在每页的最底部打印一次。

⑤ 总结区：用于显示关于当前报表中数据的一些分析结果。打印时，仅在整个报表的结尾处打印一次。

⑥ 组标头区：用于分组报表时显示每组数据的标题。打印时，在分组开始处打印一次。

⑦ 组注脚区：用于分组报表时，显示每组数据的结束说明信息。打印时，在分组结尾处打印一次。

⑧ 列标头区：用于分栏报表，显示每栏数据的标题。打印时，在分栏的开始处打印一次。

⑨ 列注脚区：用于分栏报表时，显示每栏数据的结束说明信息。打印时，在分栏的结尾处打印一次。

注意：默认情况下，“报表设计器”显示 3 个带区：页标头区、细节区和页注脚区。

3.“报表控件”工具栏

用户可以使用“报表控件”工具栏在报表或标签上创建控件对象。单击需要的控件按钮，把鼠标指针移到报表上，然后单击放置控件，并把控件拖放到适当大小。“报表控件”工具栏如图 7-7 所示。

① 选定对象：用于选定控件对象。

② 标签：创建一个标签控件，用于输出说明性文字或标题文本。

③ 域控件：用于显示表字段、内存变量或其他表达式的计算结果。

④ 线条：设计时用于在报表上画出各种样式的线条。

⑤ 矩形：用于在报表上画矩形。

⑥ 圆角矩形：用于在报表上画椭圆和圆角矩形。

⑦ 图片/ActiveX 绑定控件：用于在报表上显示图片或通用数据字段的内容。

⑧ 按钮锁定：允许添加多个同种类型的控件，而不需要多次按此控件的按钮。

4. “布局”工具栏

使用“布局”工具栏可以在报表上对齐和调整控件的位置。“布局”工具栏所包含的按钮如图7-8所示。

图7-8 “布局”工具栏

按从左至右，从上到下的顺序依次如下。

① 左边对齐：按左边界对齐选定的控件。当选定多个控件时可用。

② 右边对齐：按右边界对齐选定的控件。当选定多个控件时可用。

③ 顶边对齐：按上边界对齐选定的控件。当选定多个控件时可用。

④ 底边对齐：按下边界对齐选定的控件。当选定多个控件时可用。

⑤ 垂直居中对齐：按照垂直轴线对齐选定控件的中心。当选定多个控件时可用。

⑥ 水平居中对齐：按照水平轴线对齐选定控件的中心。当选定多个控件时可用。

⑦ 相同宽度：把选定控件的宽度调整到与最宽控件的宽度相同。

⑧ 相同高度：把选定控件的高度调整到与最高控件的高度相同。

⑨ 相同大小：把选定控件的尺寸调整到最大控件的尺寸。

⑩ 水平居中：按照通过报表中心的水平轴线对齐选定控件的中心。

⑪ 垂直居中：按照通过报表中心的垂直轴线对齐选定控件的中心。

⑫ 置前：把选定控件放置到其他所有控件的前面。

⑬ 置后：把选定控件放置到其他所有控件的后面。

5. 报表菜单

随着“报表设计器”窗口的打开，系统菜单栏添加了“报表”菜单，“报表”菜单如图7-9所示。

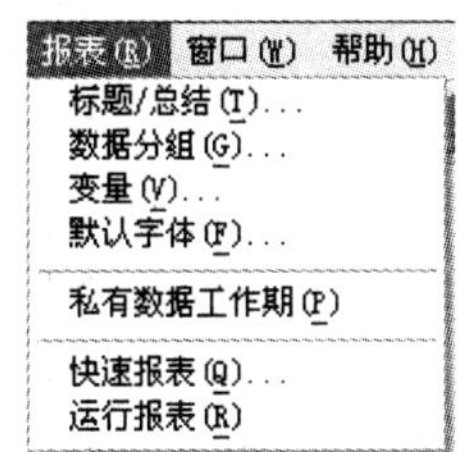

图7-9 “报表”菜单

① 标题/总结：可以为报表增加标题带区和总结带区。

② 数据分组：对报表进行分组。为报表增加“组标头”、“组注脚”、“列标头”和“列注脚”带区。

③ 变量：设定在报表运行期间存在的变量名及其值，该变量可以出现在域控件的表达式中。

④ 默认字体：设定报表中文本的字体类型、字形和大小。

⑤ 私有数据工作期：设定报表基于的源表是否在私有工作期中打开。

⑥ 快速报表：在打开“报表设计器”窗口时，可以通过该命令快速地生成基于单表的报表。

⑦ 运行报表：打印“报表设计器”窗口中的报表。

7.2.2 快速报表的创建

“快速报表”是一项省时的功能，只需要在相应的步骤中进行选择，VFP 就会自动创建简单的报表。“快速报表”生成的样式比较简单，用户可以在“报表设计器”中进行修改和完善。

例 7-2 为“student”表创建快速报表 KSREPORT。

① 打开“报表设计器”窗口。单击“文件”/“新建”选项，在弹出的“新建”对话框中选择“报表”，单击“新建文件”按钮，打开“报表设计器”窗口。

② 选择表。单击“报表”/“快速报表”命令，在弹出的“打开”对话框中选择“student”表，单击“确定”按钮，弹出“快速报表”对话框，如图 7-10 所示。

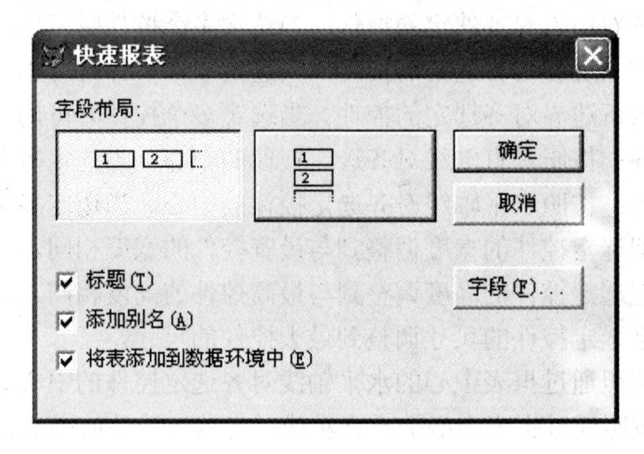

图 7-10 “快速报表”对话框

③ 选择字段。单击“字段”按钮，弹出“字段选择器”对话框，选择字段，如图 7-11 所示，单击“确定”按钮，返回“快速报表”对话框，选择字段布局，如图 7-10 所示，单击“确定”按钮，“报表设计器”窗口如图 7-12 所示。

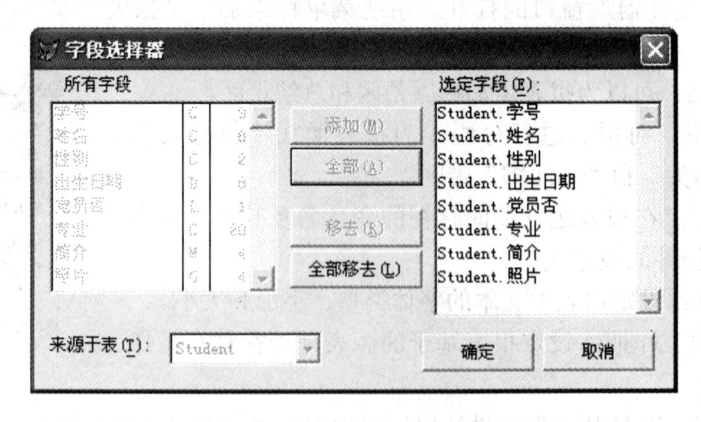

图 7-11 “字段选择器”对话框

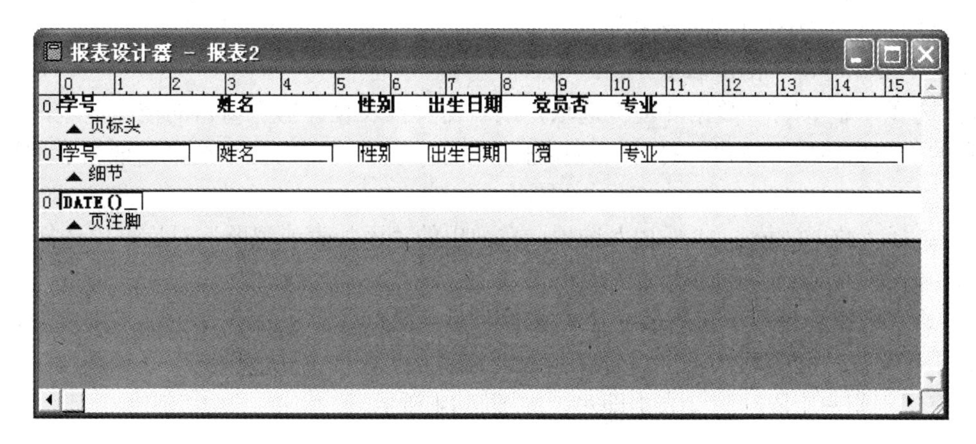

图 7-12 “报表设计器”窗口

④ 选择“显示”/“预览”选项，即可在“预览”窗口看到“快速报表”的结果，如图 7-13 所示。

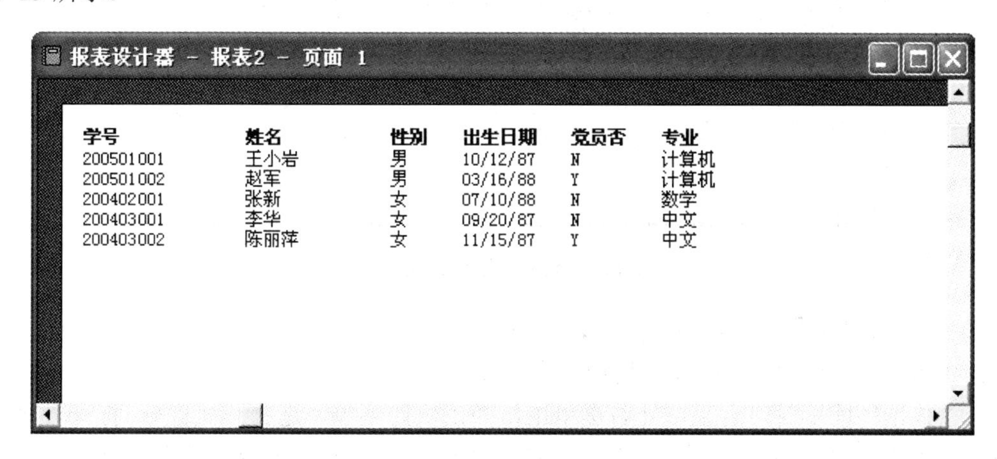

图 7-13 “预览”结果

⑤ 保存报表 KSREPORT。

7.2.3 应用“报表设计器”创建报表

用户可以通过“报表设计器”直接创建或修改报表。

例 7-3 创建报表 report_co，输出学生选课情况，包括课程号、课程名、学号和姓名。

（1）单击“文件”/“新建”选项，在弹出的“新建”对话框中选择“报表”，单击“新建文件”按钮，打开“报表设计器”窗口。

（2）设置“数据环境”。

制作报表时必须先为报表指定数据来源，也就是报表输出打印的数据来自哪些表或视图。将这些表或视图添加到“报表设计器”的“数据环境”中，以后每次打开或运行报表时 VFP 都会自动打开“数据环境”中的表或视图，并从中取出报表所需的数据。当关闭报表时，VFP 将自动关闭打开的表或视图。

设置“数据环境”的步骤如下：

① 选择“显示”/“数据环境”选项，或右击“报表设计器”窗口的空白区域，单击快捷菜单的“数据环境”按钮，打开“数据环境设计器”窗口，同时系统菜单增加了“数据环境”菜单。

② 选择“数据环境”/“添加”选项，在弹出的“添加表或视图”对话框中选择 3 个表 student、score、course。

③ 若“数据环境”中含有若干个表文件，且表之间建立了永久性关系，则以表之间的永久关系作为表之间的默认连接。若表之间没有建立永久性关系，则只要在“数据环境”中用鼠标将子表相应字段拖到父表上即可，如图 7-14 所示。

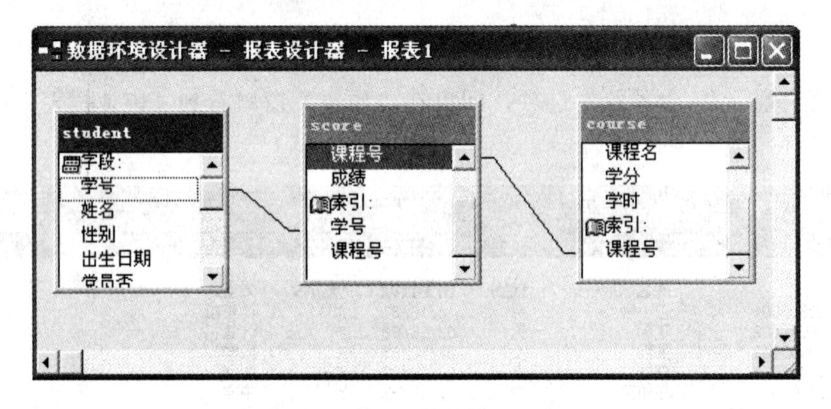

图 7-14 “数据环境设计器”窗口

④ 如果希望按一定的顺序输出报表中的记录，可为“数据环境”中的表或视图设置索引，否则输出报表中的记录顺序为物理顺序。设置的方法如下：

在“数据环境”窗口的空白处右键单击，弹出快捷菜单，选择“属性”，打开“属性”窗口；单击“属性”窗口顶部的组合框，选择 Cursor3 对象，选取“数据”选项卡，选定“Order”，在下拉列表框中选择索引：课程号。

（3）添加报表控件。

① 添加域控件的方法。

通过“数据环境”直接添加域控件。在“数据环境”中用左键按住字段，拖到“报表设计器”的相应带区后松开。

从工具栏添加域控件。单击“报表控件”工具栏中的“域控件”按钮，在“报表设计器”的相应带区单击或拖动一个矩形框，在弹出的“报表表达式”对话框中的“表达式”框中输入或选择字段名或表达式，如图 7-15 所示，单击“确定”按钮。

本例题是把在 course 表中的字段“课程号”、“课程名”和 student 表中的字段“学号”、“姓名”拖到细节带区中。在页注脚处添加域控件，设置表达式为：_pageno，如图 7-15 所示。

说明：_pageno 是系统变量，表示页码。

② 添加标签。

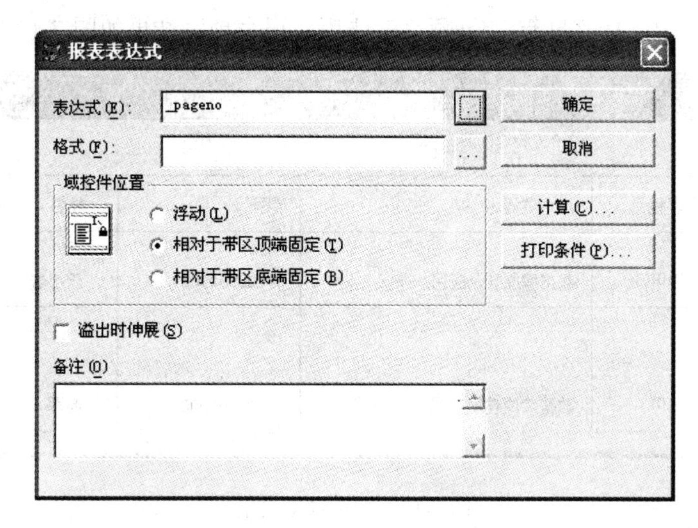

图 7-15 “报表表达式”对话框

添加标签可以单击“报表控件”工具栏上的“标签”按钮，在“报表设计器”的合适位置拖出一个对象，若要连续添加多个标签，可以双击“标签”按钮或单击“按钮锁定”按钮。

标签对象没有数据来源，不需要为它选择字段或表达式。可以使用标签为域控件做说明，还可以用标签在报表的标题带区添加总表头。

标签中的文字可以通过“格式”/“字体”选项进行设置。

本例题在页标头带区添加标签控件：课程号、课程名、学号和姓名。

③ 添加线条。

如果需要修饰报表，可以在报表上添加线条、矩形控件。通过“格式”/“绘图笔”选项设置线条的宽度。

设计完的报表如图 7-16 所示。

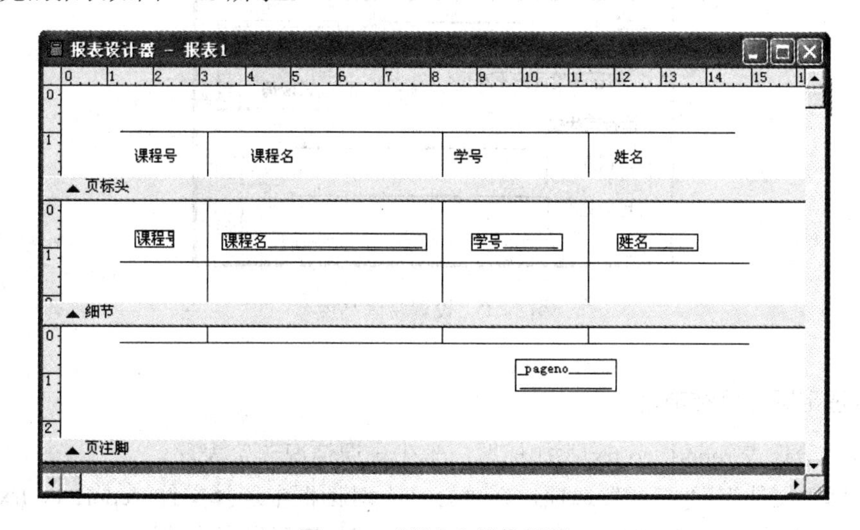

图 7-16 “报表”设计界面

（4）预览报表。选择“显示”/“预览”选项，报表预览结果如图 7-17 所示。

报表设计器 - 报表1 - 页面 1

课程号	课程名	学号	姓名
0101	数据库原理及应用	200501001	王小岩
0101	数据库原理及应用	200501002	赵军

图 7-17　报表预览结果

（5）保存报表。将报表保存为 report_co.frx。

7.2.4　报表的高级操作

1．调整带区高度

① 粗调法：将鼠标移至某带区标识栏上，当出现一个上下双向箭头时，若向上或向下拖曳，带区高度就会随之变化。

② 微调法：如果要精确地设置带区的高度，可以通过双击带区条打开设置带区高度对话框来设置，图 7-18 所示为设置页标头带区的高度。

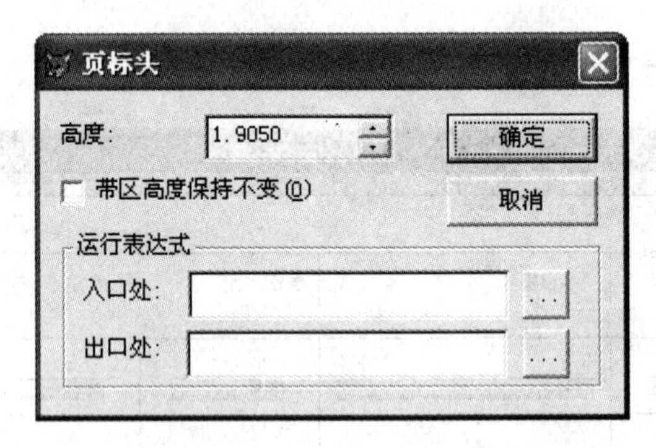

图 7-18　设置带区高度

2．标题带区与总结带区

例 7-4　给报表 report_co.frx 添加标题：学生选课情况一览表。

① 选择“文件”/“打开”选项，在“打开”对话框中选择文件 report_co.frx，打开报表设计器，或通过命令 MODIFY REPORT report_co.frx 打开报表设计器。

② 选择“报表”/“标题/总结”选项，弹出如图7-19所示的“标题/总结”对话框。

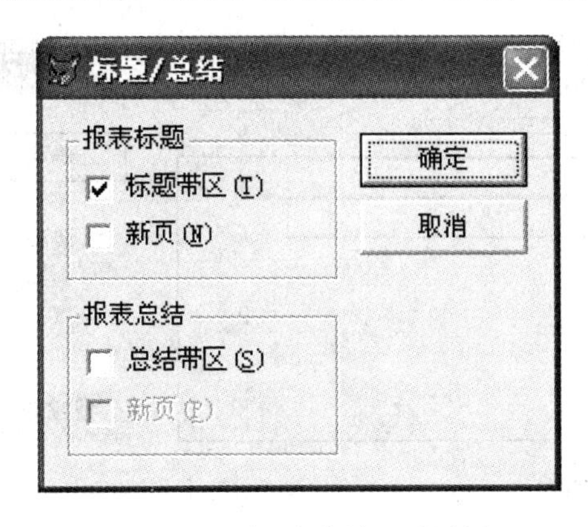

图7-19 “标题/总结”对话框

- 报表标题：若选中“标题带区”，在页标头上方增加一个“标题”带区。若选择“新页”，则在打印标题内容后换新页。
- 报表总结：若选择“总结带区”，在页注脚带区下方添加一个总结带区。该带区一般用来打印统计数据。若选择“新页”，将换新页打印总结带区的内容。

③ 选择“标题带区”，单击“确定”按钮，此时在报表设计器中添加了标题带区，单击“标题”控件，在标题带区合适位置单击，输入：学生选课情况一览表，选择“格式”/“字体”选项，设置字号为4号字，如图7-20所示。

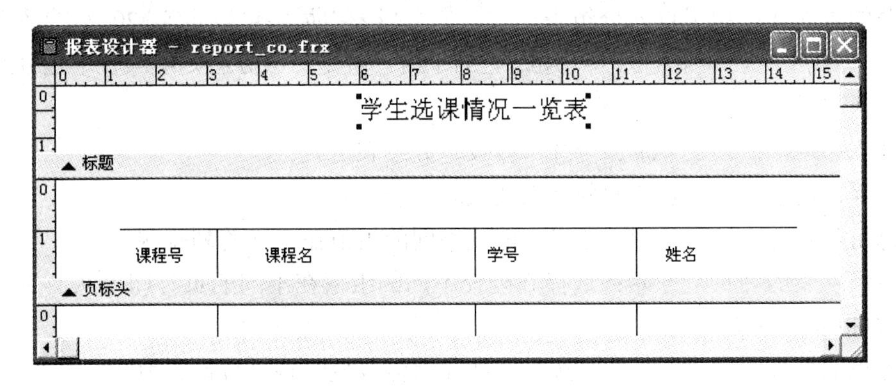

图7-20 标题带区示意图

④ 保存报表。

3. 数据分组

若要打印分类表、汇总表等报表，在设计报表时需要对数据进行分组。

VFP能按组值相同的原则将表的记录分成几类，每一类数据将根据“细节”带区设置的控件来打印，并在打印内容前加上一个“组标头”，打印内容后加上“组注脚”。

注意：通常表需要按分组表达式进行索引或排序，否则不能保证正确分组打印。

选择“报表”/“数据分组”选项，弹出如图 7-21 所示的“数据分组”对话框。

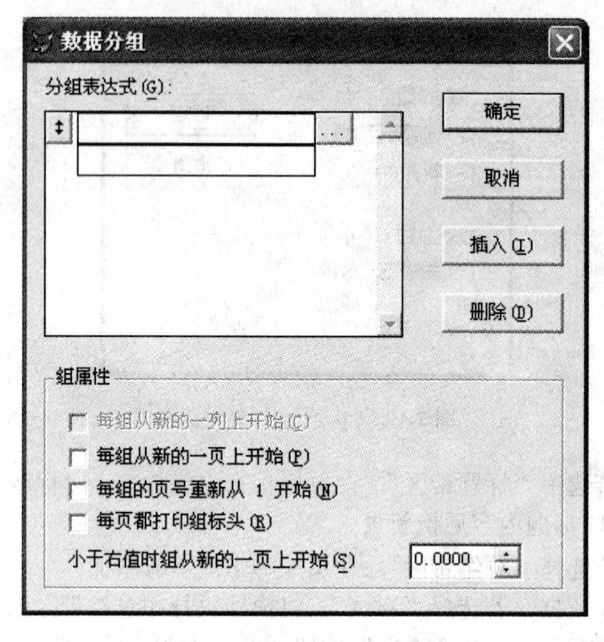

图 7-21 “数据分组”对话框

对话框中各项的含义如下。

① 分组表达式：用于输入分组表达式。一个报表内最多可以定义 20 级的数据分组。分组以嵌套方式组织，即某组的下一组是它的子组，若是二级分组则继续在下边分组表达式框中输入二级分组表达式。

② 插入：用于在列表中添加一行，以设置分组表达式。

③ 删除：用于删除列表中的分组表达式。

④ 每组从新的一列上开始：选择它能使不同的组值在不同的列打印。

⑤ 每组从新的一页上开始：选择它能使不同的组值在不同的页打印，从而为用户提供了设计多页报表的方法。

⑥ 每组的页号重新从 1 开始：选择它能在组值改变时将页号设置为 1。

在“数据分组”对话框中定义好分组表达式之后，单击“确定”按钮关闭对话框，“报表设计器”窗口中添加了“组标头”和“组注脚”带区，并在带区标识栏上标出所定义的分组表达式。

例 7-5 创建报表 report_so，按学号分组，输出他们的学号、姓名、课程名和成绩，在组注脚中输出每个学生的平均分。

① 打开报表设计器：单击“文件”/“新建”选项，在弹出的“新建”对话框中选择“报表”，单击“新建文件”按钮，打开“报表设计器”窗口。

② 为数据环境添加表：右击“报表设计器”窗口的空白区域，单击快捷菜单的“数据环境”选项，打开“数据环境设计器”窗口，选择“数据环境”/“添加”选项，在弹出的

“添加表或视图”对话框中选择3个表：score、student、course，建立3个表的连接；在数据环境中设置当前索引：右击score表，在快捷菜单中单击“属性”，将ORDER属性的索引设为“学号”。

③ 设置报表列标题：在页标头带区添加4个标签控件，分别输入学号、姓名、课程名和成绩。

④ 设置报表标题：添加标题带区，在标题带区中添加标签控件，输入：学生成绩一览表，设置字体为4号字。

⑤ 设置分组：选择“报表”/“数据分组”选项，在“数据分组”对话框中，分组表达式为：score.学号。

⑥ 添加字段控件：将score表中的学号字段和student表中的姓名字段拖到组标头带区的相应位置，把course表中的课程名字段和score表中的成绩字段拖到细节带区的相应位置。

⑦ 添加计算平均分控件：在组注脚中添加域控件，“报表表达式”对话框表达式为：score.成绩，单击“计算”按钮，在“计算字段”对话框中选择“平均值”，单击“确定”按钮，返回“报表表达式”对话框，单击“确定”按钮，在组注脚带区中添加一个标签控件，输入“平均分”，报表设计器效果如图7-22所示。

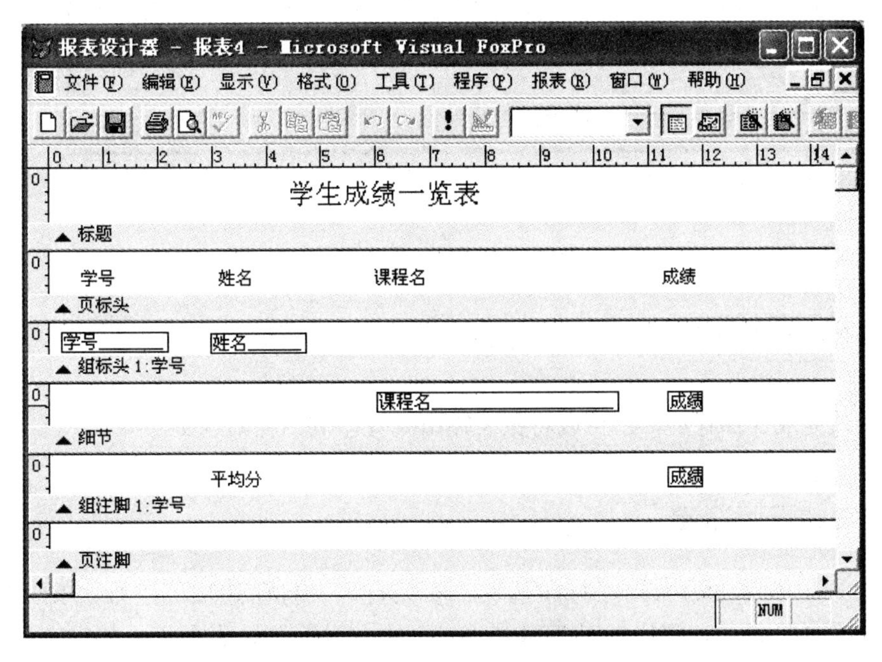

图7-22　报表设计器效果图

⑧ 保存文件report_so。报表预览效果如图7-23所示。

注意： 建立分组报表时若按score中学号分组，就应该先按score中的学号建立索引。

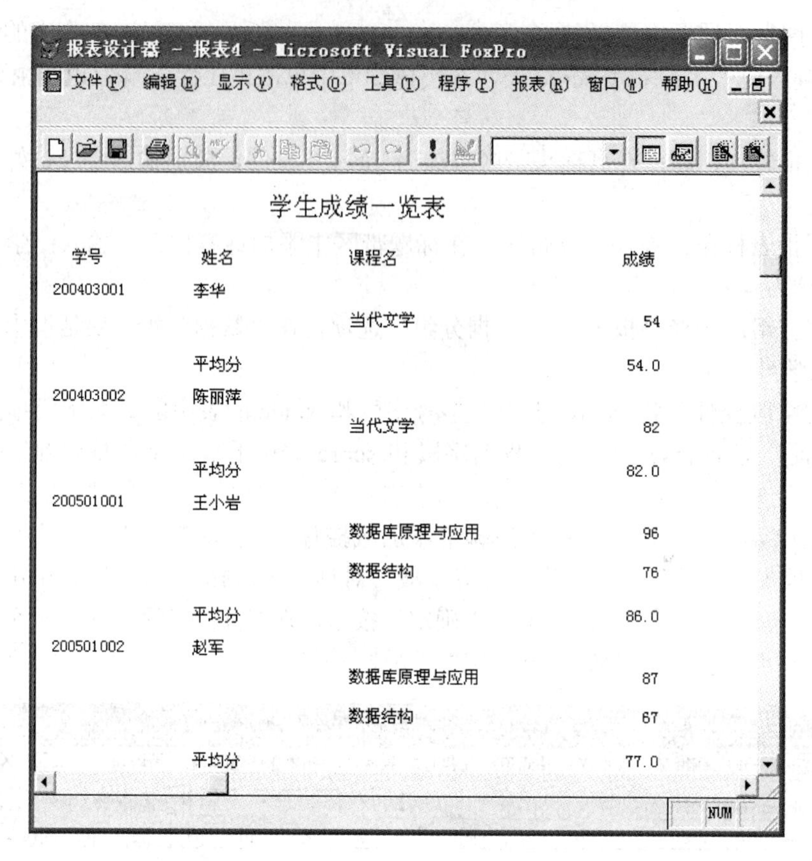

图 7-23 报表预览结果

7.3 报表输出

报表设计完成并保存后，就可以将报表输出到打印机、屏幕或文件中。

7.3.1 报表的页面设置

页面设置用于对页面布局、打印区域、多列打印、打印选项等进行定义。选择“文件”/“页面设置”选项，弹出如图 7-24 所示的“页面设置”对话框。

其中各项的含义如下。

① 页面布局：表示一页纸张，并根据打印区域、列数、列宽、左页边距的设置显示页面布局。

② 列：可以设置每页报表的列数、指定列宽和指定列与列的间距，最多可设置 50 列。

③ 打印区域：指定由当前打印机驱动程序或由打印纸尺寸来确定最小页边距。

④ 左页边距：指定左页边距的宽度。

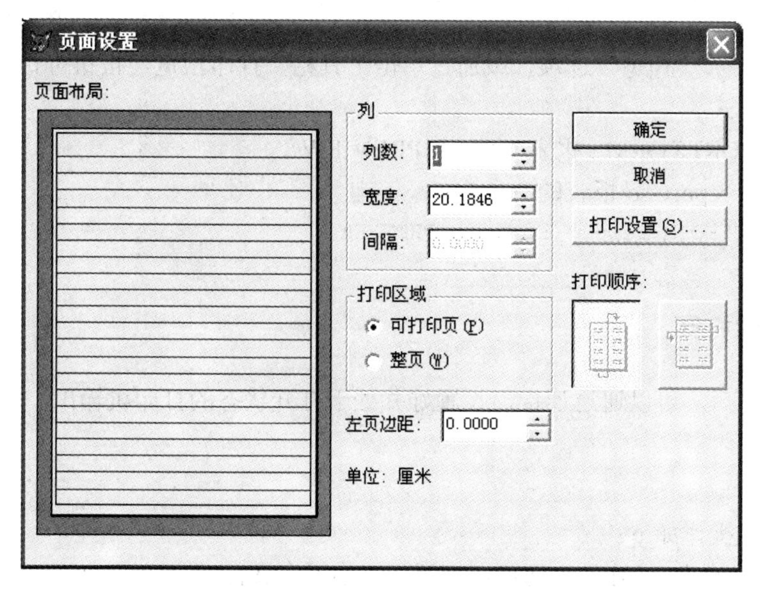

图 7-24　“页面设置”对话框

⑤ 打印顺序：用来在多列打印时确定记录排列的顺序。

⑥ 打印设置：弹出“打印”对话框，如图 7-25 所示。

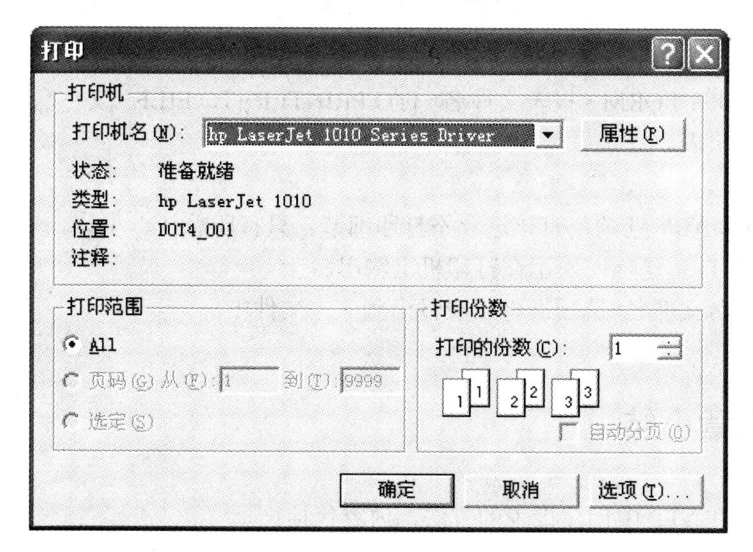

图 7-25 “打印”对话框

注意：改变列数，在“报表设计器”中增加一个“列标头”带区和一个“列注脚”带区。

7.3.2　报表的预览

通过预览报表，不需要真正打印就可以看见报表的页面外观。

（1）菜单方式

选择“显示”/“预览”选项，或通过单击工具栏“打印预览”按钮可预览报表。

（2）命令方式

格式：REPORT FORM <报表文件名> PREVIEW

例如，预览 report_so 报表的命令为：

```
REPORT FORM report_so .frx PREVIEW
```

7.3.3 报表的打印

报表设计好后，可以通过连接已设置好并处于打开状态的打印机输出。

1. 菜单方式

菜单方式的操作如下：

① 选择“文件”/“打开”选项，打开相应的报表文件。

② 选择“文件”/“打印”选项，弹出“打印”对话框。

③ 设置相关的项目。

④ 单击“确定”按钮，VFP 会把报表发送到打印机上输出。

2. 命令方式

格式：REPORT FORM <报表文件名> [TO PRINTER][TO FILE <文件名>] [SUMMARY]

功能：打印报表。

说明：

① 有 SUMMARY 选项：有该选项不打印细节，只打印总计、小计。

② TO PRINTER 选项：表示在打印机上输出。

③ TO FILE <文件名>选项：将报表输出到文本文件中。

7.4 本章小结

本章介绍了在 VFP 中创建报表的方法，内容包括：

- 可以通过报表向导和“报表设计器”设计报表。报表中的每个白色区域称为带区。默认情况下，“报表设计器”显示 3 个带区：页标头、细节和页注脚。用户可以使用“报表控件”工具栏在报表或标签上创建控件对象。
- 报表设计完在输出前可以进行页面设置，通过预览查看报表的效果，效果满意后再打印输出。

习题 7

一、思考题

1．报表的基本带区有哪些？每个带区的主要作用是什么？

2．如何设置数据环境？

3．域控件主要用于何处？

4．报表通常有几种输出方式？

二、选择题

1．报表数据源可以为（ ）。

A．自由表或其他报表　　B．数据库表、自由表和视图

C．数据库表、自由表或查询　　D．表、查询或视图

2．设计报表时，可以使用的控件是（ ）。

A．标签、域控件、线条　　B．标签、域控件和列表框

C．标签、文本框和组合框　　D．文本框、布局和数据源

3．VFP 的报表.FRX 中保存的是（ ）。

A．打印报表的预览格式　　B．打印报表本身

C．报表的格式和数据　　D．报表设计格式的定义

4．创建报表的命令是（ ）。

A．CREATE REPORT　　B．MODIFY REPORT

C．RENAME REPORT　　D．DELETE REPORT

5．报表的标题是在报表的（ ）带区进行设置。

A．页标头　　B．细节　　C．标题　　D．页注脚

6．默认情况下，报表设计器有（ ）个带区。

A．1　　B．2　　C．3　　D．5

7．关于报表的数据环境的说法不正确的是（ ）。

A．可以将表或视图添加到报表设计器的数据环境中

B．如果希望按一定顺序输出报表中的记录，可为数据环境中的表或视图设置索引

C．当关闭报表时，VFP 不会自动关闭打开的数据环境中的表或视图，要另外用命令关闭

D．每次打开或运行报表时，VFP 都会自动打开数据环境中的表或视图并从中取出报表所需的数据

8．若想在报表中每个记录数据上端都显示该字段的标题，只要将这些字段标题的标签放在（ ）带区中。

A．页标头　　B．列标头　　C．细节　　D．组标头

三、填空题

1．与报表设计有关的工具栏主要有________和________。
2．在 VFP 中允许表内最多有________级数据分组。
3．对于报表的标题，每张报表在开头仅打印_______。
4．在报表中打印输出内容的主要区域是_______带区。
5．打印报表的命令是__________________。
6．VFP 提供了两类报表向导：报表向导和_______。

四、操作题

利用报表设计器建立一个报表，具体功能如下：

（1）在 XSGL 数据库中建立查询 V1，查询中包括学号、姓名、课程名、成绩字段，按学号升序排序，将查询结果存入表 V1 中。对表 V1 按学号建立普通索引。

（2）报表的数据源是表 V1，报表的细节带区来自表 V1 中的学号、姓名、课程名和成绩 4 个字段。

（3）增加数据分组，分组表达式是表 V1 中的学号，组标头带区的名称是学号，组注脚带区的内容是该组记录的“成绩”平均分。

（4）增加标题带区，标题是“学生成绩分组汇总表”，要求采用 4 号黑体。

（5）增加总结带区，该带区的内容是所有记录的平均分。

（6）在页注脚处设置当前的日期。

（7）最后将建立的报表文件保存为 report_v1.frx。

第 8 章 菜单

应用程序通常由若干个功能相对独立的程序模块组成，通过菜单将这些程序模块组成一个系统。一个良好的菜单会给用户一个友好的操作界面，菜单设计的优劣也直接影响应用程序的控制和流程。

本章介绍学生成绩管理系统菜单的设计，介绍设计下拉菜单和快捷菜单方法。

8.1 菜单概述

8.1.1 菜单的基本结构

菜单是用户最先接触到的系统界面，是用户认识和了解系统功能的开始。应用程序菜单一般是一个下拉式菜单，由一个条形菜单和一组弹出式菜单组成。其中，条形菜单作为主菜单，弹出式菜单作为子菜单。当选择一个条形菜单选项时，激活相应的弹出式菜单；当用户选择弹出式菜单的某个选项时，系统会执行一定的动作。如果需要，还可以设计子菜单下面的子菜单。菜单的基本组成如图 8-1 所示。

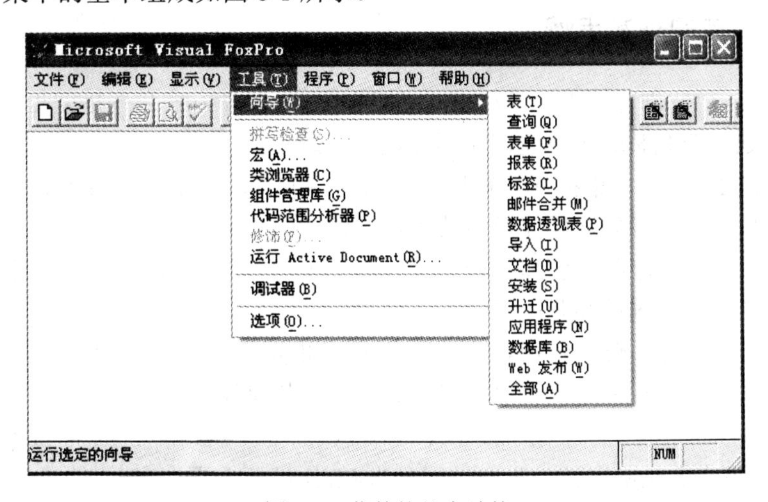

图 8-1 菜单的基本结构

8.1.2 常用的菜单形式

1．下拉式菜单

如图 8-1 所示，一般情况下，下拉式菜单都随着应用程序的主程序一起运行，即应用程序的主窗口打开，菜单在主窗口上显示。它用于组织和控制整个应用程序的各个功能模块，直至系统关闭。

2．快捷菜单

一般情况下，在应用程序运行时快捷菜单是不显示的，只有在特定的对象上右击才弹出，右击“表单设计器”，弹出如图 8-2 所示的快捷菜单。

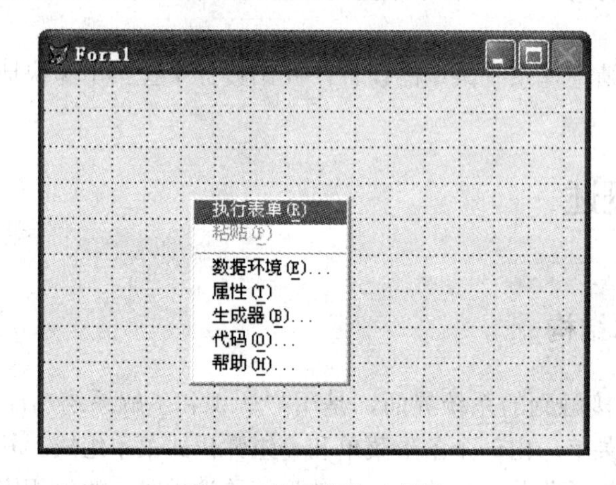

图 8-2 快捷菜单示意图

8.1.3 创建菜单的基本步骤

在 VFP 中，用户创建菜单有两种方式：“菜单设计器”方式和直接编程方式。通过“菜单设计器”创建一个完整的菜单通常包括下述步骤：

① 菜单规划与设计。根据应用程序功能与使用的要求，确定需要的条形菜单选项、各菜单选项在界面上出现的先后顺序及各菜单选项包括的子菜单等。

② 打开“菜单设计器”窗口，建立条形菜单选项和弹出式子菜单。使用“菜单设计器”可以完成条形菜单选项和弹出式子菜单的建立。

③ 定义菜单功能，根据应用程序需求为菜单指定任务。指定菜单选项所要执行的任务，可以是一条命令或一个过程。菜单建立好之后将其保存为一个以.MNX 为扩展名的菜单文件。

④ 利用已建立的菜单文件，生成扩展名为.MPR 的菜单程序文件。

⑤ 运行生成的菜单程序文件。运行菜单程序时，系统会自动编译.MPR 文件，生成用

于运行的扩展名为.MPX 的文件。

运行菜单程序文件的命令为 DO <菜单程序文件名>，扩展名.MPR 不能省略。

菜单设计的基本步骤如图 8-3 所示。

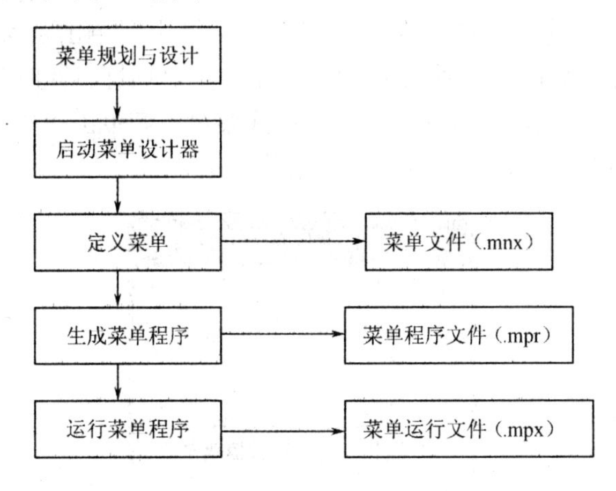

图 8-3　菜单设计的基本步骤

8.2　菜单设计器

创建和修改菜单都是在“菜单设计器”中完成的。使用“菜单设计器”可以大大提高创建菜单的效率和菜单质量。

8.2.1　打开“菜单设计器”窗口

无论创建菜单还是修改已有的菜单，都需要打开“菜单设计器”，如图 8-4 所示。

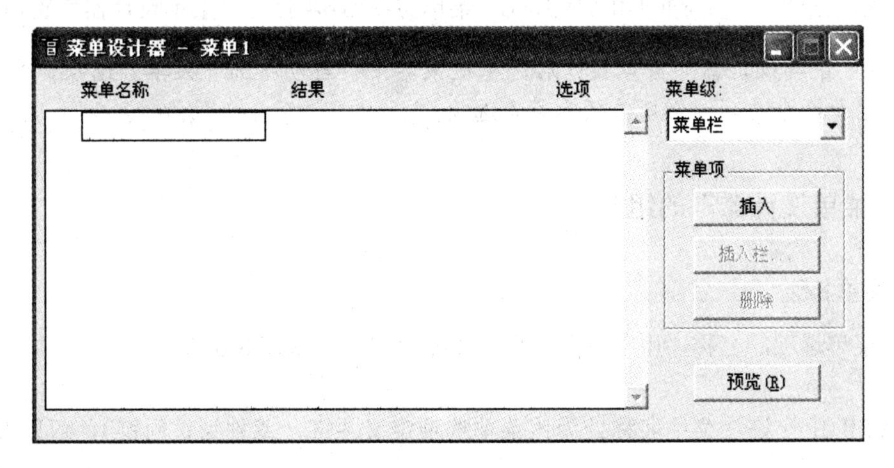

图 8-4　“菜单设计器”窗口

1．菜单方式

（1）菜单的建立

选择“文件”/“新建”选项，在“新建”对话框中，单击“菜单”按钮，然后单击“新建文件”按钮，弹出如图 8-5 所示的“新建菜单”对话框。此时若单击“菜单”按钮，将打开“菜单设计器”窗口，可以在此设计下拉式菜单；若单击“快捷菜单”按钮，将出现“快捷菜单设计器”窗口，可以在此设计快捷菜单。

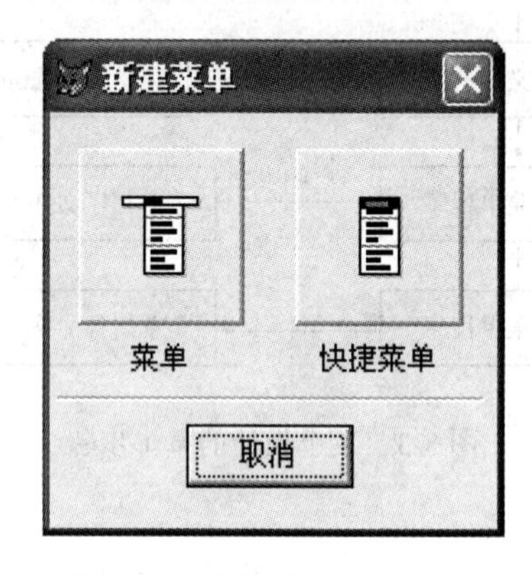

图 8-5 “新建菜单”对话框

（2）菜单的打开

选择“文件”/“打开”选项，在“打开”对话框的文件类型组合框中选择“菜单”，在文件列表中选择菜单文件，单击“确定”按钮，打开“菜单设计器”窗口。

2．命令方式

（1）创建菜单命令：CREATE MENU <菜单文件名>。在“新建菜单”对话框中单击“菜单”按钮，打开“菜单设计器”窗口。

（2）修改菜单命令：MODIFY MENU <菜单文件名>，打开“菜单设计器”窗口。

注意：“菜单设计器”窗口打开后，系统菜单中将自动增加“菜单”选项，“显示”菜单中也会增加两个选项：常规选项和菜单选项。

8.2.2 “菜单设计器”的组成

1．菜单名称

指定菜单选项的名称，用于输入菜单的提示字符串，如图 8-6 所示。

说明：

① VFP 中允许在菜单名称处为该菜单选项定义热键（或称为访问键），可以在欲设为热键的字符前面加上“\<”，如文件（\<f）。

② 用户可以根据各菜单选项功能的相近性，将菜单选项进行分组。系统提供的分组手

段是在两组之间插入一条水平的分组线，方法是在相应的“菜单名称”上输入“\-”两个字符。

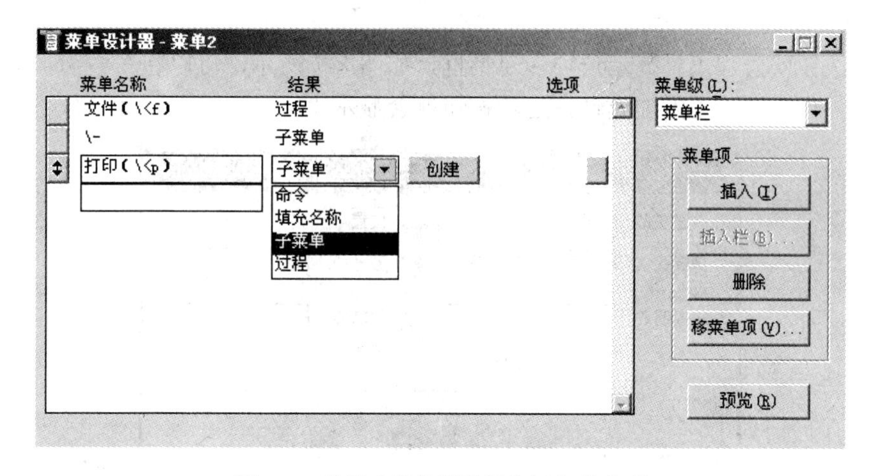

图 8-6　利用“菜单设计器”添加菜单项

2. 结果

“结果”列为一个下拉列表，用来指定当选择某一菜单选项时发生的动作。“结果”列有 4 个选项，包括命令、过程、子菜单和填充名称（或菜单项#），如图 8-6 所示。

（1）命令

如果当前菜单选项的功能是执行一条命令语句，则应该选择该选项。菜单选项的动作即是执行用户定义的命令。选择该选项后，在其右侧出现一个文本框，只需将命令输入到文本框中即可。

（2）填充名称（或菜单项#）

该选项让用户定义第一级菜单的菜单名或子菜单的菜单项序号。当前若是一级菜单选项就显示“填充名称”，表示让用户定义菜单名；当前若是子菜单选项则显示“菜单项#”，表示让用户定义菜单选项序号，定义时将名称或序号输入到它右边的文本框内。该选项的主要目的是为了在程序中引用它。

其实系统会自动设定菜单名及菜单选项序号，只不过系统所取的名字往往难以记忆，不利于阅读菜单程序和在程序中引用，建议读者自己编写。

（3）子菜单

如果当前菜单选项还有子菜单，则应选择该选项。选择该选项后，在其右侧就会出现一个“创建”或“编辑”按钮（建立子菜单时显示“创建”，而修改子菜单时显示为“编辑”）。单击相应的按钮后，“菜单设计器”就切换到子菜单页，供用户建立或修改子菜单。

（4）过程

如果当前菜单选项的功能是执行一组命令，则应选择该选项。菜单选项的动作就是执行定义的一组命令。选择该选项后，在其右侧就会出现一个“创建”或“编辑”按钮（建立菜单项时显示“创建”，而修改菜单项时显示为“编辑”），选中相应的按钮后将出现一个文本编辑窗口，供用户编辑所需要的过程代码。

3．选项

选择该按钮就会弹出“提示选项”对话框，如图 8-7 所示，可以在其中为当前菜单项设置附加属性。一旦定义了附加属性，选项按钮就会显示“√”。

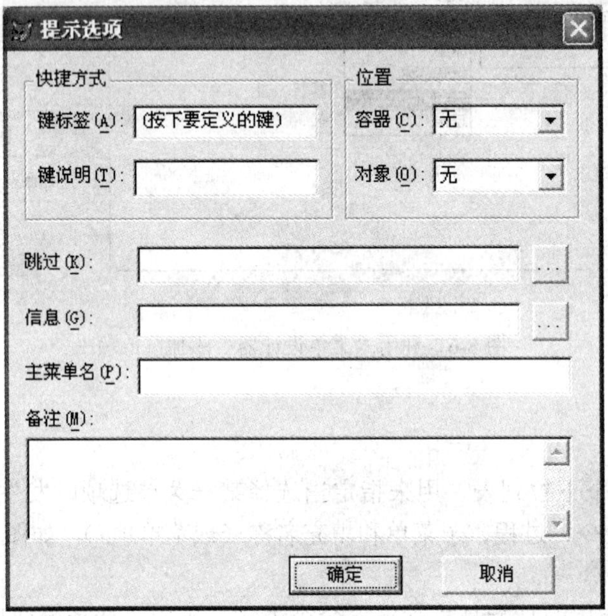

图 8-7　“提示选项”对话框

快捷键是指菜单选项右面表示的组合键。在菜单尚未打开时，按快捷键即可直接执行菜单选项对应的命令。设置快捷键的方法为：

将光标定位于“键标签”的文本框，然后在键盘上按快捷键。例如，按下 Ctrl+N，则“键标签”文本框中就会自动出现 Ctrl+N。另外，“键说明”文本框内也会出现相同的内容，但该内容可以修改。当菜单激活时，“键说明”文本框的内容将显示在菜单选项标题的右侧，作为快捷键的说明。

4．调整菜单选项的位置

每个菜单选项左侧都有一个小方框按钮，称为移动指示器，当鼠标移动到它的上面时，鼠标指针会变成上下双向箭头。用鼠标拖动移动指示器，可以改变菜单选项在当前菜单的位置。

5．菜单级

“菜单设计器”窗口右侧的“菜单级”组合框用于显示当前“菜单设计器”设计的菜单层次。子菜单设计完毕后可以选择“菜单级”中的相应选项，进行窗口切换。组合框中的“菜单栏”选项表示条形菜单。

6．菜单项

“菜单项”中有以下按钮。

① 插入：用于在当前的菜单行前插入一个新菜单选项。

② 插入栏：用于在当前菜单行之前插入一个菜单选项，它能提供与系统菜单一样的菜单选项作为用户菜单的选项。单击“插入栏”按钮将弹出“插入系统菜单栏”对话框，如图 8-8 所示，用户可选择 VFP 系统菜单选项插入到当前子菜单中。

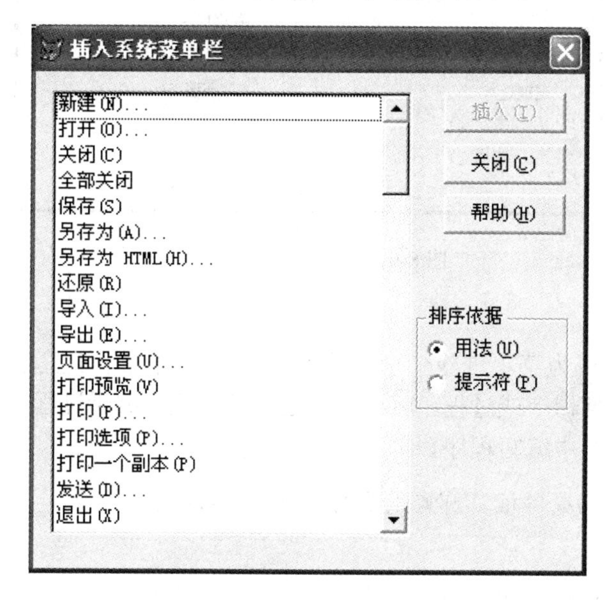

图 8-8 “插入系统菜单栏”对话框

注意：插入栏只在设计子菜单时起作用。

③ 删除：该按钮用于删除当前的菜单选项。

④ 移菜单项：将菜单选项移到相应的位置。

7．预览

用来对当前创建的菜单进行预览。预览时菜单选项无效。

8.2.3 “显示”菜单的选项

“菜单设计器”窗口打开时，VFP 中“显示”菜单会出现“常规选项”和“菜单选项”两个选项。它们与“菜单设计器”窗口相结合，可使菜单设计更加完善。

1．常规选项

选择“显示”/“常规选项”选项，弹出“常规选项”对话框，如图 8-9 所示。

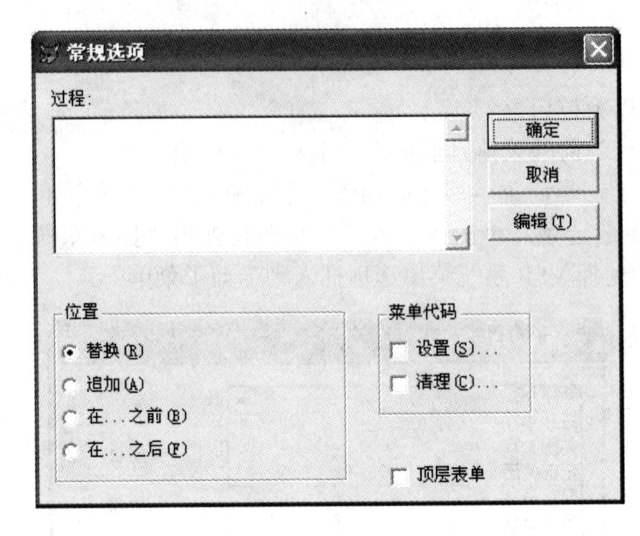

图 8-9 “常规选项”对话框

（1）编辑

在此编辑框中可以为菜单创建一个默认的过程，它将应用于整个菜单。若在主菜单中有某些菜单未设置任何命令或过程，就会自动运行该过程。编辑过程代码可在选中“编辑”按钮后出现的编辑窗口中编写程序。

注意：进入“代码编辑框”前需先单击“确定”按钮。

（2）位置

位置区共有 4 个选项按钮，用来描述定义的菜单与系统菜单的关系。

① 替换：为默认选项按钮，选择它表示要以定义的菜单替换系统菜单。

② 追加：将定义的菜单添加到当前系统菜单的右面。

③ 在…之前：定义的菜单将插在系统菜单的某菜单选项前面，选择该选项按钮后其右方将会出现一个用来指定菜单选项的组合框。

④ 在…之后：定义的菜单将插在系统菜单的某菜单选项后面，选择该选项按钮后其右方将会出现一个用来指定菜单选项的组合框。

（3）菜单代码

无论选择“设置”或“清理”复选框，都将打开编辑窗口，在此窗口可输入代码。

① 设置：供用户设置菜单程序的初始化代码。该代码段位于菜单程序的首部，主要用来进行全局性设置。例如，设置全局变量、开辟数组或设置环境等。

② 清理：供用户设置菜单程序的清理代码，清理代码是在菜单定义代码之后执行的程序段。清理代码中常包括这样的一些代码，它们在初始化时启动或禁止某些菜单选项。在菜单程序文件中，清理代码位于初始化代码和菜单定义代码之后，且位于菜单及菜单选项指定的代码之前。

（4）顶层表单

在顶层表单中创建菜单时需要选中该复选框。

2. 菜单选项

选择“显示”/“菜单选项”选项，弹出“菜单选项”对话框，如图 8-10 所示。

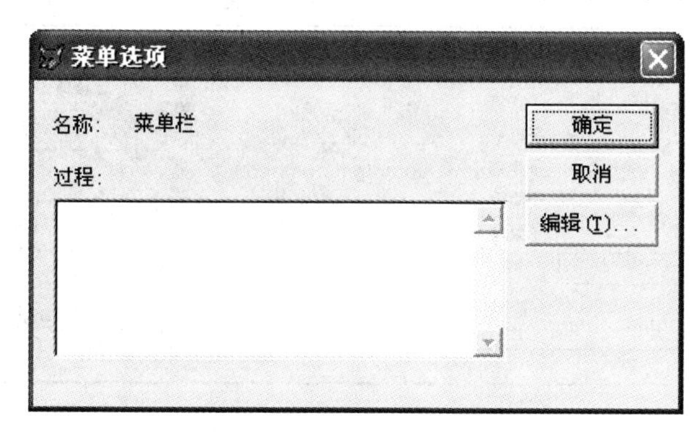

图 8-10 “菜单选项”对话框

“菜单选项”用来为菜单中这样的菜单选项设置要执行的代码：即菜单选项既未设置命令或过程，也没有下级子菜单。该对话框可以进行以下设置。

（1）名称

用来显示菜单的名称，如果当前正在编辑子菜单，则此处的名称可以改变；如果当前正在编辑条形菜单，其名称不能改变。

（2）过程

用于输入或显示菜单的过程代码。

（3）编辑

单击此按钮，打开一个文本编辑窗口，输入菜单的过程代码。

8.3 利用“菜单设计器”设计菜单

8.3.1 使用“菜单设计器”创建快速菜单

如果希望以 VFP 系统菜单为模板来创建自己的菜单，可以创建快速菜单。快速菜单是基于 VFP 的主菜单栏、添加用户所需要的菜单选项而建立的菜单。

例 8-1 创建快速菜单。

① 选择“文件”/“新建”选项，选择“菜单”，单击“新建文件”按钮，弹出“新建菜单”对话框，在“新建菜单”对话框中单击“菜单”按钮，打开“菜单设计器”。

② 选择“菜单”/“快速菜单”选项，一个与 VFP 系统菜单一样的菜单就会自动填入“菜单设计器”中，如图 8-11 所示。

③ 单击“插入”按钮，插入一个新的菜单选项，可以定义新的菜单选项；单击“删

除”按钮，可以删除相应的菜单选项。

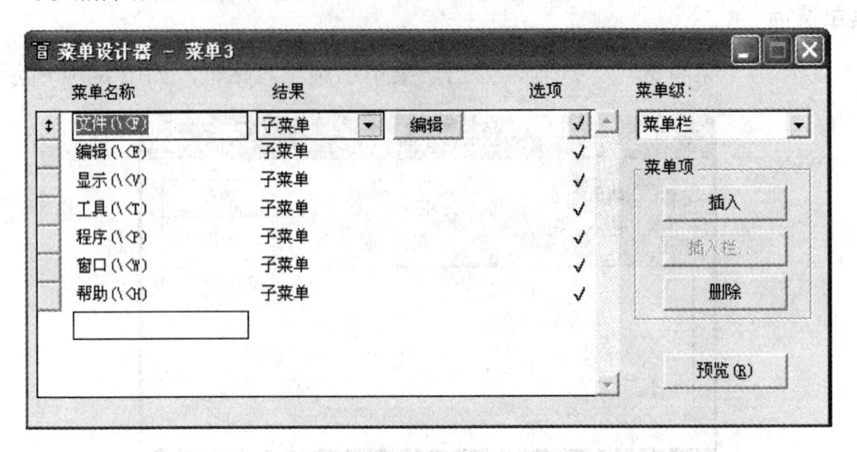

图 8-11 建立快速菜单的“菜单设计器”

④ 设计好菜单后，选择“菜单”/“生成”选项，在保存文件确认框中单击“是”按钮，保存文件名为 kSmenu.MNX，单击“保存”按钮，弹出“生成菜单”对话框，如图 8-12 所示。单击“生成”按钮，生成菜单程序 kSmenu.MPR。

图 8-12 “生成菜单”对话框

⑤ 在命令窗口输入：DO KSMENU.MPR，运行菜单程序。若要从设计菜单中退出，返回系统菜单，可在命令窗口输入：SET SYSMENU TO DEFAULT，此命令能恢复系统菜单的默认配置。

8.3.2 学生成绩管理系统菜单设计

1. 设计过程

（1）设计前的规划

创建一个学生成绩管理系统，需要实现学生管理、成绩管理、报表打印、帮助系统、退出等功能，如图 8-13 所示。根据结构图设计菜单将会条理清晰、一目了然。

（2）创建条形菜单的各菜单项

在命令窗口输入 CREATE MENU mainmenu 命令，打开“菜单设计器”窗口，在“菜单设计器”的“菜单名称”中输入条形菜单的各菜单选项名称。在“结果”中进行适当选择，如图 8-14 所示。

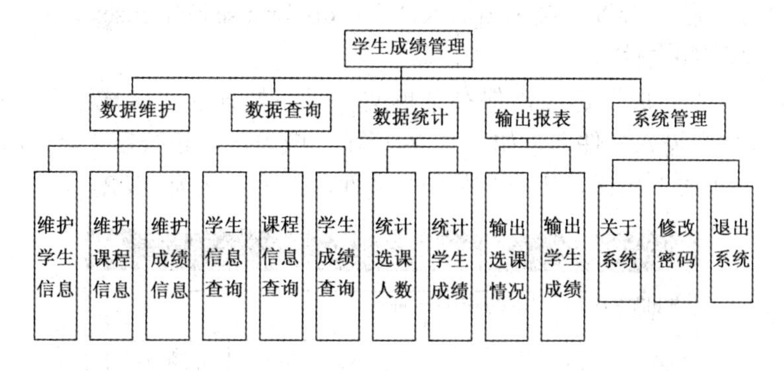

图 8-13 学生成绩管理系统模块结构图

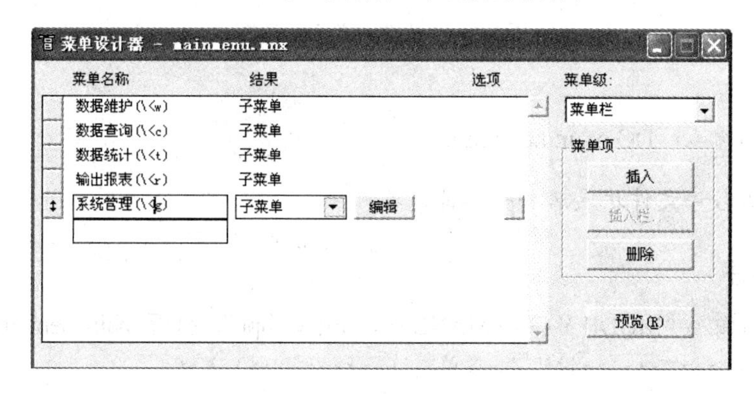

图 8-14 条形菜单的设计

（3）设计子菜单

如果要创建数据查询子菜单，则单击“创建”，在“菜单设计器”中创建子菜单。可以通过“菜单级”实现菜单之间的转换。

（4）给菜单选项指定任务

当用户选择一个菜单选项的时候，将执行菜单选项所对应的任务。因此，创建菜单时，必须为菜单选项指定所需要执行的任务，如图 8-15 所示。如果没给菜单选项指定任务，可通过“常规选项”或“菜单选项”设置默认过程。

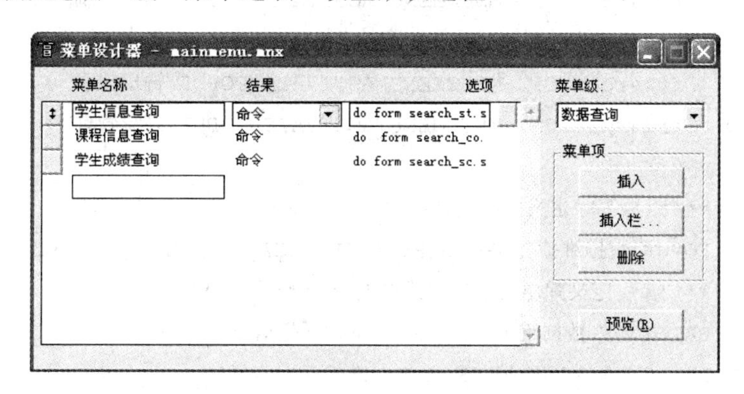

图 8-15 子菜单的设计

例如，为“学生信息查询”菜单项输入命令：do form search_st.scx。

（5）生成菜单程序文件

选择“菜单”/“生成”选项，保存菜单文件。在打开的“生成菜单”对话框中，在“输出文件”文本框中输入文件名，如图 8-16 所示，或单击右边按钮选择输出文件位置并输入文件名，单击“生成”按钮，生成菜单程序文件，其扩展名为.MPR。

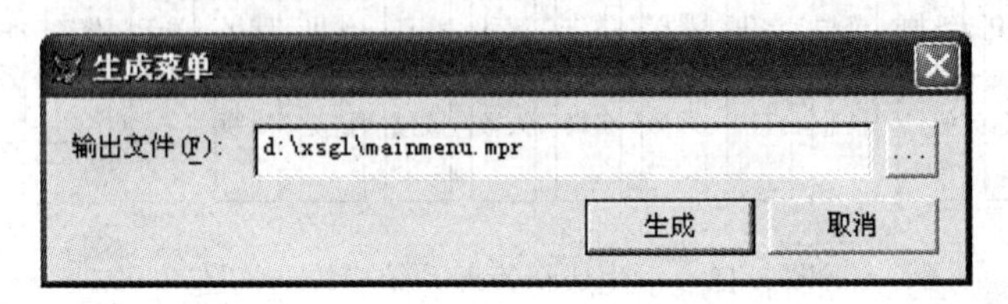

图 8-16 “生成菜单”对话框

（6）运行菜单

在命令窗口输入：DO mainmenu.mpr。

注意： *菜单程序文件扩展名.mpr 不能省略。*

2. 菜单程序

在命令窗口输入“MODIFY COMMAND main menu.mpr”，打开 main menu.mpr 菜单程序。

```
*****************设计下拉菜单项*****************
DEFINE PAD _2fr14ro1w OF _MSYSMENU PROMPT "数据维护" COLOR SCHEME 3
DEFINE PAD _2fr14ro1x OF _MSYSMENU PROMPT "数据查询" COLOR SCHEME 3
DEFINE PAD _2fr14ro1y OF _MSYSMENU PROMPT "数据统计" COLOR SCHEME 3
DEFINE PAD _2fr14ro1z OF _MSYSMENU PROMPT "输出报表" COLOR SCHEME 3
DEFINE PAD _2fr14ro20 OF _MSYSMENU PROMPT "系统管理" COLOR SCHEME 3

*****************指定菜单项活动*****************
ON PAD _2fr14ro1w OF _MSYSMENU ACTIVATE POPUP 数据维护
ON PAD _2fr14ro1x OF _MSYSMENU ACTIVATE POPUP 数据查询
ON PAD _2fr14ro1y OF _MSYSMENU ACTIVATE POPUP 数据统计
ON PAD _2fr14ro1z OF _MSYSMENU ACTIVATE POPUP 输出报表
ON PAD _2fr14ro20 OF _MSYSMENU ACTIVATE POPUP 系统管理

*****************定义弹出式菜单*****************
DEFINE POPUP 数据维护 MARGIN RELATIVE SHADOW COLOR SCHEME 4
**************定义弹出式菜单的菜单项************
DEFINE BAR 1 OF 数据维护 PROMPT "维护学生信息"
DEFINE BAR 2 OF 数据维护 PROMPT "维护课程信息"
DEFINE BAR 3 OF 数据维护 PROMPT "维护成绩信息"
```

```
***************定义菜单项的行动****************
ON SELECTION BAR 1 OF 数据维护 do form edit_st.scx
ON SELECTION BAR 2 OF 数据维护 do form edit_co.scx
ON SELECTION BAR 3 OF 数据维护 do  form edit_sc.scx

DEFINE POPUP 数据查询 MARGIN RELATIVE SHADOW COLOR SCHEME 4
DEFINE BAR 1 OF 数据查询 PROMPT "学生信息查询"
DEFINE BAR 2 OF 数据查询 PROMPT "课程信息查询"
DEFINE BAR 3 OF 数据查询 PROMPT "学生成绩查询"
ON SELECTION BAR 1 OF 数据查询 do form search_st.scx
ON SELECTION BAR 2 OF 数据查询 do  form search_co.scx
ON SELECTION BAR 3 OF 数据查询 do form search_sc.scx

DEFINE POPUP 数据统计 MARGIN RELATIVE SHADOW COLOR SCHEME 4
DEFINE BAR 1 OF 数据统计 PROMPT "统计选课人数"
DEFINE BAR 2 OF 数据统计 PROMPT "统计学生成绩"
ON SELECTION BAR 1 OF 数据统计 do form count_per.scx
ON SELECTION BAR 2 OF 数据统计 do form count_sc.scx

DEFINE POPUP 输出报表 MARGIN RELATIVE SHADOW COLOR SCHEME 4
DEFINE BAR 1 OF 输出报表 PROMPT "输出选课情况"
DEFINE BAR 2 OF 输出报表 PROMPT "输出学生成绩"
ON SELECTION BAR 1 OF 输出报表 report form report_co.frx
ON SELECTION BAR 2 OF 输出报表 report form report_sc.frx

DEFINE POPUP 系统管理 MARGIN RELATIVE SHADOW COLOR SCHEME 4
DEFINE BAR 1 OF 系统管理 PROMPT "关于系统"
DEFINE BAR 2 OF 系统管理 PROMPT "修改密码"
DEFINE BAR 3 OF 系统管理 PROMPT "退出系统"
ON SELECTION BAR 1 OF 系统管理 do form about.scx
ON SELECTION BAR 2 OF 系统管理 do  form setpass.scx
ON SELECTION BAR 3 OF 系统管理 do cleanup.prg
```

说明：

（1）菜单名、菜单选项名、弹出菜单名及过程名等都由系统自动设置。

（2）定义下拉菜单。

① 定义下拉菜单选项。

格式：DEFINE PAD <菜单选项名> OF <下拉菜单名> PROMPT <字符表达式>
[BEFORE<弹出式菜单名>|AFTER<弹出式菜单名>]

[KEY<键说明>[,<键说明>]][MESSAGE<字符表达式>]

[SKIP [FOR<逻辑表达式>]][COLOR SCHEME<颜色配置号>]

② 指定菜单选项的行动。

格式 1：ON PAD <菜单选项名> OF <下拉菜单名 1>

ACTIVATE POPUP <弹出式菜单名>|ACTIVATE MENU <下拉菜单名 2>

格式 2：ON SELECTION PAD <菜单选项名> OF <下拉菜单名> <命令>

③ 激活主菜单。

格式：ACTIVATE MENU <下拉菜单名>[NOWAIT] [PAD <菜单选项名>]

（3）定义弹出菜单。

① 定义弹出式菜单。

格式：DEFINE POPUP <弹出式菜单名> [TITLE <字符表达式 1>][SHORTCUT]

[FROM<行号 1,列号 1>][TO<行号 2,列号 2>][IN[WINDOW]<窗口名>

[IN SCREEN][KEY<键标号>][MESSAGE<字符表达式>] [RELATIVE][MOVER][SCROLL][SHADOW][COLOE SCHEME<颜色配置号>]

② 定义弹出式菜单的菜单选项。

格式：DEFINE BAR <数值表达式> OF <弹出式菜单名> <字符表达式>

[BEFORE [KEY<键标号>[,<键说明>]]][MESSAGE<字符表达式>]

[SKIP[FOR<逻辑表达式>]]

③ 定义菜单项的行动。

格式 1：ON BAR <弹出式菜单选项名>OF<弹出式菜单名 1>

ACTIVATE POPUP <弹出式菜单名 2>|ACTIVATE MENU <条形菜单名>

格式 2：ON SELECTION BAR <弹出式菜单名><命令>

格式 3：ON SELECTION POPUP <弹出式菜单名>|ALL<命令>

④ 激活弹出式菜单。

格式：ACTIVATE POPUP <弹出式菜单名>[NOWAIT][BAR<弹出式菜单选项号>]

8.3.3　快捷菜单

快捷菜单是单击鼠标右键才出现的弹出式菜单。

例 8-2　建立一个表单 KK，在其中添加一个文本框控件 mytext，为该文本框控件建立快捷菜单 KJMENU，菜单选项包括剪切、复制、粘贴、放大和缩小，如图 8-17 所示。

1．创建快捷菜单

① 选择“文件”/“新建”选项，选择“菜单”，单击“新建文件”按钮。

② 在“新建菜单”对话框中单击“快捷菜单”按钮，打开“快捷菜单设计器”，采用创建下拉式菜单的方法，在“快捷菜单设计器”窗口中创建快捷菜单，其中剪切、复制和粘贴通过“菜单项”中的“插入栏”实现，输入放大和缩小菜单选项，放大选项的命令代码为：mytext.fontsize=mytext.fontsize+2，缩小选项的命令代码为：mytext.fontsize=mytext.fontsize−2，

如图 8-18 所示。

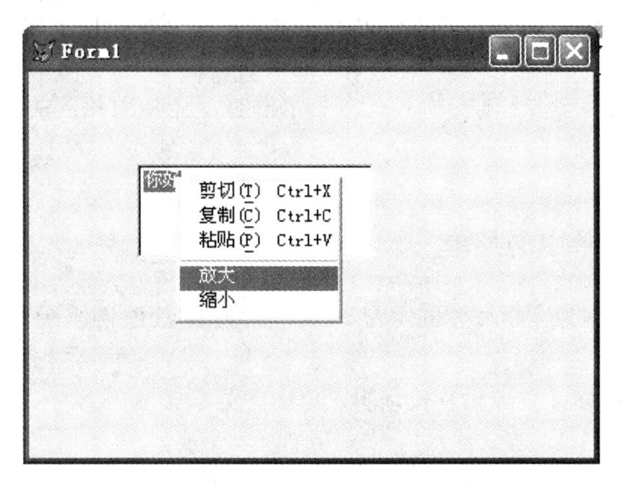

图 8-17　快捷菜单运行效果

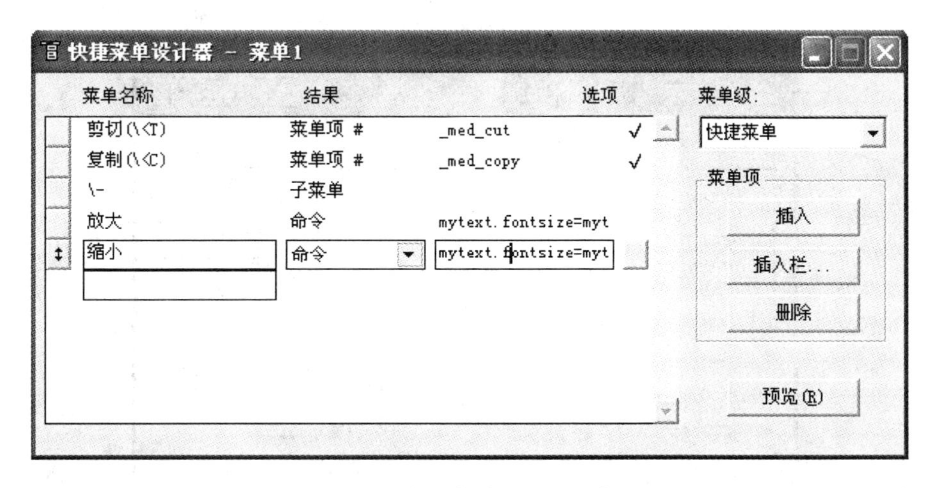

图 8-18 “快捷菜单设计器”窗口

③ 选择“显示”/“菜单选项”选项，在“名称”栏中输入：KJMENU，作为快捷菜单的内部名字。

④ 选择“显示”/“常规选项”选项，选择“菜单代码”中的“设置”，在编辑窗口输入：PARAMETERS mytext。选择“菜单代码”中的“清理”，在编辑窗口输入：RELEASE POPUPS KJMENU，功能是释放快捷菜单所占用的内存空间。

⑤ 选择“菜单”/“生成”选项，生成快捷菜单程序文件，文件名为 KJMENU.MPR。

2．应用快捷菜单

创建快捷菜单后，就可以将其加入应用程序。一般来说，当在控件对象上右击时，会出现相关的快捷菜单。因此，只要在控件的鼠标右击事件中添加代码即可。

① 选择“文件”/“新建”选项，在“新建”对话框中选择表单，单击“新建文件”，

弹出表单设计器窗口，在“表单设计器”中添加文本框控件，命名为 mytext。

② 选择文本框控件，设置它的 RightClick 事件，在代码窗口中输入如下代码：

```
DO KJMENU.MPR  WITH THIS
```

③ 保存表单 KK，运行该表单，右击文本框时，会弹出相应的快捷菜单，如图 8-17 所示。

8.3.4 创建顶层表单中的菜单

如果想使用表单作为应用程序的主窗口，而不是用 VFP 的系统窗口，就需要把菜单显示在表单中。

例 8-3 将 mainmenu 菜单设置成顶层表单中的菜单。

（1）创建菜单

打开 mainmenu 菜单，选择“显示”/“常规选项”选项，弹出“常规选项”对话框，选择“顶层表单”，如图 8-19 所示，单击“确定”按钮，重新生成菜单程序文件，菜单就创建好了。

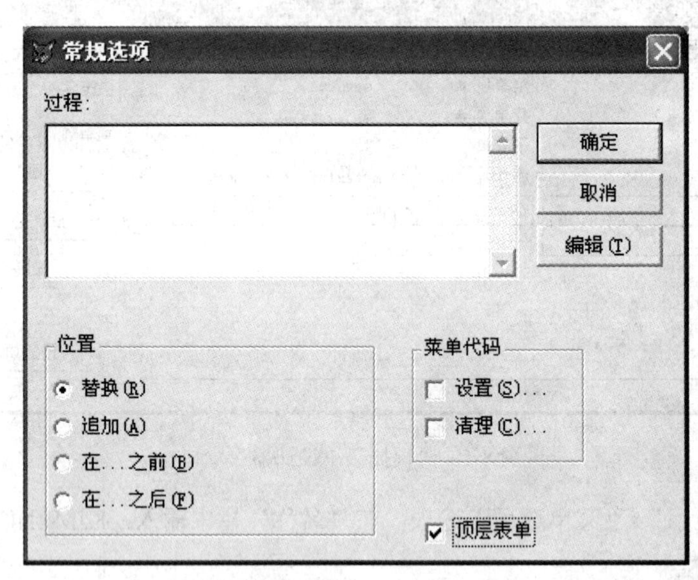

图 8-19 “常规选项”对话框

（2）将菜单加到顶层表单中

① 选择“文件”/“新建”选项，弹出“新建”对话框，选择“表单”，单击“新建文件”按钮，打开“表单设计器”窗口，设置表单属性，将 ShowWindows 属性设置为“2-顶层表单”，Caption 属性设置为：学生成绩管理系统。

② 为表单的 Init 事件添加以下代码：

```
DO mainmenu.mpr WITH THIS,.T.
```

③ 保存表单 mainform，运行表单，运行的结果如图 8-20 所示。

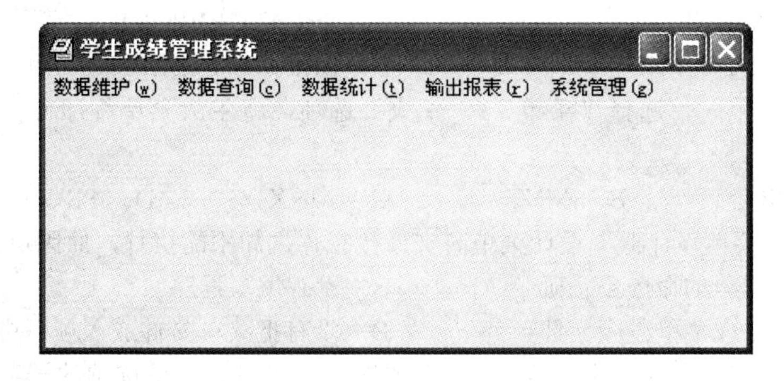

图 8-20　顶层表单中菜单的运行效果

8.4　本章小结

本章介绍了 VFP 菜单的概念和菜单的设计方法，内容包括：

- 创建菜单主要有以下几个步骤：规划菜单、创建菜单选项和子菜单、指定菜单选项所要执行的任务、生成菜单程序、运行菜单程序等。
- 设计菜单选项都需要添加“菜单名称”、“结果”及相应的“选项”。其中，“结果”中包括命令、过程、子菜单和填充名称（或菜单项#）。
- 通过“菜单设计器”可以设计下拉菜单、弹出式菜单。
- 快捷菜单一般设置为控件的鼠标右键单击事件，在 RightClick 事件中添加相应的代码。
- 创建顶层表单中的菜单的过程需要选择“显示”/“常规选项”选项，选择“顶层表单”。需要将表单的 ShowWindows 属性设置为“2-顶层表单”，然后为表单的 Init 事件添加代码：DO <菜单程序名称> WITH THIS,.T.。

习题 8

一、思考题

1．什么是快速菜单和快捷菜单，两者有什么区别？
2．如何实现顶层表单中的菜单？
3．如何在用户菜单中加入某一系统菜单选项？
4．如何设置快捷键？

二、选择题

1．打开“菜单设计器”窗口使用的命令是（　　）。

A．CREATE FROM　　B．CREATE REPORT
C．CREATE MENU　　D．CREATE TABLE

2．在设计菜单时，选择“菜单”/“生成”选项，将生成菜单程序文件，其扩展名为（　）。

A．.MPR　　B．.MNT　　C．.MNX　　D．.PRG

3．在使用“菜单设计器”设计菜单时文件已经存盘却不能执行，原因可能是（　）。

A．调用菜单的命令不正确　　B．没有编写程序
C．没有生成菜单程序文件　　D．没有把菜单文件放入项目中

4．使用 VFP 的“菜单设计器”设计菜单时，如果设计菜单选项的子菜单，应在“结果”中选择（　）。

A．填充名称　　B．子菜单　　C．命令　　D．过程

5．关于“菜单设计器”，下列说法不正确的是（　）。

A．要在子菜单某两选项之间加上分组线，在这两个选项之间增加一个菜单名称为“\-”的选项

B．可以将某个菜单选项设置为在一定条件下不可用

C．在菜单选项的命令或过程中，可以使用面向对象语言

D．在菜单的名称中包含“\<W”字符，则 W 字母为该菜单选项的热键

6．创建一个快捷菜单，如果要打开此菜单可使用的方法是（　）。

A．使用在菜单上定义的热键　　B．使用快捷键
C．使用菜单上的菜单选项　　D．使用鼠标对象的事件

7．关于系统菜单栏，下列说法正确的是（　）。

A．系统菜单栏可通过“显示”菜单的工具栏来改变

B．系统菜单栏显示的项目是不变的

C．系统菜单栏的菜单选项会通过执行不同的功能操作来改变

D．系统菜单栏的位置可以变化

8．在 VFP 主窗口中，打开“菜单设计器”窗口后，在主菜单中增加的菜单选项是（　）。

A．菜单　　B．屏幕　　C．浏览　　D．文本

三、填空题

1．在“菜单设计器”窗口中，“结果”列中的组合框用于定义菜单项的动作，其中分为________、________、_______和_______4 个选项。

2．要把快捷菜单附加到表单的某个控件上，一般要在控件对象的________事件中输入执行快捷菜单的命令。

3．在两个菜单项之间插入分组线，可以建立一个名为______的菜单选项。

4．在“菜单设计器”中设计子菜单时，如果要返回条形菜单设计界面，应选择_______框的“菜单栏”项。

四、操作题

1．使用菜单设计器制作一个名为 STMENU 的菜单，菜单包括“数据操作”和“文件”两个菜单栏。每个菜单选项都包括一个子菜单。菜单结构如下：

数据操作

数据输出

文件

　保存

　退出

其中：

（1）“数据输出”菜单选项对应的过程完成下列操作：打开数据库 XSGL，使用 SQL 的 SELECT 语句查询数据库表 STUDENT 中所有信息，然后关闭数据库。

（2）“退出”菜单选项对应的命令为 SET SYSMENU TO DEFAULT，使之可以返回到系统菜单。保存菜单选项不做要求。

2．利用菜单设计器建立一个菜单 EXMENU。 菜单包括：“统计”和“退出”。

（1）“统计”菜单选项下包括平均分、最高分和最低分 3 个子菜单。子菜单平均分、最高分和最低分分别是计算各门课程的平均分、最高分和最低分，计算结果中包括课程名和计算分数两个字段，分别在表单 FORM1、FORM2、FORM3 中显示结果。

（2）“退出”菜单选项的功能是返回到系统菜单，命令为：SET SYSMENU TO DEFAYULT。

说明：数据来自“XSGL”数据库。

3．建立股票管理数据库 stock_4，建立 stock_mm 表和 stock_cc 表，stock_mm 的表结构是股票代码 C(6)、买卖标记 L(.T.表示买进，.F.表示卖出)、单价 N(7.2)、本次数量 N(6)。stock_cc 的表结构是股票代码 C(6)、持仓数量 N(8)。 stock_mm 表中一只股票对应多个记录，stock_cc 表中一只股票对应一个记录（stock_cc 表开始时记录个数为 0）。

设计一个名为 menu_lin 的菜单，菜单中有两个菜单选项：“计算”和“退出”。

（1）程序运行时，单击“计算”菜单选项应完成下列操作：

根据 stock_mm 统计每只股票的持仓数量，并将结果存放到 stock_cc 表。计算方法是：买卖标记为.T.（表示买进），将本次数量加到相应股票的持仓数量；买卖标记为.F.（表示卖出），将本次数量从相应股票的持仓数量中减去。（注意：stock_cc 表中的记录按股票代码从小到大顺序存放。）将 stock_cc 表中持仓数量最少的股票信息存储到 stock_x 表中（与 stock_cc 表结构相同）。

（2）单击“退出”菜单选项，程序终止运行。

第 9 章

项目及应用程序

VFP 的项目是文件、数据、文档等对象的集合，保存在以.PJX 为扩展名的项目文件中。开发应用程序时，通常首先要创建一个项目文件，然后在项目文件中建立或添加数据库、表、程序、表单和菜单等对象，最后对项目文件进行编译（连编），生成一个.app 应用程序文件或.exe 可执行程序文件。

本章介绍项目文件的相关操作及在项目管理器中构造应用程序的过程。

9.1 项目文件操作

9.1.1 创建项目文件

创建项目文件同创建其他类型的文件一样，可以通过菜单方式或命令方式进行。

例 9-1 创建项目文件 XSGL.PJX。

（1）菜单方式

① 选择“文件”/“新建”选项，在“新建”对话框中选择“项目”，然后单击“新建文件”按钮，打开“创建”对话框。

② 在“创建”对话框中输入项目文件名 XSGL.PJX，单击“保存”按钮，打开“项目管理器”窗口，如图 9-1 所示。

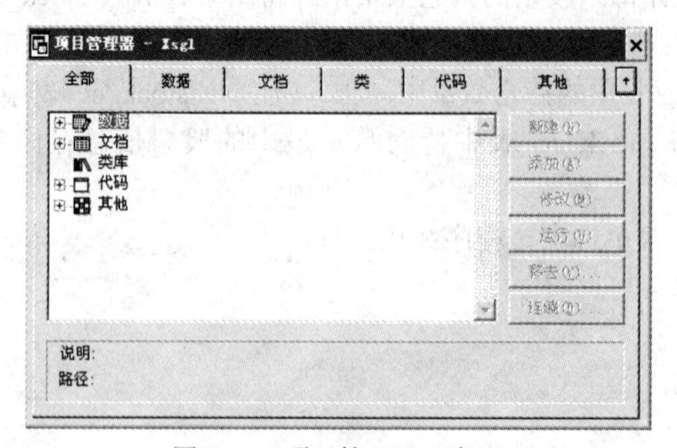

图 9-1 “项目管理器”窗口

③ 此时项目文件已经建立完成，但该项目文件不包含任何信息，是一个空文件，也称空项目。关闭该项目时将出现系统提示对话框，若单击“删除”按钮，系统将从磁盘上删除该空项目文件；若单击“保持”按钮，系统将保存该空项目文件。

（2）命令方式

格式：CREATE PROJECT <项目文件名>

例如，创建项目文件 XSGL.PJX 的命令为：CREATE PROJECT XSGL.PJX。

（3）通过应用程序向导创建项目

① 选择“工具”/“向导”/“应用程序”选项，弹出“应用程序向导对话框”，如图 9-2 所示，输入项目名称，单击“确定”按钮即可。

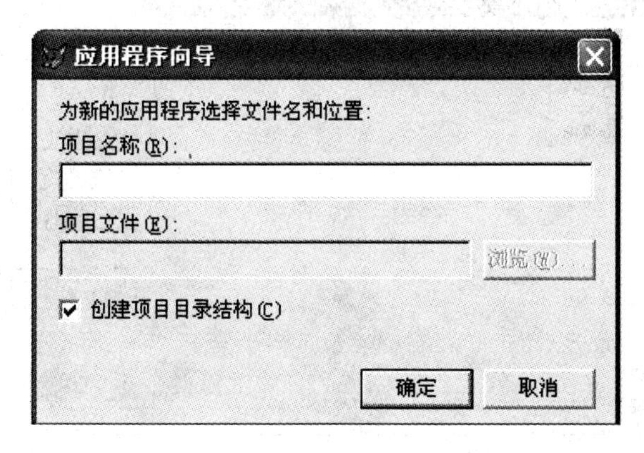

图 9-2　“应用程序向导”对话框

9.1.2　打开项目文件

1．菜单方式

选择“文件”/“打开”选项，在“打开”对话框中，选择项目文件名，单击“确定”按钮即可。

2．命令方式

格式：MODIFY PROJECT <项目文件名>

注意：当指定的项目文件不存在时，该命令还有创建项目文件的作用。

9.2　项目管理器的组成

“项目管理器”是 VFP 数据和对象的主要组织工具。在“项目管理器”中可以建立和管理数据库、表、查询、表单、报表及应用程序文件。

在“项目管理器”中，用树状结构来组织、管理各类文件，可以展开或收缩各类文件。用鼠标单击代表某一类文件的图标左侧的加号“+”可以展开该类文件，此时加号变成减号“-”，单击图标左侧的减号“-”可以收缩展开的内容，此时减号变成加号。

项目管理器中包括以下几个选项卡。

1. “数据”选项卡

“数据”选项卡包含一个项目中的所有数据，包括数据库、自由表和查询，如图 9-3 所示。

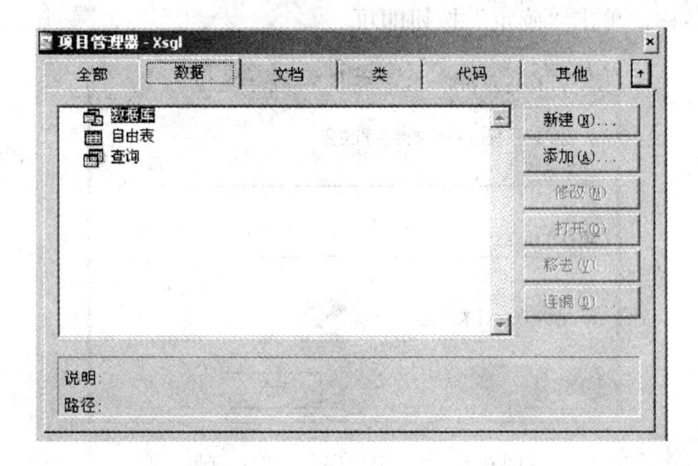

图 9-3 “数据”选项卡

2. “文档”选项卡

“文档”选项卡中包含处理数据时所用的全部文档，包括输入和查看数据所用的表单，以及打印查询结果所用的报表及标签，如图 9-4 所示。

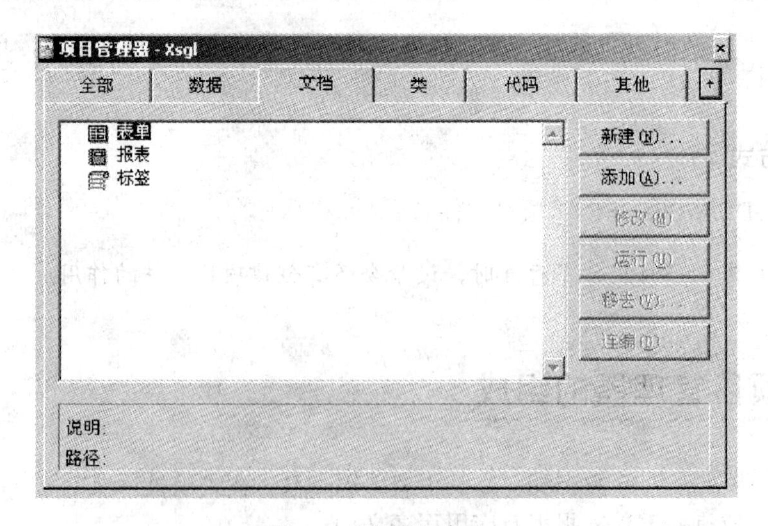

图 9-4 “文档”选项卡

3."类"选项卡

"类"选项卡用来管理可视类库中的类。

4."代码"选项卡

"代码"选项卡用来管理程序、API 库和应用程序。

5."其他"选项卡

"其他"选项卡用来管理菜单、文本文件和其他文件。

6."全部"选项卡

"全部"选项卡显示和管理以上所有类型的文件。

9.3　项目管理器的操作

项目管理器是 VFP 提供的一种有效的管理工具。在应用程序的开发过程中，无论程序、菜单、表单、报表及数据库与数据库表，都可以在项目管理中新建、添加、修改、运行和移去。

9.3.1　创建文件

例 9-2　在"项目管理器"中创建 teacher 自由表。

选择"数据"选项卡，选择"自由表"，单击"新建"按钮，在"创建"对话框中输入文件名 teacher，单击"保存"按钮，弹出"表设计器"对话框，创建 teacher 表结构。

在项目管理器中，可为文件添加说明。文件被选中时，说明将显示在"项目管理器"的底部。为文件添加说明的步骤如下：

① 在"项目管理器"中选中 teacher 文件。

② 从"项目"菜单中选择"编辑说明"。

③ 在"说明"对话框中输入对文件的说明内容：教师表，如图 9-5 所示。

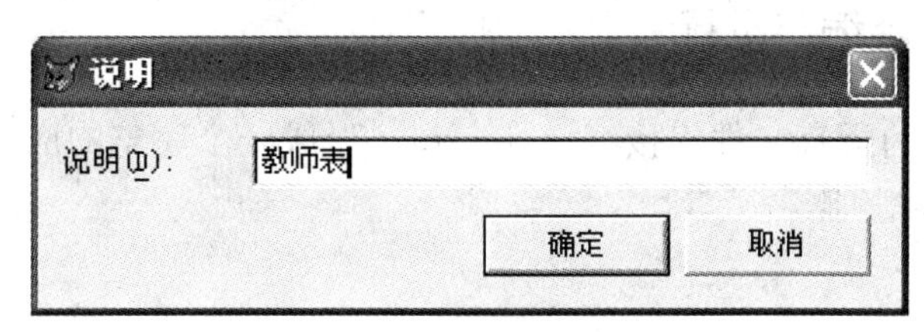

图 9-5　添加说明的对话框

④ 单击"确定"按钮。

9.3.2 添加或移去文件

可以向“项目管理器”中添加已存在的文件，或从“项目管理器”中移去已包含的文件。

例 9-3 把“XSGL”数据库添加到项目管理器 XSGL 中。

选择“数据”选项卡，选择“数据库”，单击“添加”按钮，弹出“打开”对话框，选择“XSGL”数据库，单击“确定”按钮，完成添加操作。

例 9-4 将“teacher”表移出项目管理器。

选择“数据”选项卡，选择“自由表”中的“teacher”表，单击“移去”按钮，弹出提示对话框，如图 9-6 所示。在提示对话框中单击“移去”按钮。

图 9-6 移去提示对话框

注意：如果要从计算机中删除该文件，则单击“删除”按钮。

9.3.3 其他操作

在“项目管理器”中，除了新建文件、添加文件和移去文件，还可以进行以下操作。

① 修改：根据所选择的文件类型，打开相应的设计器进行修改。

② 浏览：显示表的内容。

③ 运行：执行选中的查询、表单或程序。该功能只在选择“项目管理器”中的一个查询、表单、菜单或程序时才可使用。

9.3.4 项目文件的连编与运行

连编是将项目中的所有文件连接编译在一起，形成一个完整的应用程序。项目连编涉及主文件、包含和排除等概念。

1．相关概念

（1）主文件

主文件是项目管理器的主控程序，是整个应用程序的起点。主文件的任务是初始化环境、显示初始的用户界面、控制事件循环，当退出应用程序时，恢复原始的开发环境。

当用户运行应用程序时，首先启动主文件，然后由主文件调用所需要的各应用程序模块及其他组件。

在 VFP 中，程序文件、菜单、表单或查询都可以作为主文件。在“项目管理器”中，主文件以粗体显示。

在“项目管理器”打开的情况下，选中要设置为主文件的文件，选择“项目”/“设置主文件”选项，将该文件设置为主文件。

由于一个应用程序只有一个起点，系统的主文件是唯一的，当重新设置主文件时，原来的设置便自动解除。

（2）项目中文件的“包含”与“排除”属性

“包含”的文件是指包含在项目中的文件，即指在应用程序的运行过程中不需要更新，也就是一般不会再变动，主要指程序、图形、表单、菜单、报表、查询等。

“排除”是指已添加在“项目管理器”中、但又在使用状态上被排除的文件，通常允许在程序运行过程中随意地更新它们。例如，数据库表。对于在程序运行过程中可以更新和修改的文件，需要将它们设置成“排除”状态。项目中被排除的文件左侧有一个排除符号“Φ”。

注意：设置为主文件的文件不能设置为排除，被排除的文件不能设置为主文件。

例 9-5　将“XSGL”数据库设置为“排除”。

在“项目管理器”中，选择“数据”/“数据库”中的“XSGL”数据库，单击鼠标右键，在快捷菜单中单击“排除”选项；也可以通过选择“项目”/“排除”选项来实现。

2．连编选项

当一个 VFP 项目的各个对象完成后，必须对项目进行“连编”。在“项目管理器”中，单击“连编”按钮，弹出“连编选项”对话框，如图 9-7 所示。

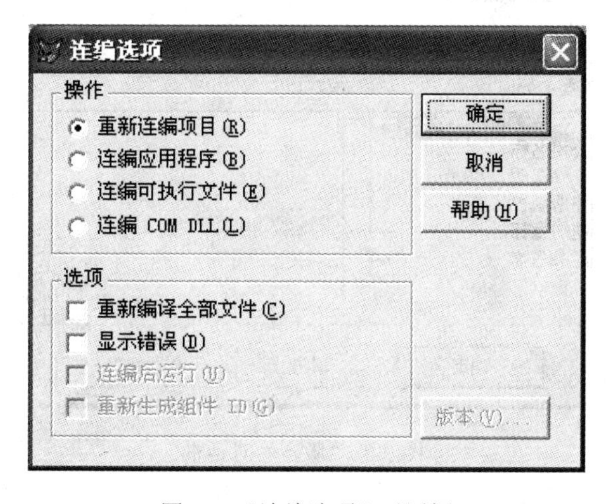

图 9-7　“连编选项”对话框

（1）操作

① 重新连编项目：该单选项相当于 BUILD PROJECT 命令，用于连编项目中的所有文件，并生成.PJX 和.PJT 文件。

② 连编应用程序：该单选项相当于 BUILD APP 命令，用于连编项目并生成以.APP 为扩展名的应用程序。.APP 文件必须在 VFP 开发环境中运行，例如 DO XSGL.APP。

③ 连编可执行程序：该单选项相当于 BUILD EXE 命令，用于连编项目并生成以.EXE 为扩展名的应用程序。.EXE 文件可以脱离 VFP 开发环境在 Windows 中独立运行（需要 VFP 对应版本的运行支持库），也可以在 VFP 开发环境中运行。

④ 连编 COM DLL：该单选项相当于 BUILD DLL 命令，用于连编项目并生成以.DLL 为扩展名的动态连接库文件。

（2）选项

① 重新编译全部文件：用于重新编译项目中的所有文件。

② 显示错误：用于指定是否显示编译时遇到的错误。

③ 连编后运行：用于指定连编生成应用程序后是否立即运行，在系统集成测试时可以使用该选项。

④ 重新生成组件 ID：用于指定是否重新生成项目组件的 ID。

（3）版本

当在“连编”选项对话框中选择“可执行程序”或“COM DLL”选项时，“版本”按钮变为可用。单击“版本”按钮，弹出“版本”对话框，如图 9-8 所示，用于指定版本号及版本类型。

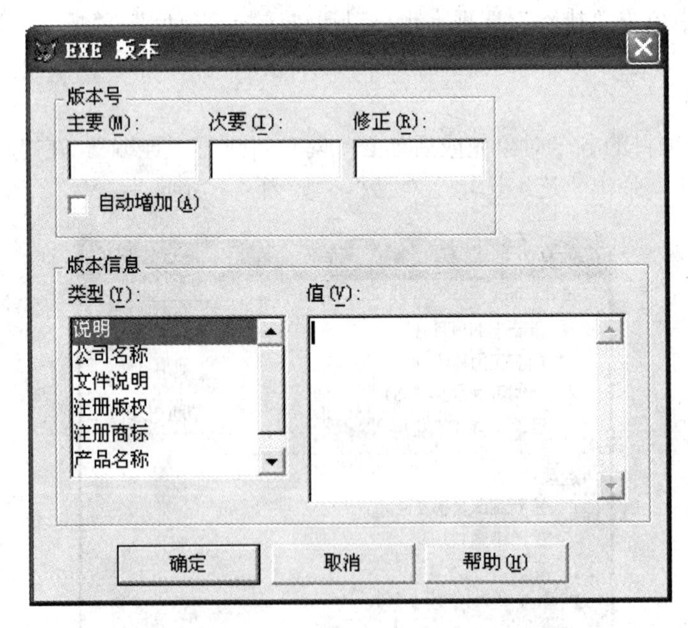

图 9-8 “版本”对话框

9.4 应用程序开发

本章给出学生成绩管理系统的开发实例，这里只是给出了开发的过程，有些详细设计在前面章节中已经介绍，有些尚未完成，希望读者加以完善。

9.4.1 环境规划

应用程序的环境规划对程序的运行结果具有重要影响。要想编制一个完整的应用程序，必须首先理解应用程序的开发目的，即要解决什么问题、具有哪些功能、用户操作界面有哪些、处理的数据量大约有多大、应用程序运行环境是什么等。本系统要求界面简单易用。

9.4.2 系统总体规划

本系统由一个系统菜单控制，实现计算机化成绩管理的目的。系统应该具有以下主要功能。

① 数据维护：包括维护学生信息 edit_st.scx、维护课程信息 edit_co.scx、维护成绩信息 edit_sc.scx。

② 数据查询：包括学生信息查询 search_st.SCT、课程信息查询 search_co.scx、学生成绩查询 search_sc.scx。

③ 数据统计：包括统计各科选课人数 count_per.scx、统计学生成绩 count_sc.scx。

④ 输出报表：包括输出选课情况 report_co.frx、输出学生成绩 report_sc.frx。

⑤ 系统管理：包括关于系统 about.scx、修改密码 setpass.scx、退出系统 cleanup.prg。

9.4.3 设计数据库

在设计数据库时，首先要明确建立数据库的目的、确定需要的表及字段并确定表之间的关系。根据学生成绩管理系统设计要求，首先创建数据库 XSGL，创建 3 个表，它们分别为 student、course、score，表结构及内容见第 1 章。

注意： *在设计数据库表的结构时，一张表不要包含太多的字段，特别是不应有那些与该表主题无关的字段。同时，也要避免对同一主题创建多张表。*

9.4.4 设计应用程序的界面

用户界面主要包括表单、菜单和工具栏，它们可以将应用程序的所有功能与界面中的控件或菜单命令联系起来。

1．表单设计

表单设计的内容详见第 6 章。

2．菜单设计

一个应用程序需要创建许多表单，应该使用菜单和工具栏将表单按照它们的功能组织起来。一个好的菜单系统可以方便用户操作，帮助用户快速完成一些日常工作。详见第 8 章。

3．报表设计

报表设计的内容详见第 7 章。

9.4.5 主文件

主文件 main.prg 是整个应用程序的入口，程序代码如下：

```
*——系统环境设置
CLEAR
CLEAR ALL
SET ESCAPE OFF             && 禁止运行的程序在按 ESC 键时被中断
SET TALK OFF               && 关闭命令显示
SET SAFETY OFF             && 覆盖时不要确认
SET STAT BAR OFF           && 将状态栏关闭
SET SYSMENU OFF            && 可关掉 VFP 系统菜单区域
SET SYSMENU TO             && 关闭系统菜单
SET CENTURY ON             && 显示四位年代
SET DATE TO YMD            && 按照年月日的次序显示日期
*——调用登录表单
DO FORM Logon              && 显示登录表单
*——进入事件处理
READ EVENTS                && 进入事件处理
```

说明：READ EVENTS 命令的功能是建立事件循环，该命令使 VFP 开始处理鼠标单击、按键等用户事件。为了保证应用程序可以正确地连编成可执行文件，该命令是必需的，一般在一个初始化过程中将 READ EVENTS 命令作为最后一条命令。

9.4.6 退出系统

cleanup.prg 程序的功能是恢复系统环境设置并且结束事件循环，程序代码如下：

```
SET SYSMENU TO DEFAULT
SET TALK ON
SET SAFETY ON
CLOSE ALL
CLEAR ALL
CLEAR EVENT      && 结束事件循环
CANCEL
```

9.4.7　使用项目管理器管理和组织应用程序

打开项目文件 XSGL，将前面建立的数据库、表单、菜单、报表、程序等都添加到项目文件中。设置 main.prg 为主文件。将数据库文件设置为“排除”。连编应用程序，选择“连编选项”对话框中的“连编应用程序”选项，单击“确定”按钮，可以连编生成扩展名为.APP 的应用程序文件 xsgl.app。项目管理器界面如图 9-9 所示。

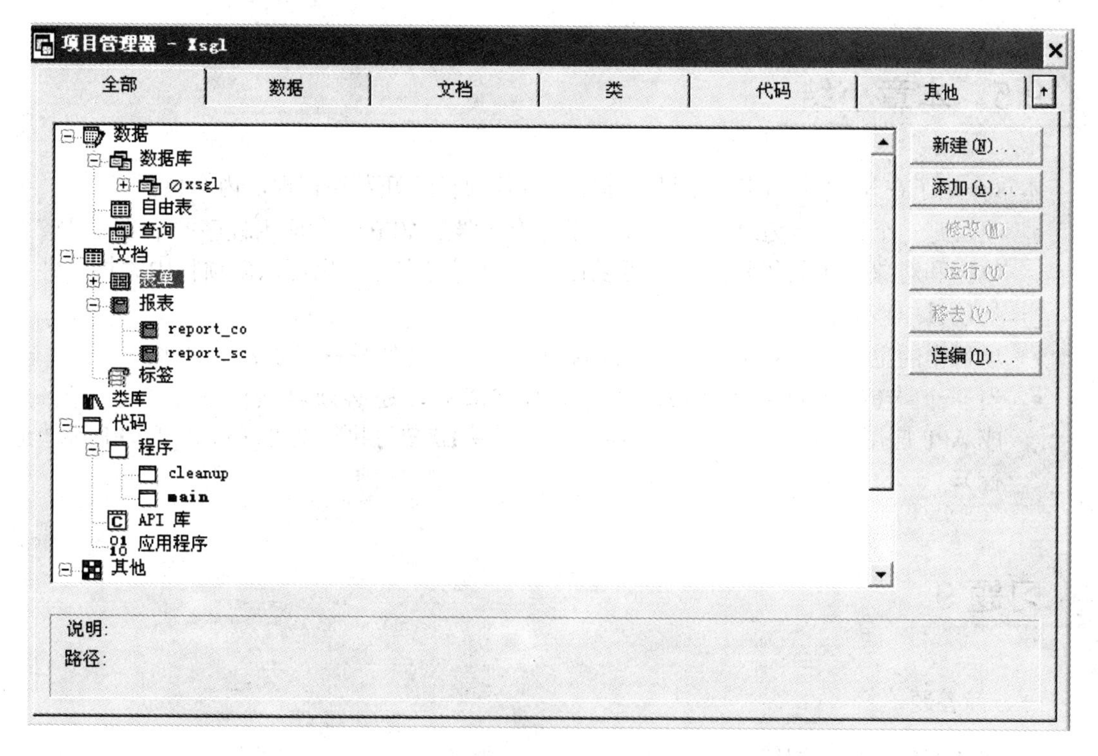

图 9-9　项目管理器界面示意图

注意：使用项目管理器管理和组织应用程序，还可以通过应用程序生成器来完成，在项目管理器快捷菜单中选择“生成器”选项，弹出“应用程序生成器”对话框，如图 9-10 所示。

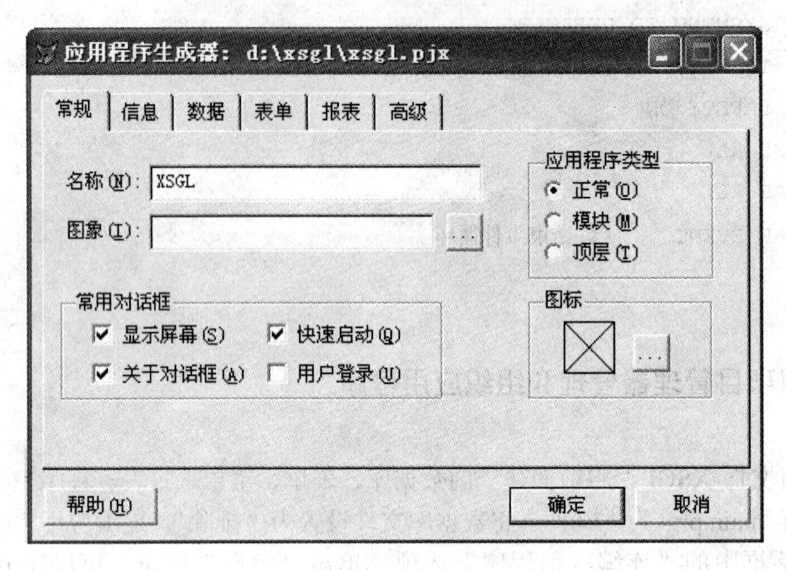

图 9-10 “应用程序生成器”对话框

9.5 本章小结

本章介绍了在 VFP 中利用“项目管理器”进行项目的开发和管理，内容包括：

- 项目是一个扩展名为.PJX 的文件。项目管理器是 VFP 开发应用程序的平台，是管理数据和对象的主要组织工具。可以在项目中创建文件，也可以向项目中添加文件或从项目中移去文件。
- 项目中的主文件是整个应用程序的入口，一般主文件是程序或表单文件。
- 当一个 VFP 项目的各个模块组件编写完成后，还必须对项目进行“连编”，生成.APP 应用程序文件（在 VFP 环境运行）或.EXE 可执行文件（可脱离 VFP 环境运行）。

习题 9

一、简答题

1．简述项目文件的创建步骤。
2．在“项目管理器”中怎样添加文件和移去文件？
3．如何设置主文件？
4．连编的含义是什么？

二、选择题

1．“项目管理器”中有 6 个选项卡，以下名字中不属于选项卡的是（　　）。

A．类　　B．数据　　C．程序　　D．文档

2．在使用“项目管理器”时，如果需要在“项目管理器”中创建文件，则可以用“新建”按钮，那么新建的这个文件将（　　）。

A．自动包含在该项目中　　B．不被包含在该项目中

C．既可包含也可不包含在该项目中　　D．不能被其他项目包含

3．在使用“项目管理器”时，如果要移去一个文件，在提示框中单击“移去”按钮，系统将会把所选择的文件移走。选择“删除”按钮，系统将会把该文件（　　）。

A．仅仅从项目中移走

B．仅仅从项目中移走，磁盘上的文件未被删除

C．不仅从项目中移走，磁盘上的文件也被删除

D．只是不保留在原来的目录中

4．打开“项目管理器”的“文档”选项卡，其中包含（　　）。

A．表单（Form）文件　　B．报表（Report）文件

C．标签（Label）文件　　D．以上 3 种文件

5．VFP 主界面的菜单栏中不包含的菜单项是（　　）。

A．“编辑”　　B．“工具”　　C．“窗口”　　D．“项目”

6．下列（　　）中所有类型均可被设置为项目的主文件。

A．项目、数据库和程序　　B．视图、查询

C．项目、表单和类　　D．表单、菜单和程序

三、填空题

1．“项目管理器”的______选项卡用于显示和管理数据库、自由表和查询等。

2．在 VFP 中，项目文件的扩展名是______。

3．扩展名为.PRG 的程序文件在“项目管理器”的______选项卡中显示和管理。

4．将已经建立的文件添加到项目中去，可单击“项目管理器”中的________按钮。

5．从一个项目中，可以连编生成应用程序文件（.APP）或者连编生成（_______）可执行文件。

四、操作题

根据自己的实际情况，设计一个管理信息系统，要求通过项目管理器来实现，包括数据库、表单、菜单、报表、程序等，最后连编成可以脱离 VFP 环境的.EXE 可执行文件。

第 10 章 Visual FoxPro 程序设计教程课程实验

实验一　数据库与表的建立

一、实验目的

1．掌握 Visual FoxPro 6.0 的启动和退出。
2．掌握表结构的建立。
3．掌握数据库的操作。

二、实验内容

1．启动 VFP 6.0 并熟悉 VFP 6.0 的界面

（1）启动 VFP 6.0。
（2）观察 VFP 窗口与菜单中的选项。
（3）练习打开、关闭“命令”窗口。
（4）练习打开、关闭工具栏。

2．建立自由表

建立学生（student.dbf）自由表。命令方式：CREATE student

表结构为：（学号 C(9)，姓名 C(8)，性别 C(2)，出生日期 D，党员否 L，专业 C(20)，简历 M，照片 G）。学号组成：9 位数字，其中 4 位年级，2 位专业代码，3 位序号）。

表中记录如表 10-1 所示。

表 10-1　学生表

学　号	姓　名	性　别	出生日期	党员否	专　业	简　历	照　片
200501001	王小岩	男	10/12/87	F	计算机	memo	gen

续表

学　　号	姓　　名	性　　别	出生日期	党员否	专　　业	简　　历	照　　片
200501002	赵军	男	03/16/87	T	计算机	memo	gen
200402001	张新	女	07/10/88	F	中文	memo	gen
200403001	李华	女	09/20/89	F	数学	memo	gen
200403002	陈丽萍	女	11/15/87	T	数学	memo	gen

3．数据库的操作

（1）建立数据库 xsgl.dbc。命令方式：CREATE DATABASE xsgl

（2）打开数据库设计器。命令方式：MODIFY DATABASE

（3）添加表。将自由表 student 添加到数据库 xsgl 中。选择数据库工具栏中的“添加表”选项。

（4）在数据库中建立课程表（course.dbf）和成绩表（score.dbf）。选择数据库工具栏中的“新建表”选项。

课程表结构为：(课程号 C(4),课程名 C(20),学分 N(1),学时 N(2))

课程表中记录如表 10-2 所示。

表 10-2　课程表

课　程　号	课　程　名	学　　分	学　　时
0101	数据库原理与应用	3	48
0102	数据结构	3	48
0103	C 语言	2	32
0201	数学分析	3	48
0202	高等数学	2	32
0301	当代文学	2	32

成绩表结构为(学号 C(9),课程号 C(4),成绩 N(3))

成绩表中记录如表 10-3 所示。

表 10-3　成绩表

学　　号	课　程　号	成　　绩
200501001	0101	96
200501002	0101	87
200501001	0102	76
200501002	0102	67
200403001	0301	54
200403002	0301	82

（5）移去表。把 student 表移去变成自由表。选择数据库工具栏中的“移去表”选项。注意移去和删除的区别。然后再把 student 表添加到数据库中，后面的操作需要该表。

实验二　表的维护

一、实验目的

1．掌握输入备注型字段和通用型字段内容的方法。
2．掌握修改表结构与浏览表记录的方法。
3．掌握对记录指针的操作。
4．掌握记录的追加、删除与恢复、成批替换的方法。

二、实验内容

1．修改表的结构

命令方式：MODIFY STRUCTURE

2．输入实验一中表的记录

选择表快捷菜单中“浏览”选项，再选择“显示”/“追加方式”选项。注意备注型、通用型字段的输入方法，注意浏览和编辑方式的区别。

3．记录指针的操作

选择“表”/“转到记录”选项进行操作。
在命令窗口中输入下列命令观察主窗口显示的结果：

```
USE  student
? RECNO(),BOF()
SKIP  -1
? RECNO(),BOF()
GO  BOTTOM
? RECNO(),EOF()
SKIP
? RECNO(),EOF()
USE
```

4．对表记录的删除与恢复

掌握命令 DELETE、RECALL、PACK 和 ZAP 的使用方法。

5．成批修改记录

选择“表”/“替换字段”选项。

执行下列命令观察记录变化情况。

```
USE  course
REPLACE  学时  WITH  学时+10 ALL
USE
```

试一试，如果第二行命令中缺少 ALL 是什么结果？

实验三　排序与索引

一、实验目的

1．掌握建立排序文件的方法。

2．掌握索引文件的作用与索引文件的建立。

3．掌握对索引文件的操作。

二、实验内容

1．记录排序

对 student.dbf 表用 SORT 命令对学生按“姓名”升序排序，并将排序后的新表文件命名为 xm.dbf，用 LIST 命令显示 xm.dbf 表的记录。

2．建立索引文件

（1）单索引

打开数据库 xsgl.dbc，为“student”表按“学号”建立主索引，为“course”表按“课程号”建立主索引，为“score”表按“学号”和“课程号”建立普通索引，索引名和索引表达式相同。

（2）建立组合索引

为 student.dbf 表建立一个组合索引，以专业升序排列，专业相同时按出生日期升序排列，索引标识为 zycs，候选索引。

操作提示：

在表设计器中的“索引”选项卡的索引表达式框中输入：专业+DTOC(出生日期)，索引名框中输入：zycs，类型框中选择：候选索引。

命令方式：

```
USE student
INDEX ON 专业+DTOC(出生日期) TAG zycs CANDIDATE
USE
```

建立索引的数据库设计器如图 10-1 所示。

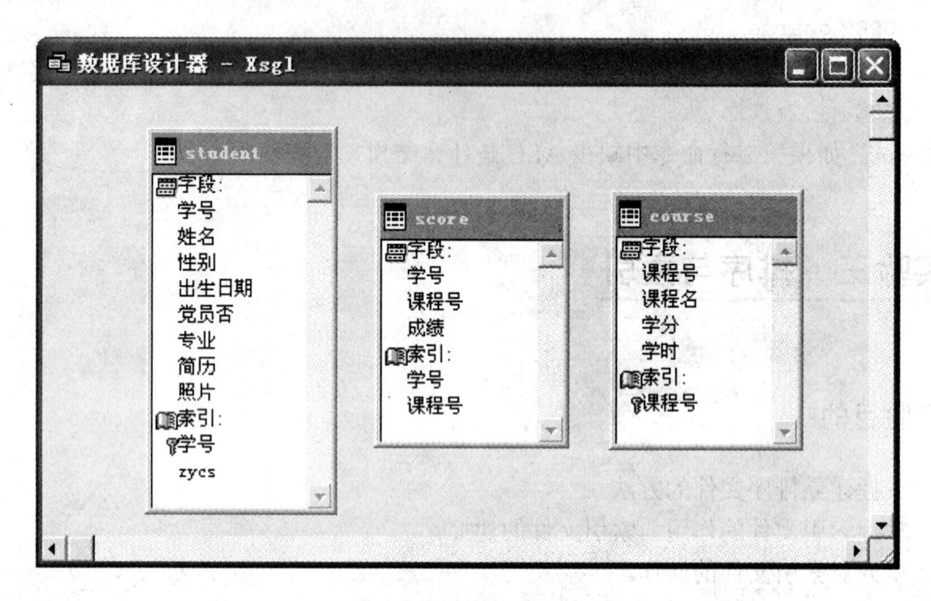

图 10-1 数据库设计器

（3）建立独立索引文件。用命令方式为“student”表的姓名建立一个独立索引文件 xm.idx。

3. 确定主控索引

将“student”表按姓名建立的索引作为主控索引。选择“表”/“属性”选项，弹出“工作区属性”对话框，在“索引顺序”下拉列表中选择 xm 索引。

命令方式：SET ORDER TO xm

 实验四 数据完整性设置

一、实验目的

1. 设置用户定义的完整性（字段有效性规则）。
2. 建立数据库表之间的永久联系。
3. 设置参照完整性。

二、实验内容

1．设置用户定义的完整性（字段有效性规则）

（1）为 student.dbf 表设置字段有效性规则：性别只能输入男或女，默认值为："男"，输入错误时要有提示信息。

操作提示：在性别的“规则”框中输入逻辑表达式：性别$ "男，女"；“信息”框输入提示信息："性别只能是男和女"，在性别的“默认值”框中输入"男"。

（2）设置空值：为党员否字段设置空值。

操作提示：在党员否字段行的“NULL”处单击（有对号），在默认值中输入 NULL。

2．建立永久联系

为数据库 xsgl.dbc 中的三个表建立永久联系（在实验三中已经建立了各表的索引）。结果见图 10-2。

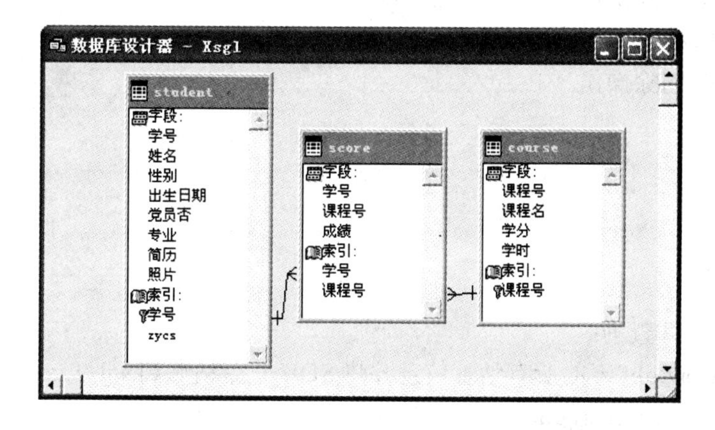

图 10-2　建立永久联系

（1）在数据库设计器中，将 student.dbf 表的主索引学号拖至 score.dbf 表的普通索引学号。

（2）将 course.dbf 表的主索引课程号拖至 score.dbf 表的普通索引课程号。

试一试，将普通索引拖至主索引会出现什么现象？

3．设置参照完整性

在设置参照完整性规则之前应先清理数据库：选择“数据库”/“清理数据库”选项，选择“数据库”/“编辑参照完整性”选项设置参照完整性。

（1）更新规则。修改 student.dbf 表的学号时，score.dbf 表中的相关学生的学号值会自动更新。

操作提示：student.dbf 表与 score.dbf 表的“更新规则”选择“级联”。

（2）删除规则。当 student.dbf 表的记录被删除时，若 score.dbf 表有相关记录则禁止删除。

操作提示：student.dbf 表与 score.dbf 表的“删除规则”选择“限制”。

（3）插入规则。允许 score.dbf 表中插入新的学号。

操作提示：student.dbf 表与 score.dbf 表的“插入规则”选择“忽略”。

练习：设置 course.dbf 表与 score.dbf 表之间的参照完整性。

实验五 SQL 语言应用

一、实验目的

1. 掌握建立和修改结构的操作。
2. 掌握 SQL 查询操作。
3. 掌握 SQL 更新操作。
4. 掌握 SQL 插入操作。
5. 掌握 SQL 删除操作。

二、实验内容

1. 单表查询

简单查询与条件查询：

① 查询 student.dbf 表的所有学生信息并将 SQL 命令粘贴到 sql_1.txt 中。

```
SELECT * FROM student
```

新建文本文件，将命令复制粘贴到文本文件中，存为 sql_1.txt。

② 将 course.dbf 表复制到 kccx.DBF 中，结构与 course.dbf 表相同。

```
SELECT * FROM course INTO TABLE kccx
```

③ 查询男生党员的信息，要求显示姓名和出生日期。

```
SELECT 姓名,出生日期 FROM student WHERE 性别="男" AND 党员否
```

④ 查询 1988 年 1 月 1 日以后出生的学生信息，将查询结果保存到文本文件 csrq.txt 中。

```
SELECT * FROM student WHERE 出生日期>{^1988-01-01} TO FILE csrq.txt
```

2. 多表查询

（1）联接查询。

① 查询学生的各科成绩，将结果存入表 cj.dbf 中，该表的结构为学号、姓名、课程名、成绩。

```
SELECT student.学号,姓名,课程名,成绩 FROM student,course,score;
WHERE student.学号=score.学号 AND course.课程号=score.课程号
```

② 检索不及格成绩的学生的学号、姓名和课程名、成绩。

```
SELECT student.学号,姓名,课程名,成绩 FROM student, course, score;
WHERE student.学号=score.学号 AND course.课程号=score.课程号 AND 成绩<60
```

（2）嵌套查询。

① 检索成绩在 80 分以上的学生信息。

```
SELECT * FROM student WHERE 学号 IN (SELECT 学号 FROM score WHERE 成绩>80)
```

② 查询成绩都在 80 分以上的学生信息。

```
SELECT * FROM student WHERE 学号 NOT IN ;
(SELECT 学号 FROM score WHERE 成绩<=80);
 AND 学号 IN (SELECT 学号 FROM score)
```

（3）超联接查询。

利用内部联接查询学生的成绩，显示学生姓名、课程号、成绩。

```
SELECT 姓名,课程号,成绩;
FROM student INNER JOIN score;
ON student.学号=score.学号
```

练习：利用左联接、右联接和完全联接查询学生的成绩，显示学生姓名、课程号、成绩。

（4）集合的并运算。

查询选修 0101 号课程和 0301 课程的学生学号、课程号和成绩。

```
SELECT 学号,课程号,成绩 FROM score WHERE 课程号="0101";
UNION ;
SELECT 学号,课程号,成绩 FROM score WHERE 课程号="0301"
```

3. 复杂查询

（1）排序。

① 对 student.dbf 表查询学生信息，结果按出生日期升序排序，将结果存放在临时表文件 temp 中。

```
SELECT * FROM student ORDER BY 出生日期 INTO CURSOR temp
```

② 对 student.dbf 表查询学生信息，结果按专业升序排序，专业相同的学生按出生日期降序排序。

```
SELECT * FROM student ORDER BY 专业,出生日期 DESC
```

③ 查询成绩最高的三名学生的学号、课程号与成绩。

```
SELECT * TOP 3 FROM score ORDER BY 成绩 DESC
```

④ 查询年龄最小的 20%的学生信息。

```
SELECT * TOP 20 PERCENT FROM student ORDER BY 出生日期 DESC
```

（2）分组与计算查询。

① 查询 score.dbf 表中的每名学生的总成绩，结果存放于表 sum1.dbf 中，该表的结构为

score.dbf 表中的学号与总分。

```
SELECT 学号,SUM(成绩) AS 总分 FROM score GROUP BY 学号 INTO TABLE sum1
```

注意观察 sum1.dbf 表中记录的顺序，学号是分组关键字，结果按学号升序排序。

② 统计 student.dbf 表中男生和女生的人数，将结果存放到数组 arr 中。

```
SELECT 性别,COUNT(性别) AS 人数 FROM student GROUP BY 性别 INTO ARRAY arr
```

提示：用 LIST MEMORY LIKE arr 命令显示数组 arr 中的值。

③ 在 score.dbf 表中查询有两名以上（含两名）学生选修的课程的平均成绩，结果存放于 avg1.dbf 中。

```
SELECT 课程号,AVG(成绩) AS 平均分 FROM score;
 GROUP BY 课程号 HAVING COUNT(*)>=2 INTO TABLE avg1
```

（3）特殊运算符。

① 在 student.dbf 表中查询还没有输入党员信息的记录。

注意：先在 student.dbf 表中追加一条记录，输入学号、姓名，党员否的值自动为.NULL.，命令执行后再将该记录彻底删除。

```
SELECT * FROM student WHERE 党员否 IS NULL
```

② 在 student.dbf 表中查询 1988 年 1 月 1 日至 1988 年 10 月 1 日之间出生的学生的信息（用 BETWEEN…AND）。

```
SELECT * FROM student WHERE 出生日期 BETWEEN {^1988-01-01} AND {^1988-10-01}
```

③ 在 student.dbf 表中检索出姓李的学生信息（用 LIKE）。

```
SELECT * FROM student WHERE 姓名 LIKE "李%"
```

④ 查询没有选课的学生信息。

```
SELECT * FROM student WHERE NOT EXISTS;
    (SELECT * FROM score WHERE 学号=student.学号)
```

⑤ 检索学生成绩大于或等于学号为 200501002 的学生任何一科成绩的学生学号。

```
SELECT DISTINCT 学号 FROM score WHERE 成绩>=;
ANY (SELECT 成绩 FROM score WHERE 学号="200501002")
```

⑥ 检索学生成绩大于或等于学号为 200501002 的学生所有成绩的学生学号。

```
SELECT DISTINCT 学号 FROM score WHERE 成绩>=;
ALL (SELECT 成绩 FROM score WHERE 学号="200501002")
```

有数据库“图书管理.dbc”，其中有“作者.dbf”表、“图书.dbf”表和“读者.dbf”表。

作者.dbf（作者编号 C（4），作者姓名 C（8），所在城市 C（8））

作者编号	作者姓名	所在城市
1001	赵锋	北京
1002	钱前	北京
2001	孙红	上海

图书.dbf（图书编号 C（4），书名 C（20），出版单位 C（14），价格 N（6,2），作者编号 C（4））

0001	数据库原理与应用	电子工业出版社	32.00	1001
0002	大学计算机基础	高等教育出版社	27.00	1002
0003	网络技术应用	清华大学出版社	22.50	2001
0004	C 语言程序设计	北京大学出版社	26.00	2001

读者.dbf（读者编号 C（4），读者姓名 C（8），书名 C（20），借阅日期 D，还书日期 D）

先建立数据库“图书管理.dbc”，然后进行下列操作。

4. 建立表结构

用 SQL 建表命令建立“作者.dbf”表、“图书.dbf”表和“读者.dbf”表，同时为“作者.dbf”表的作者编号建立主索引，为“图书.dbf”表的作者编号建立普通索引，并建立“作者.dbf”表与“图书.dbf”表的永久联系。

```
CREATE TABLE 作者(作者编号 C(4)PRIMARY KEY,作者姓名 C(8),所在城市 C(8))
CREATE TABLE  图书(图书编号 C(4),书名 C(20),出版单位 C(14),价格 N(6,2),;
作者编号 C(4),FOREIGN  KEY 作者编号 TAG 作者编号 REFERENCES 作者)
CREATE TABLE 读者 (读者编号 C(4),读者姓名 C(8),书名 C(20),;
借阅日期 D,还书日期 D)
```

注意：建表时字段名与类型名之间必须用空格分隔。

5. 修改表结构

① 修改“图书.dbf”表的出版单位字段，将其宽度改为 20。

```
ALTER TABLE 图书 ALTER 出版单位 C(20)
```

② 将“作者.dbf”表所在城市的默认值设为上海。

```
ALTER TABLE 作者 ALTER 所在城市 SET DEFAULT "上海"
```

③ 为“图书.dbf”表的价格字段设置字段有效性规则，价格在 0～200 元之间，输入错误时提示："价格必须在 0 至 200 元之间! "。

```
ALTER TABLE 图书 ALTER 价格 SET CHECK 价格>0 AND 价格<=200;
ERROR "价格必须在 0 至 200 元之间！ "
```

6. 记录的操作

① 用 SQL 插入语句 INSERT INTO 命令将各表的数据输入表中。

```
INSERT INTO 作者 VALUES("1001","赵锋","北京")
```

利用上述命令输入“作者.dbf”表的其余记录和图书表的记录，“读者.dbf”表中不输入数据。

② 定义一个一维数组 xx，有三个元素，分别赋值为"1001"、"赵锋"、"北京"，用 SQL 插入语句 INSERT INTO 命令将数组 xx 的数据输入表中。

```
DIMENSION xx (3)
xx(1)= "1001"
```

```
xx(2)="赵锋"
xx(3)="北京"
INSERT INTO 作者 FROM ARRAY xx
```

③ 将“图书.dbf”表中的“网络技术应用”的价格改为 25.00 元。

```
UPDATE 图书 SET 价格=25.00 WHERE 书名="网络技术应用"
```

④ 将“图书.dbf”表中书名为“C 语言程序设计”的记录删除。

```
DELETE FROM 图书 WHERE 书名=" C 语言程序设计"
```

注意：上述命令只是逻辑删除记录，彻底删除记录还需要使用 PACK 命令。

7．删除表

将“读者.dbf”表删除。

```
DROP TABLE 读者
```

实验六 查询与视图

一、实验目的

1．会用查询设计器建立查询。
2．掌握创建视图的方法。
3．掌握用命令创建视图的方法。

二、实验内容

1．用查询设计器建立查询并运行查询

（1）建立查询 query1.qpr，查询男生（student.dbf 表）的所有信息，查询结果按出生日期降序排序。

（2）对 student.dbf、course.dbf 和 score.dbf 三个数据表进行操作，使用 CREATE QUERY 命令建立一个文件名为 query2.qpr 的查询，要求含有学号、姓名、课程名和成绩，按课程名升序排序，查询去向是表 query2. dbf，并运行该查询。

（3）建立查询 query3.qpr，查询每名学生的姓名、平均成绩，查询去向是表 query3.dbf，并运行该查询。

操作提示：

① 添加平均成绩：在“函数和表达式”处输入“AVG(score.成绩) AS 平均分”，并添加到选定字段列表框中。

② 设置分组关键字（因为查询每名学生的平均成绩）：在查询设计器的“分组依据”

选项卡中，将可用字段列表框中的“student.学号”字段添加到分组字段中。

2．用视图设计器创建视图

对数据库 xsgl.dbc 中的数据库表 student.dbf、course.dbf 和 score.dbf 三个表进行操作。建立成绩大于等于 60 分、按学号升序排序的本地视图 st1，该视图按顺序包含字段学号、姓名、课程名和成绩，然后使用查询设计器查询视图中的全部信息，将结果存入表 query4.dbf 并运行查询。

3．用命令创建视图

用命令创建视图 st2，其中包含 student.dbf、course.dbf 和 score.dbf 三个表中的学号、姓名、课程名、成绩字段，并将 SQL 语句存入文本文件 st2.txt 中。

操作提示：

① 在命令窗口中输入命令：

```
OPEN  DATABASE  xsgl
CREATE  SQL  VIEW  st2 AS;
SELECT A.学号,A.姓名,B.课程名,C.成绩;
FROM  student A,  course B,  score C;
WHERE  A.学号 = C.学号 AND C.课程号=B. 课程号
```

② 复制 SQL 语句。

③ 新建文本文件，将 SQL 语句粘贴于文本文件中，保存文本文件名为 st2.txt。

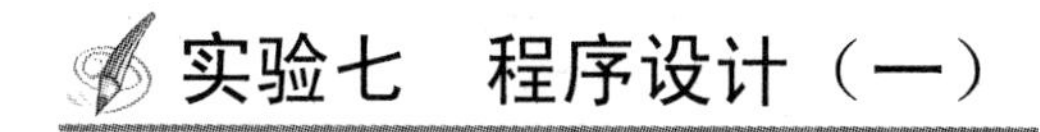

实验七　程序设计（一）

一、实验目的

1．掌握程序文件的建立与执行的步骤。
2．掌握程序设计中常用的输入/输出命令。
3．熟悉 VFP 程序设计的编程方法。
4．掌握程序设计中分支结构的实现。
5．掌握程序设计中 WHILE 循环结构的实现。

二、实验内容

1．建立与执行程序文件的步骤

（1）建立程序文件。

① 命令方式：在命令窗口输入命令：

```
MODIFY  COMMAND  t1
```

② 菜单方式：选择“文件”/“新建”选项，选择“程序”，单击“新建文件”按钮。

在程序编辑窗口内输入程序内容：

```
*t1.PRG
 M1=5
 E="1"
 A="M"+E
 ?&A
```

（2）运行程序。

① 命令方式：在命令窗口输入命令

```
DO  t1                          &&运行结果为：5
```

② 菜单方式：单击工具栏上的运行按钮“!”。

2. 输入/输出命令 INPUT

输入程序 t2.PRG 并执行：查找 score.dbf 表中大于指定成绩的学生学号和课程号。

```
*t2.PRG
USE  score
CLEAR
INPUT  "请输入成绩：" TO  CJ
SELECT  学号,课程号 FROM score WHERE 成绩>CJ
USE
```

3. 定位输入/输出命令

输入程序 t3.PRG 并执行：修改 course.dbf 表中指定记录号的课程名和学时。

```
*t3.PRG
CLEAR
USE  course
jlh=0
@ 2,10  SAY "请输入记录号：" GET  jlh
READ
GO  jlh
@ 4,10 SAY "请修改第"+STR(jlh)+"个记录号课程的数据："
@ 6,10 SAY "课程名" GET 课程名
@ 8,10 SAY "学时"  GET 学时
READ
USE
```

4．分支结构

（1）用键盘输入学号来修改 student.dbf 表中的姓名，若无该学号则显示“无此学生”。

```
*t6.PRG
CLEAR
USE  student
xh=1
ACCEPT "请输入学号: "  TO  xh
LOCATE FOR 学号=xh
IF FOUND()
@ 4,10 SAY "请修改学号为" + xh+"的姓名: "  GET 姓名
READ
ELSE
   ? "无此学生"
ENDIF
USE
```

（2）从键盘输入一个工资额，计算应缴纳的个人收入所得税。工资低于或等于 2000 元者免税，工资高于 2000 元者按照以下规定分段计算：工资中高于 2000 元且低于或等于 2500 元部分按照 5%计税，高于 2500 元且低于或等于 3500 元部分按照 10%计税，高于 3500 元且低于或等于 5000 元部分按照 15%计税，高于 5000 元部分按照 20%计税。

```
*t7.PRG
CLEAR
INPUT "请输入工资额: "  TO gz
DO CASE
  CASE gz<=2000
t=0
  CASE gz<=2500 AND gz>2000
t=(gz-2000)*0.05
  CASE gz<=3500 AND gz>2500
t=(gz-2500)*0.1+500*0.05
  CASE gz<=5000 AND gz>3500
t=(gz-3500)*0.15+1000*0.1+500*0.05
  CASE gz>=5000
t=(gz-5000)*0.2+1500*0.15+1000*0.1+500*0.05
ENDCASE
? "工资额为: "+STR(gz,5)+ "时  应交税: "+STR(t,4)
RETURN
```

5．WHILE 循环结构

分析并运行下列程序。

（1）
```
*t8.prg
     CLEAR
t="ABCDEFGV"
     i=1
DO WHILE  i<6
   ??SUBSTR(t,6-i,1)
   i=i+1
ENDDO
```

（2）
```
*t9.prg
CLEAR
x=.T.
         y=0
         DO WHILE  x
            y=y+1
IF y/7=INT(y/7)
  ?? y
ELSE
   LOOP
            ENDIF
IF y>30
     x=.F.
ENDIF
   ENDDO
```

实验八　程序设计（二）

一、实验目的

掌握程序设计中的 FOR 循环结构的实现。
掌握程序设计中的 SCAN 循环结构的实现。
掌握编制子程序、函数与过程的方法。

二、实验内容

1. FOR 循环语句

（1）求 1+2+……+100 并求偶数和。

```
*t10.prg
CLEAR
s1=0
s2=0
FOR i=1 TO 100
s1=s1+i
IF i%2=0
      s2=s2+i
ENDIF
ENDFOR
? "1+……100 的和:",s1
? "1+……100 的偶数和:",s2
```

（2）求 n!（从键盘输入一个整数 n）。

```
*t11.prg
CLEAR
INPUT "请输入一个整数 n:" TO n
s=1
FOR i=1 TO n
s=s*i
ENDFOR
? STR(n,2)+ "!= ",s
```

2. SCAN 循环语句

扫描 student.dbf 表，显示学生姓名和所学专业。

```
*t12.prg
CLEAR
USE student
SCAN
DISPLAY 姓名,专业
ENDSCAN
USE
```

3．子程序、自定义函数、过程的调用与返回命令。

将求阶乘的功能设计为子程序、自定义函数、过程，并在计算 5！–3！+7！时进行调用。

（1）设计为子程序。

```
*主程序 t13.prg
CLEAR
p=0
DO jc WITH 5,p
t5=p
DO jc WITH 3,p
t3=p
DO jc WITH 7,p
t7=p
s=t5-t3+t7
? "5!-3!+7!=",s
RETURN

*子程序 jc.prg
PARAMETERS n, p
p=1
FOR i=2 TO n
p=p*i
ENDFOR
RETURN
```

（2）设计为自定义函数。

```
*主程序 t14.prg
CLEAR
n=0
s=jc(5,n)-jc(3,n)+jc(7,n)
? "5!-3!+7!=",s
RETURN

FUNCTION jc
PARAMETERS n,p
p=1
FOR i=2 TO n
p=p*i
```

```
ENDFOR
RETURN p
```

（3）设计为过程。

```
*主程序 t15.prg
CLEAR
p=0
DO jc WITH 5,p
t5=p
DO jc WITH 3,p
t3=p
DO jc WITH 7,p
t7=p
s=t5-t3+t7
? "5!-3!+7!=",s
RETURN

PROCEDURE jc
PARAMETERS n,P
p=1
FOR i=2 TO n
p=p*i
ENDFOR
RETURN
```

实验九　表单设计（一）

一、实验目的

1. 学会使用表单向导。
2. 掌握用表单设计器设计表单。
3. 掌握在表单上添加控件及设置属性。

二、实验内容

1. 用表单向导创建表单

（1）用表单向导制作一个表单，要求选择 student.dbf 表中所有字段，表单样式为阴影式，按钮类型为图片按钮，排序字段选择学号（升序），表单标题为“学生信息维护”，最后将表单保存为“学生信息维护.scx”。

（2）在表单向导中选取一对多表单向导创建一个表单。要求：从父表 student.dbf 中选取字段学号和姓名，从子表 score.dbf 中选取字段课程号和成绩，表单样式选取“标准式”，按钮类型使用“文本按钮”，按学号升序排序，表单标题为“学生成绩维护”，表单文件名是“学生成绩维护.scx”。

2．用表单设计器创建快速表单

为 course.dbf 表快速创建一个记录编辑窗口表单“快速表单.scx”，表单上有课程的所有信息，以后可以对这个表单添加控件。

3．在表单上添加控件

（1）熟悉表单控件工具栏的 25 个按钮。

（2）建立表单，表单文件名为“系统封面.scx”，表单标题为“学生信息管理系统”，表单背景为一个图片（自选），其他要求如下：

表单上有“欢迎使用学生信息管理系统”（Label1）12 个字，其背景为透明，字体为楷体_GB2312，字号为 24，字的颜色为橘红色（ForeColor=255,128,0）。当表单运行时，“欢迎使用学生信息管理系统”12 个字向表单左侧移动，移动由计时器控件 Timer1 控制，间隔（Interval 属性）是每 200 毫秒左移 10 个点。运行界面如图 10-3 所示。

图 10-3　系统封面界面

操作提示：

① Timer1 的 Timer 事件代码：THISFORM.Label1.Left= THISFORM.Label1.Left-10）

② 计时器控件 Timer1 的 Timer 事件代码：

```
IF THISFORM.Label1.Left+THISFORM.Label1.Width<0
  THISFORM.Label1.Left=THISFORM.Width
```

```
ELSE
  THISFORM.Label1.Left=THISFORM.Label1.Left-10
ENDIF
```

4. 设计三个单科成绩排序表单

三个单科成绩排序表单为：数据库成绩排序.scx、数据结构成绩排序.scx 和当代文学成绩排序.scx。表单的标题分别为“数据库原理与应用成绩排序”、“数据结构成绩排序”和“当代文学成绩排序”。每个表单中有一个选项组控件（名为 MyOption），其中，有两个单选项——“升序”（名称为 Option1）和“降序”（名称为 Option2）；有两个命令按钮——“成绩排序”（名称为 Command1）和“退出”（名称为 Command2）。

运行各表单时，首先在选项组控件中选择“升序”或“降序”，单击“成绩排序”命令按钮后，按照成绩“升序”或“降序”（根据选项组控件）将选修了本课程的学生学号和成绩分别存入数据库成绩升序.dbf（数据结构成绩升序.dbf、当代文学成绩升序.dbf）和数据库成绩降序.dbf（数据结构成绩降序.dbf、当代文学成绩降序.dbf）表文件中。运行界面如图 10-4 所示。

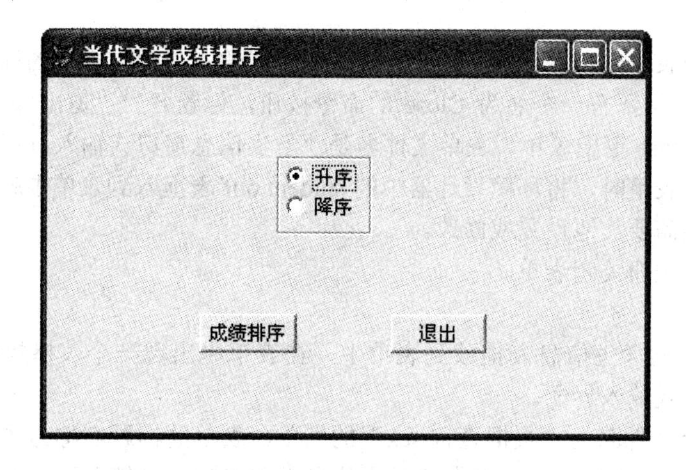

图 10-4　主表单运行界面

操作提示：

以“当代文学”为例，“成绩排序”命令按钮（Command1）的 Click 事件代码如下：

```
DO CASE
CASE THISFORM.MyOption.Value=1
SELECT student.学号,score.成绩 FROM  student,course,score;
  WHERE student.学号=score.学号;
AND course.课程号=score.课程号 AND AT("当代文学",course.课程名)>0;
ORDER BY score.成绩 INTO TABLE 当代文学成绩升序
CASE THISFORM.myOption.VALUE=2
SELECT student.学号, score.成绩 FROM  student,course,score;
```

```
        WHERE student.学号= score.学号;
        AND course.课程号=score.课程号 AND AT("当代文学",course.课程名)>0;
    ORDER BY score.成绩 DESC INTO TABLE 当代文学成绩降序
    ENDCASE
```

实验十　表单设计（二）

一、实验目的

1．掌握利用表单中控件访问表数据。

2．学会建立综合功能的表单。

二、实验内容

（1）设计一个表单，该表单为 student.dbf 表窗口式输入界面，表单的标题为“学生信息窗口式输入”，表单上还有一个名为 Close 的命令按钮，标题名为“退出”，单击该按钮，使用 THISFORM.Release 退出表单，表单文件名是“学生信息窗口式输入.scx”。

提示：在设计表单时，将环境设计器中的 student.dbf 表拖入到表单中就实现了该表的窗口式输入界面，不需要其他设置或修改。

单击“退出”按钮关闭表单。

操作提示：

将数据环境中的学生信息表拖放到表单中，在表单中出现一个表格控件，从而实现了学生信息表的窗口式输入界面。

（2）设计一个文件名为“页框查询.scx”的表单，表单的标题名称为“学生信息与成绩管理”。表单上设计一个页框，页框有“学生信息”和“学生成绩”两个选项卡，表单中有一个“退出”命令按钮。要求如下：

① 单击“学生信息”和“学生成绩”选项卡时，分别在相应选项卡中使用“表格”方式显示表 student.dbf 表和 score.dbf 表中的记录。

记录源的类型（RecordSourceType）为“表”。

② 单击“退出”命令按钮时，关闭表单。

运行界面如图 10-5 所示。

操作提示：

在“学生信息”页面中添加一个表格控件，设置表格控件的 RecordSource 属性值为 student.dbf 表，RecordSourceType 属性值为“0-表”。用同样方法设计“学生成绩”页面。

（3）设计名为“平均成绩统计.scx”的表单。表单的标题设为“课程平均成绩统计”。表单中有两个标签、一个组合框、一个文本框和两个命令按钮——“统计”（名称为

Command1）和“退出”（名称为 Command2）。

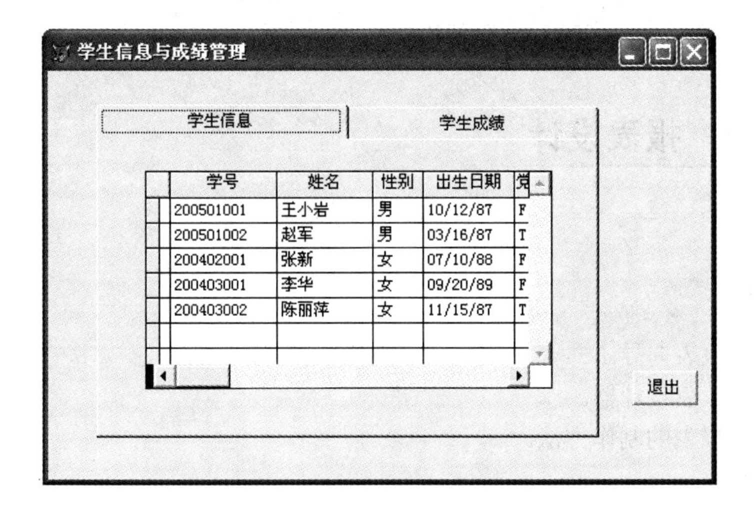

图 10-5　页框查询界面

运行表单时，组合框中有 3 个条目“数据库原理与应用”、“数据结构”、“当代文学”（只有 3 个课程名称，不能输入新的）可供选择，在组合框中选择课程名称后，单击“统计”命令按钮，则文本框显示出 score.dbf 表中该课程的平均分。

单击“退出”按钮关闭表单。

运行界面如图 10-6 所示。

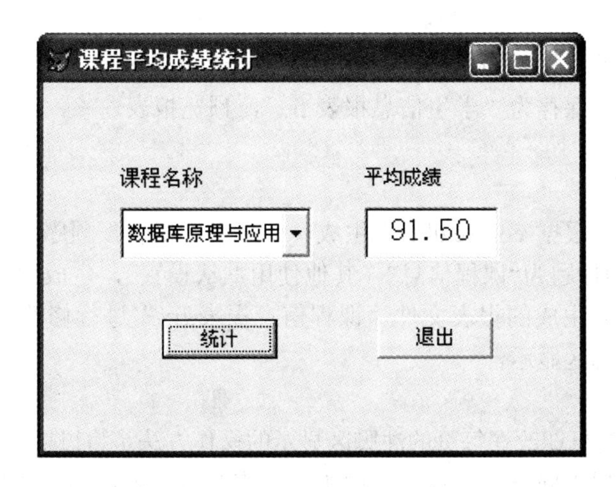

图 10-6　平均成绩统计界面

操作提示：

① 设置组合框的属性：RowSourceType 属性为“1-值”，RowSource 属性为“数据库原理与应用，数据结构，当代文学”，Style 属性为“2-下拉列表框”。

② 命令按钮 Command1（统计）的 Click 事件代码如下：

```
SELECT AVG(成绩) FROM course,score WHERE course.课程号=score.课程号 ;
```

```
AND 课程名=THISFORM.combo1.value  INTO ARRAY ARR
THISFORM.Text1.Value= ARR(1)
```

实验十一　报表设计

一、实验目的

1．掌握使用报表向导。

2．掌握使用报表设计器。

3．掌握分组报表的制作方法。

二、实验内容

1．快速制表

利用 VFP 的“快速报表”功能建立一个满足如下要求的简单报表。

（1）报表的内容是 student.dbf 表的记录（全部记录，横向）。

（2）增加“标题带区”，然后在该带区中放置一个标签控件，该标签控件显示报表的标题“学生信息报表”。

（3）将页注脚区默认显示的当前日期改为显示当前的时间。

（4）将建立的报表保存为“学生信息报表.frx”，预览报表。

2．使用报表向导

（1）利用报表向导根据 course.dbf 表生成一个报表，报表按顺序包含课程名、学分和学时 3 列数据，报表的标题为“课程信息”（其他使用默认设置），生成的报表文件保存为“课程信息报表.frx”。打开生成的报表文件“课程信息报表.frx”进行修改，使显示在标题区域的日期改在每页的注脚区显示。

操作提示：

显示在标题区域的日期改在每页的注脚区显示的操作方法是将日期拖到“页注脚”区。

（2）使用一对多报表向导建立报表。要求：父表为 student.dbf，选择字段“姓名”；子表为 score.dbf，选择课程号和成绩字段；报表标题为“学生成绩报表”；生成的报表文件名为“学生成绩报表.frx”。

3．分组报表

按学号为 score.dbf 表制作分组报表，具体要求如下：

（1）报表的内容（细节带区）是 score.dbf 表的学号、课程号和成绩。

（2）增加数据分组，分组表达式是“score.学号”，组标头带区的内容是“学号”，组注脚带区的内容是该组成绩的“个人总分”合计。

（3）增加标题带区，标题是“学生分组成绩汇总表（按学号）”，要求是 3 号字、黑体，括号是全角符号。

（4）增加总结带区，该带区的内容是所有学生的成绩合计（总成绩）。最后将建立的报表文件保存为“学生成绩汇总报表.frx”文件。

操作提示：

设计分组报表前确认 score.dbf 表中按分组字段“学号”建立了索引。

（1）报表细节区。

将数据环境中 score.dbf 表的学号、课程号和成绩 3 个字段拖放到报表的细节带区，字段的列标题用标签控件。

（2）数据分组。

①“数据分组”对话框中输入分组表达式“score.学号”。

② 将“学号”字段的域控件拖到组标头带区中。

③ 为组注脚带区增加一个“个人总分”标签，并将数据环境中的“成绩”字段拖放到该带区，双击域控件“成绩”，在“报表表达式”对话框中单击命令按钮“计算”，选择“总和”。

④ 将数据环境中 score.dbf 表的 ORDER 属性设置为索引“学号”。

（3）标题带区。

为标题带区添加标签控件，输入：学生分组成绩汇总表（按学号）注意（）是全角状态下输入的。

（4）总结带区。

为总结带区添加域控件，在“报表表达式”对话框中设置表达式为“score.成绩”，单击“计算”，在“计算字段”对话框中选择“总和”。

实验十二　菜单设计

一、实验目的

1．掌握设计下拉式菜单。
2．掌握设计快捷菜单。
3．掌握设计顶层表单。

二、实验内容

1．设计下拉式菜单

（1）建立一个菜单 menu1.mnx，包括两个菜单项“文件”和“编辑”，“文件”菜单中的子菜单包括“打开”、“新建”和“返回”3 个菜单项；“返回”使用 SET SYSMENU TO DEFAULT 命令返回到系统菜单，其他菜单项的功能不做要求。

注意：运行菜单前要选择“菜单”/“生成”选项，生成菜单文件 menu1.mpr。

（2）对数据库 xsgl.dbc，中的 student.dbf 表进行查询，使用菜单设计器制作一个名为“系统菜单.mnx”的菜单，菜单结构如图 10-7 所示。

信息维护
　　学生信息维护
　　课程信息维护
　　学生成绩维护
成绩统计
　　单科成绩排序
　　　　数据原理与应用
　　　　数据结构
　　　　当代文学
　　课程平均成绩
报表输出
　　学生信息输出
　　课程信息输出
　　学生成绩输出
　　成绩汇总输出
退出

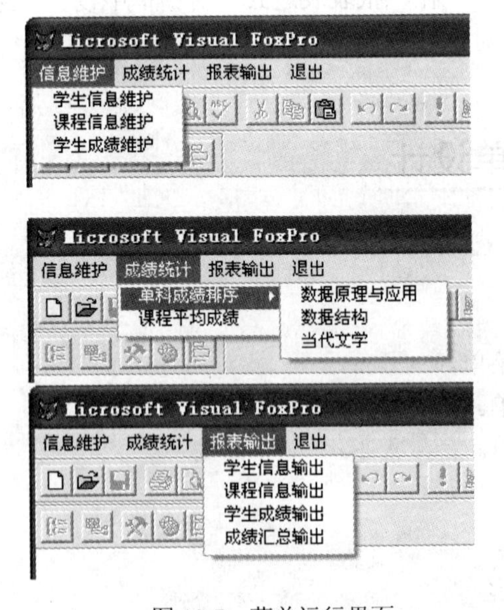

图 10-7　菜单运行界面

其中，学生信息维护子菜单对应的过程完成下列操作：打开数据库 xsgl.dbc，使用 SQL

的 SELECT 语句查询数据库表 student.dbf 中的所有信息，然后关闭数据库。其他菜单项可自行完成。

“退出”菜单项对应的命令为 SET SYSMENU TO DEFAULT，使之可以返回到系统菜单。存盘菜单项不做要求。

操作提示：

“学生信息维护”的过程代码如下。

```
OPEN DATABASE XSGL
SELECT * FROM student
CLOSE ALL
```

“课程信息维护”和“学生成绩维护”的过程代码可参考上述代码，也可以调用查询表单。

其他菜单项可调用实验九和实验十中的相关表单以及实验十一中的相关报表（表单和报表可做适当的调整）。

（3）在数据库 xsgl.dbc 中再添加一个表：cj.dbf（实验六中用 SELECT 语句生成的表）。

设计一个名为 menu2 的菜单，菜单中有两个菜单项——“统计”和“退出”。

程序运行时，单击“统计”菜单项完成下列操作：

将所有选修“当代文学”学生的“当代文学”成绩，按成绩由高到低的顺序填到 cj.dbf 表中（文件中没有记录）。

单击“退出”菜单项，程序终止运行。

操作提示：

“统计”菜单中的过程代码如下。

```
SET TALK OFF
OPEN DATABASE XSGL
SELECT A.学号,A.姓名,B.课程名,C.成绩 FROM  student A,course B,score C;
WHERE  A.学号=C.学号 AND C.课程号=B.课程号 AND B.课程名="当代文学";
ORDER BY 成绩 DESC INTO ARRAY arr
USE cj
ZAP
USE
INSERT INTO cj FROM ARRAY arr
CLOSE ALL
SET TALK ON
```

2. 设计快捷菜单

建立文件名为“快捷菜单表单.scx”的表单，为表单建立名为“快捷菜单.mnx”的快捷菜单，快捷菜单有选项“日期”和“时间”；运行表单“快捷菜单表单.scx”时，在表单上单击鼠标右键弹出快捷菜单，选择快捷菜单“日期”项，表单标题将显示当前系统日期；选择快捷菜单的“时间”项，表单标题将显示当前系统时间。快捷菜单运行界面如图

10-8 所示。

图 10-8 快捷菜单运行界面

要求：显示日期和时间用过程实现。

操作提示：

①“快捷菜单.mnx”中“日期”的过程代码

```
快捷菜单表单.Caption=DTOC(DATE())
```

“时间”的过程代码

```
快捷菜单表单.Caption=TIME()
```

②“快捷菜单表单.scx”中 RightClick 的过程代码：DO 快捷菜单.mpr

3．设计顶层表单

设计文件名为“顶层表单.scx”的表单，表单的标题为“顶层表单”。将“menu1.mnx”加入到该表单中，使得运行表单时该菜单显示在本表单中，并在表单退出时释放菜单。顶层表单运行界面如图 10-9 所示。

图 10-9 顶层表单运行界面

（1）“menu1.mnx”的操作提示如下：

① 在“显示”菜单中的“常规选项”对话框中选择“顶层表单”复选框。

②“退出”子菜单的命令改为：顶层表单.Release

（2）“顶层表单.scx”的操作提示如下：

① 在“属性”窗口中设置 ShowWindow 属性为“2-作为顶层表单”。

② Init 事件代码：DO menu1.mpr WITH THIS,.T.

③ Destroy 事件输入代码：Release menu1

（3）运行表单（不能运行菜单）。

实验十三 综合设计

一、实验目的

1. 掌握利用项目管理器管理各类文件。
2. 掌握主文件的设置和文件的包含与排除的设置。
3. 掌握项目管理器的连编功能。

二、实验内容

1. 建立项目

新建项目 xsgl.pjx，将 xsgl.dbc 数据库、student.dbf、course.dbf、score.dbf 三个表、系统菜单.mnx、封面.scx、数据库成绩排序.scx、数据结构成绩排序.scx、当代文学成绩排序.scx、平均成绩统计.scx 表单、学生信息报表.frx、课程信息报表.frx、学生成绩报表.frx、学生成绩汇总报表.frx 等添加到项目中。

2. 设置表文件的排除

将 student.dbf、course.dbf、score.dbf 三个表设置为排除，设置方法：右击表文件，在快捷菜单中选择“排除”（一般表文件默认为排除）。

3. 建立主程序并设置为主文件

```
*main.prg
CLEAR
CLOSE ALL
DO FORM 系统封面
```

如果连编可执行文件还要在主程序 main.prg 中的最后一行加上 READ EVENTS，同时将系统菜单的“退出”项改为过程，其代码为：

```
SET SYSMENU TO DEFAULT
CLEAR EVENTS
```

设置 main.prg 为主文件：右击表文件，在快捷菜单中选择“设置主文件”。

4. 修改“封面.scx”表单，单击该表单可以调用系统菜单

“封面.scx”表单的 Click 事件如下：

```
DO 系统菜单.mpr
```

```
THISFORM.Release
```

5．连编应用程序和可执行文件

单击“连编”按钮，选择“连编应用程序”和“连编可执行文件”，文件名分别为：xsgl. app 和 xsgl.exe，在 VFP 环境中运行 xsgl.app 文件，分别在 VFP 环境中和 Windows 环境中运行 xsgl.exe 文件。

试一试，如果连编 xsgl.exe 文件之前没有在主程序中设置 READ EVENTS 语句，或者设置了该语句，但没有将系统菜单的“退出”项中添加 CLEAR EVENTS 语句，会出现什么情况呢？

项目管理器窗口如图 10-10 所示。

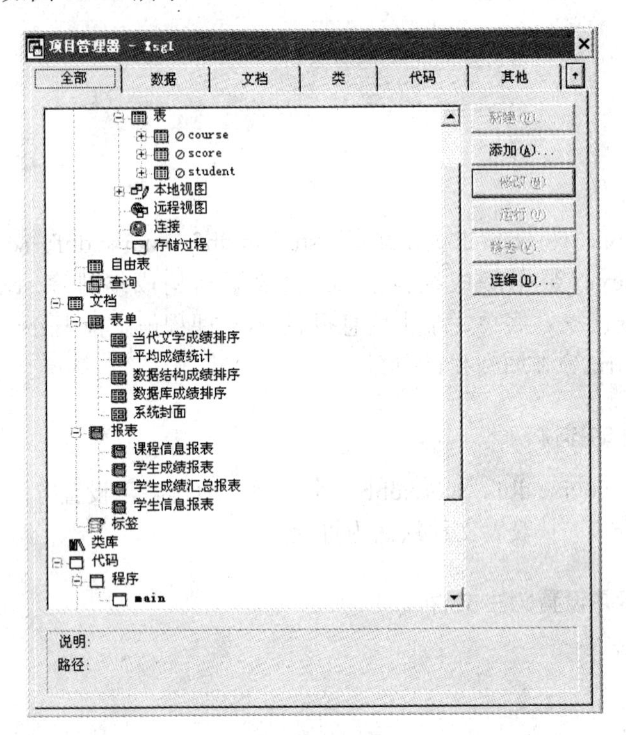

图 10-10　项目管理器运行界面

附录 A　Visual FoxPro 的文件类型

扩　展　名	含　　义	扩　展　名	含　　义
.act	向导操作图文档	.idx	索引文件
.app	连编生成的应用程序	.log	代码范围日志
.cdx	复合索引文件	.lst	向导列表的文档
.chm	编译的 HTML Help	.mem	内存变量文件
.dbc	数据库文件	.mnt	菜单备注文件
.dct	数据库备注文件	.mnx	菜单文件
.dcx	数据库索引文件	.mpr	生成的菜单程序
.dbf	表文件	.mpx	编译后的菜单程序
.dep	由安装向导创建的相关文件	.ocx	ActiveX 控件
.dll	Windows 动态链接库	.pjt	项目备注文件
.err	编译错误文件	.pjx	项目文件
.esl	Visual FoxPro 支持库	.prg	程序文件
.exe	可执行程序	.qpr	查询文件
.fky	宏	.qpx	编译后的查询文件
.fmt	格式文件	.sct	表单备注文件
.fpt	报表备注文件	.scx	表单文件
.frx	报表文件	.spr	FoxPro 生成的屏幕程序
.fxp	编译后程序	.spx	FoxPro 编译后的屏幕程序
.h	头文件	.tbk	备注备份文件
.hlp	WinHelp 文件	.txt	文本文件
.htm	HTML 文件	.vct	可视类库备注文件
.lbt	标签备注文件	.vcx	可视类库
.lbx	标签文件	.win	窗口文件

附录 B　全国计算机等级考试二级 VFP 考试大纲（2009 年版）

基本要求

1．具有数据库系统的基础知识。
2．基本了解面向对象的概念。
3．掌握关系数据库的基本原理。
4．掌握数据库程序设计方法。
5．能够使用 VISUAL FOXPRO 建立一个小型数据库应用系统。

基础知识

1．基本概念

数据库、数据模型、数据库管理系统、类和对象、事件、方法。

2．关系数据库

（1）关系数据库：关系模型、关系模式、关系、元组、属性、域、主关键字和外部关键字。
（2）关系运算：选择、投影、连接。
（3）数据的一致性和完整性：实体完整性、域完整性、参照完整性。

3．VISUAL FOXPRO 系统特点与工作方式

（1）WINDOWS 版本数据库的特点。
（2）数据类型和主要文件类型。
（3）各种设计器和向导。
（4）工作方式：交互方式（命令方式、可视化操作）和程序运行方式。

4．VISUAL FOXPRO 的基本数据元素

（1）常量、变量、表达式。
（2）常用函数：字符处理函数、数值计算函数、日期时间函数、数据类型转换函数、测试函数。

VISUAL FOXPRO 数据库的基本操作

1. 数据库和表的建立、修改与有效性检验

（1）表结构的建立与修改。
（2）表记录的浏览、增加、删除与修改。
（3）创建数据库，向数据库添加或移出表。
（4）设定字段级规则和记录规则。
（5）表的索引：主索引、候选索引、普通索引、唯一索引。

2. 多表操作

（1）选择工作区。
（2）建立表之间的关联：一对一的关联；一对多的关联。
（3）设置参照完整性。
（4）建立表间临时关联。

3. 建立视图与数据查询

（1）查询文件的建立、执行与修改。
（2）视图文件的建立、查看与修改。
（3）建立多表查询。
（4）建立多表视图。

关系数据库标准语言 SQL

1. SQL 的数据定义功能

（1）CREATE TABLE - SQL
（2）ALTER TABLE - SQL

2. SQL 的数据修改功能

（1）DELETE - SQL
（2）INSERT - SQL
（3）UPDATE - SQL

3. SQL 的数据查询功能

（1）简单查询。
（2）嵌套查询。

（3）连接查询。

内连接外连接：左连接，右连接，完全连接

（4）分组与计算查询。

（5）集合的并运算。

项目管理器、设计器和向导的使用

1. 使用项目管理器

（1）使用“数据”选项卡。

（2）使用“文档”选项卡。

2. 使用表单设计器

（1）在表单中加入和修改控件对象。

（2）设定数据环境。

3. 使用菜单设计器

（1）建立主选项。

（2）设计子菜单

（3）设定菜单选项程序代码。

4. 使用报表设计器

（1）生成快速报表。

（2）修改报表布局。

（3）设计分组报表。

（4）设计多栏报表。

5. 使用应用程序向导

6. 应用程序生成器与连编应用程序

VISUAL FOXPRO 程序设计

1. 命令文件的建立与运行

（1）程序文件的建立。

（2）简单的交互式输入、输出命令。

（3）应用程序的调试与执行。

2．结构化程序设计

（1）顺序结构程序设计。
（2）选择（分支）结构程序设计。
（3）循环结构程序设计。

3．过程与过程调用

（1）子程序设计与调用。
（2）过程与过程文件。

4．用户定义对话框（MESSAGEBOX）的使用

附录 C 2009 年 9 月全国计算机二级 VFP 笔试试题及参考答案

一、选择题（每小题 1 分，70 分）

下列各题 A、B、C、D 四个选项中，只有一个选项是正确的，请将正确选项涂写在答题卡相应位置上，答在试卷上不得分。

1．下列数据结构中，属于非线性结构的是（　　）。
A．循环队列　　B．带链队列　　C．二叉树　　D．带链栈
2．下列数据结构中。能够按照“先进后出”原则存取数据的是（　　）。
A．循环队列　　B．栈　　C．队列　　D．二叉树
3．对于循环队列，下列叙述中正确的是（　　）。
A．队头指针是固定不变的
B．队头指针一定大于队尾指针
C．队头指针一定小于队尾指针
D．队头指针可以大于队尾指针，也可以小于队尾指针
4．算法的空间复杂度是指（　　）。
A．算法在执行过程中所需要的计算机存储空间
B．算法所处理的数据量
C．算法程序中的语句或指令条数
D．算法在执行过程中所需要的临时工作单元数
5．软件设计中划分模块的一个准则是（　　）。
A．低内聚低耦合　B．高内聚低耦合　C．低内聚高耦合　D．高内聚高耦合
6．下列选项中不属于结构化程序设计原则的是（　　）。
A．可封装　　B．自顶向下　　C．模块化　　D．逐步求精

7．软件详细设计产生的图如下所示：

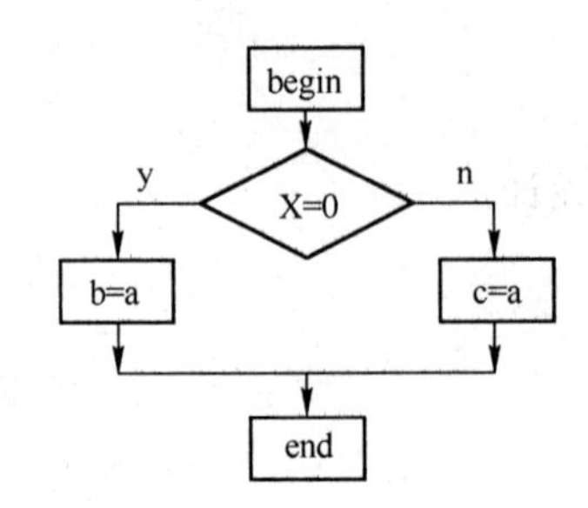

该图是（　　）。

A．N-S 图　　B．PAD 图　　C．程序流程图　　D．E-R 图

8．数据库管理系统是（　　）。

A．操作系统的一部分　　B．在操作系统支持下的系统软件

C．一种编译系统　　D．一种操作系统

9．在 E-R 图中，用来表示实体联系的图形是（　　）。

A．椭圆形　　B．矩形　　C．菱形　　D．三角形

10．有三个关系 R、S、T 如下：

R

A	B	C
a	1	2
b	2	1
c	3	1

S

A	B	C
d	3	2

T

A	B	C
a	1	2
b	2	1
c	3	1
d	3	2

其中关系 T 由关系 R 和 S 通过某种操作得到，该操作称为（　　）。

A．选择　　B．投影　　C．交　　D．并

11．设置文本框显示内容的属性是（　　）。

A．VALUE　　B．CAPTION　　C．NAME　　D．INPUTMASK

12．语句 LIST MEMORY LIKE a*能够显示的变量不包括（　　）。

A．a　　B．a1　　C．ab2　　D．ba3

13．计算结果不是字符串“Teacher”的语句是（　）。

A．at(“MyTecaher”,3,7)　　B．substr(“MyTecaher”,3,7)

C．right(“MyTecaher”,7)　　D．left(“Tecaher”,7)

14．学生表中有学号、姓名和年龄三个字段，SQL 语句“SELECT 学号 FROM 学生”完成的操作称为（　）。

A．选择　　B．投影　　C．连接　　D．并

15．报表的数据源不包括（　）。

A．视图　　B．自由表　　C．数据库表　　D．文本文件

16．使用索引的主要目的是（　）。

A．提高查询速度　　B．节省存储空间

C．防止数据丢失　　D．方便管理

17．表单文件的扩展名是（　）。

A．frm　　B．prg　　C．scx　　D．vcx

18．下列程序段执行时在屏幕上显示的结果是（　）。

```
DIME A(6)
A(1)=1
A(2)=1
FOR I=3 TO 6
A(I)=A(I-1)+A(I-2)
NEXT
?A(6)
```

A．5　　B．6　　C．7　　D．8

19．下列程序段执行时在屏幕上显示的结果是（　）。

```
X1=20
X2=30
SET UDFPARMS TO VALUE
DO test With X1,X2
?X1,X2
PROCEDURE test
PARAMETERS a,b
x=a
a=b
b=x
ENDPRO
```

A．30 30　　B．30 20　　C．20 20　　D．20 30

20．以下关于“查询”的正确描述是（　）。

A．查询文件的扩展名为 PRG　　B．查询保存在数据库文件中

C．查询保存在表文件中　　D．查询保存在查询文件中

21．以下关于“视图”的正确描述是（　）。

A．视图独立于表文件　　B．视图不可更新

C．视图只能从一个表派生出来　　D．视图可以删除

22．为了隐藏在文本框中输入的信息，用占位符代替显示用户输入的字符，需要设置的属性是（　）。

A．Value　　B．ControlSource　　C．InputMask　　D．PasswordChar

23．假设某表单的 Visible 属性的初值是.F.，能将其设置为.T.的方法是（　）。

A．Hide　　B．Show　　C．Release　　D．SetFocus

24．在数据库中建立表的命令是（　）。

A．CREATE　　B．CREATE DATABASE

C．CREATE QUERY　　D．CREATE FORM

25．让隐藏的 MeForm 表单显示在屏幕上的命令是（　）。

A．MeForn.Display　　B．MeForm.Show

C．Meforn.List　　D．MeForm.See

26．在表设计器的字段选项卡中，字段有效性的设置中不包括（　）。

A．规则　　B．信息　　C．默认值　　D．标题

27．若 SQL 语句中的 ORDER BY 短语指定了多个字段，则（　）。

A．依次按自右至左的字段顺序排序

B．只按第一个字段排序

C．依次按自左至右的字段顺序排序

D．无法排序

28．在 Visual Foxpro 中，下面关于属性、方法和事件的叙述错误的是（　）。

A．属性用于描述对象的状态，方法用于表示对象的行为

B．基于同一个类产生的两个对象可以分别设置自己的属性值

C．事件代码也可以像方法一样被显示调用

D．在创建一个表单时，可以添加新的属性、方法和事件

29．下列函数返回类型为数值型的是（　）。

A．STR　　B．VAL　　C．DTOC　　D．TTOC

30．与“SELECT * FROM 教师表 INTO DBF A”等价的语句是（　）。

A．SELECT * FROM 教师表 TO DBF A

B．SELECT * FROM 教师表 TO TABLE A

C．SELECT * FROM 教师表 INTO TABLE A

D．SELECT * FROM 教师表 INTO A

31．查询“教师表”的全部记录并存储于临时文件 one.dbf（　）。

A．SELECT * FROM 教师表 INTO CURSOR one

B．SELECT * FROM 教师表 TO CURSOR one

C．SELECT * FROM 教师表 INTO CURSOR DBF one

D．SELECT * FROM 教师表 TO CURSOR DBF one

32．“教师表”中有“职工号”、“姓名”和“工龄”字段，其中“职工号”为主关键字，建立“教师表”的 SQL 命令是（　）。

A．CREATE TABLE 教师表（职工号 C(10) PRIMARY, 姓名 C(20)，工龄 I）

B．CREATE TABLE 教师表（职工号 C(10) FOREIGN, 姓名 C(20)，工龄 I）

C．CREATE TABLE 教师表（职工号 C(10) FOREIGN KEY , 姓名 C(20)，工龄 I）

D．CREATE TABLE 教师表（职工号 C(10) PRIMARY KEY , 姓名 C(20)，工龄 I）

33．创建一个名为 student 的新类，保存新类的类库名称是 mylib，新类的父类是 Person，正确的命令是（　）。

A．CREATE CLASS mylib OF student As Person

B．CREATE CLASS student OF Person As mylib

C．CREATE CLASS student OF mylib As Person

D．CREATE CLASS Person OF mylib As student

34．“教师表”中有“职工号”、“姓名”、“工龄”和“系号”等字段，“学院表”中有“系名”和“系号”等字段。计算“计算机”系老师总数的命令是（　）。

A．SELECT COUNT（*） FROM 老师表 INNER JOIN 学院表;
ON 教师表.系号=学院表.系号 WHERE 系名="计算机"

B．SELECT COUNT（*） FROM 老师表 INNER JOIN 学院表;
ON 教师表.系号=学院表.系号 ORDER BY 教师表.系号;
HAVING 学院表.系名="计算机"

C．SELECT COUNT（*） FROM 老师表 INNER JOIN 学院表;
ON 教师表.系号=学院表.系号 GROUP BY 教师表.系号;
HAVING 学院表.系名="计算机"

D．SELECT SUM（*） FROM 老师表 INNER JOIN 学院表;
ON 教师表.系号=学院表.系号 ORDER BY 教师表.系号;
HAVING 学院表.系名="计算机"

35．“教师表”中有“职工号”、“姓名”、“工龄”和“系号”等字段，“学院表”中有“系名”和“系号”等字段。求教师总数最多的系的教师人数，正确的命令是（　）。

A．SELECT 教师表.系号，COUNT（*）AS 人数 FROM 教师表，学院表;
GROUP BY 教师表.系号 INTO DBF TEMP
SELECT MAX（人数）FROM TEMP

B．SELECT 教师表.系号，COUNT（*）FROM 教师表，学院表;
WHERE 教师表.系号=学院表.系号 GROUP BY 教师表.系号 INTO DBF TEMP
SELECT MAX（人数）FROM TEMP

C．SELECT 教师表.系号，COUNT（*）AS 人数 FROM 教师表，学院表;
WHERE 教师表.系号=学院表.系号 GROUP BY 教师表.系号 TO FILE TEMP
SELECT MAX（人数）FROM TEMP

D．SELECT 教师表.系号，COUNT（*）AS 人数 FROM 教师表，学院表;
WHERE 教师表.系号=学院表.系号 GROUP BY 教师表.系号 INTO DBF TEMP

SELECT MAX（人数）FROM TEMP

二、填空题（每空 2 分，共 30 分）

请将每一个空的正确答案写在答题卡【1】至【15】序号的横线上，答在试卷上不得分。

注意：以命令关键字填空的必须写完整。

1．某二叉树有 5 个度为 2 的节点以及 3 个度为 1 的节点，则该二叉树中共有【1】个节点。

2．程序流程图的菱形框表示的是【2】。

3．软件开发过程主要分为需求分析、设计、编码与测试四个阶段，其中【3】阶段产生“软件需求规格说明书”。

4．在数据库技术中，实体集之间的联系可以是一对一或一对多或多对多的，那么“学生”和“可选课程”的联系为【4】。

5．人员基本信息一般包括：身份证号、姓名、性别、年龄等，其中可以作为主关键字的是【5】。

6．命令按钮的 Cancel 属性的默认值是【6】。

7．在关系操作中，从表中取出满足条件的元组的操作称做【7】。

8．在 Visual Foxpro 中，表示时间 2009 年 3 月 3 日的常量应写为【8】。

9．在 Visual Foxpro 中的“参照完整性”中，“插入规则”包括的选择是“限制”和【9】。

10．删除视图 MyView 的命令是【10】。

11．查询设计器中的“分组依据”选项卡与 SQL 语句的【11】短语对应。

12．项目管理器的数据选项卡用于显示和管理数据库、查询、视图和【12】。

13．可以使编辑框的内容处于只读状态的两个属性是 ReadOnly 和【13】。

14．为“成绩”表中“总分”字段增加有效性规则：“总分必须大于等于 0 并且小于等于 750”，正确的 SQL 语句是：

【14】 TABLE 成绩 ALTER 总分【15】总分>=0 AND 总分<=750

参考答案

一、选择题

（1）～（5）C，B，D，A，B　　（6）～（10）A，C，B，C，D

（11）～（15）A，D，A，B，D　　（16）～（20）A，C，D，B，D

（21）～（25）D，D，B，A，B　　（26）～（30）D，C，D，B，C

（31）～（35）A，D，C，A，D

二、填空题

（1）12　（2）逻辑判断　（3）需求分析　（4）多对多　（5）身份证号

（6）.F.　（7）选择　（8）{^2009-03-03} 或 {^2009.03.03} 或 {^2009/03/03}

（9）忽略　（10）DROP VIEW MYVIEW　（11）GROUP BY

（12）自由表　（13）ENABLED　（14）ALTER　（15）SET CHECK

参 考 文 献

[1] 张洪举．Visual FoxPro 程序设计参考手册．北京：人民邮电出版社，2004．

[2] 萨师煊，王珊．数据库系统概论（第三版）．北京：高等教育出版社，2000．

[3] 丁志云．Visual FoxPro 数据库与程序设计．北京：中国电力出版社，2005．

[4] 刘德山．Visual FoxPro 数据库及应用．北京：人民邮电出版社，2006．

[5] 杨兴凯．Visual FoxPro 数据库与程序设计教程．大连：大连理工大学出版社，2006．

[6] 彭春年等．Visual FoxPro 程序设计教程．北京：清华大学大学出版社，2004．

[7] 杨兴凯，刘宏，郑宏亮．Visual FoxPro 程序设计冲刺试卷．大连：大连理工大学出版社，2003．

[8] 教育部考试中心．全国计算机等级考试考试大纲．北京：高等教育出版社，2007．